建筑钢结构涂装工艺师

上海市金属结构行业协会　编

中国建筑工业出版社

图书在版编目（CIP）数据

建筑钢结构涂装工艺师/上海市金属结构行业协会编.
北京：中国建筑工业出版社，2007
ISBN 978-7-112-09173-7

Ⅰ．建…　Ⅱ．上…　Ⅲ．建筑结构：钢结构-涂漆
Ⅳ．TU767

中国版本图书馆 CIP 数据核字（2007）第 038913 号

建筑钢结构涂装工艺师
上海市金属结构行业协会　编

*

中国建筑工业出版社出版、发行（北京西郊百万庄）
新 华 书 店 经 销
霸州市顺浩图文科技发展有限公司制版
北京市彩桥印刷有限责任公司印刷

*

开本：787×1092 毫米　1/16　印张：14½　字数：351 千字
2007 年 6 月第一版　2007 年 6 月第一次印刷
印数：1—3 000 册　定价：**25.00** 元
ISBN 978-7-112-09173-7
（15837）

本书针对钢结构涂装工艺师必须掌握的知识和技术作了全面系统的讲解，包括涂装前的表面处理、常用涂料品种与特性、涂装工艺设计、涂料质量检测与钢结构涂装工程验收、涂装作业安全卫生和环境保护、金属腐蚀原理与防护方法、重防腐蚀涂料与涂装工艺、大型钢结构涂层长效防腐蚀、钢结构防火涂料的涂装、涂料施工质量管理及涂装监理等内容。读者可通过本书熟悉钢结构涂装工艺特点及应用，解决实际工程中的疑难问题，掌握并制定钢结构的涂装工艺流程、工艺要领、质量标准、施工进度及应变调整措施，懂得施工技术规范、安全生产规范、机械设备及定额预算等相关内容。本书可以作为钢结构涂装施工的工具书，也可以作为钢结构涂装工艺师的培训教材。

＊　＊　＊

主　　编：顾纪清　吴贤官
责任编辑：徐　纺　邓　卫
责任设计：董建平
责任校对：刘　钰　孟　楠

前　言

自改革开放以来，上海钢结构建设发展很快，目前全上海有900多家钢结构企业。一些大型企业引进和自主开发了许多钢结构新设备、新工艺、新技术、新材料，取得了良好的效果。上海市金属结构行业协会根据会员单位的建议和要求——在施工工艺上迫切需要加快钢结构行业专业技术人员的知识更新和提高企业队伍的整体素质，以确保工程质量，针对钢结构施工的四大主体专业技术（焊接、制作、安装和涂装），聘请有关专家编写了这套钢结构工艺师丛书，包括《建筑钢结构焊接工艺师》、《建筑钢结构制作工艺师》、《建筑钢结构安装工艺师》、《建筑钢结构涂装工艺师》。参与编写的专家一致认为，在钢结构建设工程项目中，焊接工艺师、制作工艺师、安装工艺师、涂装工艺师是施工阶段的关键岗位。丛书能使读者熟悉钢结构金属材料的性质、特点及应用，解决实际工程中的疑难问题，掌握并制定钢结构的工艺流程、工艺要领、质量标准、施工进度及应变调整措施，懂得施工技术规范、安全生产规范、机械设备及定额预算等相关内容。丛书可以作为钢结构施工的工具书，也可以作为钢结构工艺师的培训教材。

《建筑钢结构涂装工艺师》由顾纪清、吴贤官先生主编，吴建兴、吴海义、吴景巧先生辅编，协会曾先后三次组织专家对初稿评审，并多次进行修改和补充。因钢结构行业还会不断出现新工艺、新标准，本书疏漏之处难免，殷切希望业内专家及广大读者指正。

上海市金属结构行业协会的会员目前已经拓展到江苏、浙江、安徽、山东、新疆、北京、甘肃、四川、山西、辽宁、河南、福建等13个省市。我们深信，本套丛书会对提高钢结构施工工艺水平起到良好的促进作用。

上海市金属结构行业协会
2006 年 6 月 20 日

目　录

1 概　论

1.1　涂料与涂装技术发展史

人类生产和使用涂料已有约 5000 年的历史，中国是发明和应用油漆最早的国家，在古代有过辉煌的成就。早在公元前两三千年，我国古代劳动人民已能从桐树上采集桐籽榨取桐油，熬制熟桐油，加入颜料制成涂料。由于早期涂料大多采用植物油和天然树脂为原料，故称为油漆。

早在新石器时代，我国已经能利用赭石和炭黑等天然颜料及蛋白质等天然成膜物质调合，彩绘陶器表面；到商周时代，我国的天然大漆得到发展和应用，漆器品种增多且花纹精细、装饰精美。

油漆诞生后的 2000 多年历史中，均是利用天然植物油、大漆或虫胶等天然树脂与颜料调配成各种油漆，其品种性能很有限且全部采用手工涂饰。形成涂料工业并飞跃发展是在 20 世纪中期，这是由于化学工业的迅猛发展，为涂料生产提供了合成树脂，使涂料新品种不断出现，为各行各业提供优质涂料。涂装生产也由手工作业进入高效工业化生产方式，并由空气喷涂、浸涂、淋涂、辊涂等一般高效机械化涂装作业发展到静电喷涂、高压无气喷涂、粉末涂装、电泳涂漆和自动涂装等现代工业涂装新技术。

涂装安全生产及环境保护是一个十分重要的问题，1967 年美国洛杉矶地区首先发布了"66"法规，禁止使用光活性溶剂，此后世界发达国家都制订了各自的法规。现代工业涂料和工业化涂装技术是按照高效率向优质、公共社会性（含经济安全性、低污染性、资源节约性等几方面）发展的。

我国的涂料品种总数已达 1000 多种，性能好，使用方便，各种特殊用途的新品种不断出现，例如导电涂料、发热涂料、防静电涂料、发光涂料、蓄光涂料、伪装涂料、吸波涂料（吸收雷达波、红外辐射和声波）、防雷达伪装涂料、防辐射涂料、防放射性物质污染涂料、射线屏蔽涂料、航天器热控涂料、烧蚀涂料（主要用于表面温度高达数千摄氏度的航天飞机、宇宙飞船等有关部件的保护）、阻尼涂料（隔声涂料）、示温涂料、可剥性涂料（广泛用于机械零件、电器、仪器等防锈和防擦伤）、防渗碳涂料、防氢脆涂料、防雾涂料、防粘涂料、防霉涂料、防结露涂料、碰撞变色涂料等。

新型涂料不断出现。零污染纳米涂料进入试生产。众所周知，涂料产品广泛应用于各种建筑物的内、外墙装饰，但涂料中一种挥发性有机化合物"VOC"含量浓度如果超标，对人体十分有害。新型"零 VOC"纳米涂料，无异味、不沾污、透气性好、不结露、耐水洗、抗霉变，使用后坚固耐久。

20 世纪 80 年代，我国引进阴极电泳涂料与电泳涂装技术，之后，国内许多大型油漆厂引进了 PPG、BASF、Hoechst、关西、日本涂料、AKZO 等国际知名企业的涂料生产技术或与它们合作生产。

随着近年来钢结构建筑的飞速发展，钢结构工程项目更趋大型化、高耸化、已有跨海大桥、海上机场等超大型工程，普通涂层已不能满足使用要求，因而对重防腐蚀涂料和涂装工艺提出了专门要求。

1.2　金属腐蚀促使涂料发展

金属腐蚀，按形式分有均匀腐蚀、局部腐蚀（孔蚀、缝隙、脱层、晶间腐蚀、应力腐蚀等），按作用原理分有化学腐蚀和电化学腐蚀。

金属与氧气、氯气、二氧化碳、硫化氢等干燥气体或汽油、润滑油等非电解质接触会发生化学腐蚀；与液态介质、水溶液、潮湿气体或电解质溶液接触时会产生电化学腐蚀；铁路桥梁、公路大桥和跨江大桥、各种钢铁工业和民用建筑、石化炼油设备、电力设备等钢结构，长年累月暴露在大气中，经受着工业大气、风沙、尘土、盐类等侵蚀。在空气相对湿度达到100%时，大气中的 SO_2、NH_3 等气体腐蚀物质被金属表面的水膜溶解后，形成酸雨，加剧了钢材的腐蚀。在工业大气中，碳素钢的腐蚀速度为 0.1mm/年，低合金钢腐蚀速度为 $0.08\sim0.09$mm/年；各种不同钢材浸在海水中，腐蚀速度都在 $0.1\sim0.2$mm/年范围内。然而不完全浸入海水中的钢结构，在交变水线区腐蚀速度特别快，例如：插入海水中的钢桩，位于水面以上 0.8m 处的腐蚀速度比水平面附近高 4 倍；高水位浪溅区钢桩腐蚀速度为海底土中的 6 倍。

防止钢结构腐蚀，必然促进涂装的发展。建筑钢结构向高耸、大型化发展，大修并非易事，要停产、停市，施工中噪声、尘沙还影响环境。业主期望减少维修次数，延长使用年限，但由于钢结构被工业大气、酸雨等腐蚀介质所包围，腐蚀十分严重，一般 2 年左右必须整修一次。钢结构遭受腐蚀是客观存在的自然规律，随着建筑钢结构的大量兴建，若干年后将面临频繁的整修，因此，必须从发展方向做好以下工作。

（1）重视钢材表面处理。把氧化皮彻底去除，喷丸后立即涂刷车间底漆，干燥后下料、切割、加工、装配，有利于焊接质量、文明生产以及最终的涂装质量。我国大型船厂早在 20 世纪 60 年代已采用"钢材预处理流水线作业"，随着建筑钢结构不断发展，可以借鉴船厂经验。

（2）在高耸大型钢结构工程上采用长效防腐、重防腐蚀涂料防护，例如，鳞片重防腐涂料、超厚浆型重防护涂料等，以及采用喷铝、锌及防护涂料的复合涂层，有利于延长使用年限，节省大量维修经费。

1.3　钢结构工程防腐蚀的重要性

资料显示，我国 2001 年因腐蚀造成的损失高达 4979 亿元，相当于国民经济总产值的 5%，仅在石油和化学工业造成的经济损失就达 400 多亿元，腐蚀给国民经济带来极大的损失和危害。腐蚀问题的解决与否，往往会直接影响新技术、新材料、新工艺的实现。尤其是现代建筑钢结构构件防腐效果不一致，使用年限不同步，严重影响建筑的使用年限。现代化高温、高压和处在复杂腐蚀介质的设备，其腐蚀问题解决不好，将影响正常生产。由于腐蚀失效而引起的事故屡见不鲜，造成了巨大的经济损失及人身伤亡。如1979年12月18日，吉林市400m³的石油液化气贮罐爆炸引起大火，造成82人死亡，54人受伤，直接经济损失600余万元。钢结构工程防腐蚀如此重要，必须引起高度重视。

1.4 建筑钢结构的腐蚀及防治

建筑钢结构处于工业大气、海洋大气和农村大气中经受腐蚀，其中海洋大气腐蚀最为严重，工业大气次之，农村大气最轻。

大气腐蚀是综合作用的结果，通常碳钢在大气中腐蚀速率取决于湿度、温度、降水量、凝露以及大气中的灰尘、含盐量、污染等。

空气中相对湿度（RH）的大小，决定了大气中金属腐蚀的速度。当$RH > 65\%$时，金属表面上附着$0.001 \sim 0.01$mm的水膜且溶解有酸、碱、盐，则会加速大气腐蚀，碳钢在各类大气中的腐蚀速度，农村大气$4 \sim 65\mu$m/年，工业大气$26 \sim 175\mu$m/年，海洋大气$26 \sim 104\mu$m/年。

大气腐蚀与金属表面上水膜层厚度有关。当水膜层厚度$\delta = 1 \sim 10\mu$m，腐蚀速度急剧上升；$\delta = 1\mu$m，腐蚀速度最高；$\delta > 1$mm，腐蚀速度趋缓。

1.4.1 压型彩钢板建筑防腐

压型彩钢板具有重量轻、造价适宜、工期短、抗震性好、外形美观、使用年限长等特点，因此发展很快。压型彩板自身的抗腐蚀能力很强。压型彩钢板经过镀锌、化学转化膜、初涂层和精涂层等特殊处理，具有良好的耐久性，镀铝、锌板采用优质冷轧卷板，经过连续热浸镀制成，具有优越的防蚀性，其使用寿命比一般镀锌钢板高4倍，涂料是含氟树脂（PVDF），能对付恶劣环境，在国际已广泛使用，使用年限一般可达30年以上。但是必须关注另外一个事实，与压型彩钢板连接的部件（如檩条）以及紧固件（如自钻自攻螺钉）其抗腐蚀能力必须与压型彩钢板相当（使用30年以上），否则，会降低轻钢压型彩钢板建筑的使用年限。

从材质上讲，压型彩钢板基体是碳钢，选用碳钢螺钉作为紧固件未尝不可，但是压型彩钢板经过特殊防腐处理，其使用功能已不是"碳钢"，已达到不锈钢级别，应当选择AISI 304或AISI 316不锈钢螺钉，这是欧美钢结构建筑首选的紧固件。若选用碳钢螺钉作为紧固件，一旦遇到"酸雨"侵袭，特别容易造成腐蚀，甚至造成结构解体。

压型彩钢板建筑漏水现象时有发生，压型彩钢板屋面常见的渗、漏水部位有：碳钢螺钉与彩钢板接触处，彩钢板搭接处，彩钢板与混凝土、采光带连接处，彩钢板与屋脊板交接处，彩钢板屋面与风机口、空调系统、天窗以及伸出屋面管道相贯处。要防腐，就要先防水，方法有：（1）首选不锈钢螺钉作为紧固件，杜绝腐蚀，防止漏水；（2）在横跨接缝及管道与屋面相贯处采用"基层涂料＋专用纤维布＋表层涂料"密封防水。

钢结构房屋（单层、多层、高层）容易引起腐蚀的部位还有：不能保养的"死角"和钢构件与潮湿木材接触处。

1.4.2　混凝土中钢筋的腐蚀

一般情况下，由于水泥的水化作用的高碱性阻止了埋置在硅酸盐水泥混凝土、砂浆或类似材料中钢筋的腐蚀。但是氯化物的存在会破坏这种保护，于是大气中的水和氧气将导致混凝土中钢筋的腐蚀。海水中含有氯化物，有些地方用未冲洗过的海砂、冬季路面除冰剂经常使用氯化物会使钢筋腐蚀，钢筋腐蚀产生很大应力，使混凝土开裂并加速腐蚀。阴极保护可以防止混凝土中钢筋的电化学腐蚀、杂散电流腐蚀和应力腐蚀。

1.4.3　港口码头的腐蚀

港口码头构筑物经受着工业大气、海洋大气和水的腐蚀，水腐蚀的影响因素有溶解氧、电导率、pH 值、水质流速及温度等。码头遭受海洋环境的腐蚀，平均腐蚀速率达 0.3～0.4mm/年，局部可达 1mm/年，使钢板穿孔，影响使用年限及码头的安全性。

根据海上钢桩及构筑物的腐蚀程度通常将环境分成五个区域：

(1) 海洋大气区，腐蚀比陆地快二倍；

(2) 飞溅区，满潮线以上 2～3m，腐蚀严重，比陆地快 10 倍；

(3) 潮位差区，冲击和干湿相交，腐蚀条件较温和；

(4) 海水全浸区，遭受海水成分、温度、流速等引起的腐蚀以及电化学腐蚀；

(5) 海泥带，钢构件插入泥土部位，与陆地地下基本相似，但条件更苛刻。

大型港口码头及海洋工程常采用牺牲阳极和强制电流综合作用实施保护。

1.4.4　钢桥的腐蚀

海滨钢桥经受高湿度大气和盐雾的侵蚀。海滨钢桥与空气清新的山区钢桥相比，其腐蚀程度大得多。钢结构桥梁采用重防腐涂层，常用两种涂装体系：(1) 富锌底漆体系；(2) 热喷涂铝（锌）体系。实践证明，有效的涂装能提高钢桥使用年限，例如，武汉长江大桥，以前用 316 醇酸面漆，使用寿命 2～3 年，后来改用 C04-45 灰铝、锌、醇酸面漆或灰云铁醇酸面漆均能使用 10 年以上。

1.4.5　埋地管道的腐蚀

埋地钢质管道发展很快，我国到 1995 年底有输油、输气管道 17882km，2005 年竣工的西气东输工程的管道约 1000km，埋地管道遭受腐蚀主要起因于管道外壁与土壤中的腐蚀性介质接触。防腐的方法，一般用涂料涂装以及阴极保护，多种情况下，两种方法结合使用。

地下钢质管道防腐的特点在于"平时不可能挖掘出来进行涂装保养"。然而它遭受土壤的酸碱度、氧化还原电位、电阻率、含水量、含盐量、透气性及微生物等直接或间接影响。必须在安装管道时，率先考虑埋地管道的防腐。

工业发达城市地下管道腐蚀比较复杂，如受电气化铁路各种用电设备、接地等杂散电流腐蚀或干扰腐蚀。

管道内壁受输送介质的腐蚀，以焦炉煤气为例，由于焦炉煤气净化不好，出厂温度高，加剧了管道及其设施的腐蚀，主要腐蚀物为 H_2S、CO_2。

为防止土壤造成腐蚀，埋地管道外壁敷有防腐绝缘层，施加了阴极保护，这对于管道防腐十分有利，但加重了强电线路对埋地管道的感应影响，威胁管道的正常运行，危及操作人员人身安全和设备安全。

1.4.6 钢质储罐的腐蚀

钢质储罐经常遭受内、外环境的腐蚀，外部遭受大气、土壤、杂散电流干扰腐蚀以及保温层结构吸水后的腐蚀；内部受物料（油、气、水）、罐内积水（油品中的水分离）及罐内空间部分的凝结水汽的腐蚀，属气相腐蚀，由于凝结水膜很薄，O_2 的扩散很容易，因而耗氧型腐蚀在多数情况下起主导作用。罐壁下部和罐底是储罐内腐蚀的重点，其表现形式为电化学腐蚀。

1.4.7 工业烟囱腐蚀

工业烟囱可分为砖烟囱、钢筋混凝土烟囱、钢烟囱等类，它们所排放的烟气中大多含有二氧化硫、硫化氢、一氧化碳、二氧化氮以及氮气等腐蚀气体及尘埃。湿热水汽造成的结露与腐蚀气体结合成亚硫酸或稀硫酸，对烟囱内壁产生重腐蚀破坏作用。

工业烟囱防腐蚀方法因烟囱的材质和烟气成分不同而异。烟囱外壁同样受大气腐蚀，要选择具有防腐、耐候、耐老化，又具有航空标志的涂层，上部结构采用氯化橡胶丙烯酸涂料防腐，下部结构采用氯磺化聚乙烯-氯化橡胶涂料防护，内防腐工艺，采用 W61-32 型涂料，涂料特点是：耐 300～400℃ 高温、耐酸碱、耐工业大气腐蚀、附着力强、常温干燥、施工方便。

1.5 提高钢结构工程涂装防护质量的有效途径

半个世纪以来，我国涂装防护科技工作者做了大量工作，为钢构防护取得了显著实效，例如环氧富锌底漆、环氧云铁漆和氯化橡胶面漆构成的重防腐涂料配套体系，使用寿命可达 15 年；大型钢结构还常用喷锌或喷铝并用防腐涂料构成长效防腐涂层，与基体结合牢固，使用寿命长，长期经济效益好。从国外引进的"锌加涂膜镀锌"，其防腐蚀性能优良，使用年限可达 30～50 年。结构涂装防护是一项系统工程，与业主、设计、制作、安装、使用、维修等单位密切相关，环环相扣。一环脱节，全局失控。必须目标一致，共同努力才能搞好涂装防护。

1.5.1 强化设计的龙头作用

2006 年 7 月 4 日，上海市勘察设计行业协会、上海市金属结构行业协会召开的"立足技术创新、改革传统建筑体系，推动钢结构在建设中的发展和应用大会"，特别强调"设计是建设的灵魂，设计是龙头"。钢结构涂装防护，设计是关键。例如，轻钢彩板屋盖系统的檩条规格、间距、材质、紧固件规格、材料牌号、使用年限等技术参数必须在设计图纸或技术文件中注明，制作单位严格按照设计图纸及技术文件施工，未经设计单位签证，施工单位不得修改。尊重设计，这是几十年的好传统。

1.5.2 树立正确的投资观念，重视防腐资金的投入

要使用30年，压型彩钢板应选用AISI 304或AISI 316型不锈钢螺钉，设计部门早就达成了共识，可是业主为了要节约初始投资，贸然选用碳钢螺钉。为了使业主提高防腐意识，有人作了经济技术分析，很有说服力。某上万平方米屋盖，第一方案是选用AISI 304不锈钢螺钉，一次性投资20万元，第二方案选用碳钢螺钉，一次性投资2.2万元，仅为一方案的11%，可是平时维修费甚高，全寿命周期费用118万元，为一方案总成本的6倍，初始投资的"省"，补偿不了日后维修费用剧增的"失"，从生命周期代价（LCC）看，一方案是0.64万元/年，二方案是3.91万元/年。选择一方案十分有利。

1.5.3 加强培训，提高防腐意识

涂装防护技术十分重要，必须注意科学普及，在实施一项工程的涂装操作前，应该向工人进行技术交底，使大家懂得为何要这么做。有一家钢结构制作单位，采用锌板作为牺牲阳极进行防护，一名油漆工在锌板上涂刷防腐油漆，结果锌板失去防护作用。当工艺师把锌板防护的作用和效果告诉油漆工后，才恍然大悟。有的工件，表面氧化皮未曾去除，在氧化皮上涂刷油漆，氧化皮脱落，油漆也一起脱落，类似这方面的误区很多，这是涂装施工中必须引起注意的。

过去，有人把涂装称作"漆糊涂"，其实涂装是一门学问、一门技术，涂装工艺师应具有技术全面、一专多能、技艺高超、生产实践经验丰富的优良技术素质，才能担负起组织和指导生产人员解决涂装生产过程中出现的关键和疑难问题的责任。

2 涂装前的表面处理

2.1 涂装前表面处理的作用、方法和特点

2.1.1 与涂装前表面处理相关的标准规范

2.1.1.1 《工业建筑防腐蚀设计规范》（GB 50046—95）（表2-1）

各类底漆涂装所要求的钢铁基层除锈等级 表 2-1

涂料品种	最低除锈等级
各类富锌底漆、喷镀金属基层	Sa2½
其他树脂类涂料、乙烯磷化底漆	Sa2
醇酸耐酸涂料、氯化橡胶涂料、环氧沥青涂料	St3 或 Sa2
沥青涂料	St2 或 Sa2

注：1. 不易维修的重要构件的除锈等级不应低于Sa2½级。
2. 钢结构的一般构件选用其他树脂等涂料时，除锈等级可不低于St3级。
3. 除锈等级标准应符合现行国家标准《涂装前钢材表面锈蚀等级和除锈等级》（GB 8923—88）。

该规范第5.6条说明：除锈效果不同的基层，其对涂层的影响使用寿命差2～3倍。

2.1.1.2 《钢结构工程施工质量验收规范》（GB 50205—2001）

《钢结构工程施工质量验收规范》（GB 50205—2001）第14.2.1条检验方法：用铲刀检查和用现行国家标准《涂装前钢材表面锈蚀等级和除锈等级》（GB 8923—88）规定的图片对照观察检查，见表2-2。

各种底漆或除锈漆所要求的最低的除锈等级 表 2-2

涂料品种	除锈等级
油性酚醛、醇酸等底漆或防锈漆	St2
高氯化聚乙烯、氯化橡胶、氯磺化聚乙烯、环氧树脂、聚氨酯树脂等底漆或防锈漆	Sa2
无机富锌、有机硅、过氯乙烯等底漆	Sa2½

2.1.1.3 化工行业涂料防腐蚀涂装表面预处理除锈等级

《化工设备、管道防腐蚀施工及验收规范》（HGJ 229—91）和《化工设备、管道外防腐设计规定》（HG/T 20679—90）关于涂料涂装预处理除锈等级的比较见表2-3。

涂料涂装预处理除锈等级比较 表 2-3

涂料品种	HGJ 229—91	HG/T 20679—90
各类富锌底漆	Sa2½	Sa2½ 或 Be 级
乙烯磷化底漆	Sa2½	Sa2½ 或 Be 级
有机硅树脂漆	Sa2½	Sa2½ 或 Be 级
环氧树脂漆	Sa2½	Sa2½ 或 Be 级
环氧沥青漆	Sa2 或 St3	Sa2½ 或 Be 级
醇酸、酚醛类漆	—	Sa1 或 St2

2.1.1.4 《石油化工设备和管道涂料防腐蚀技术规范》(SH 3022—1999)

《石油化工设备和管道涂料防腐蚀技术规范》(SH 3022—1999)第3.3.5条：底涂层涂料对钢材表面除锈等级的要求，应符合表2-4的规定。对锈蚀等级为D级的钢材表面，应采用喷射或抛射除锈。（这与《钢结构工程施工及验收规范》(GB 50205—95)第3.0.3.2条"钢材表面锈蚀等级应符合现行国家标准规定的A、B、C级"、条文说明"D级钢材不得用作结构材料"有所不同。）

底层涂料对钢材表面处理除锈等级的要求   表2-4

底涂层涂料种类	除 锈 等 级		
	强腐蚀	中等腐蚀	弱腐蚀
酚醛树脂底漆	Sa2.5	St3	St3
沥青底漆	Sa2 或 St3	St3	St3
醇酸树脂底漆	Sa2.5	St3	St3
过氯乙烯底漆	Sa2.5	Sa2.5	—
乙烯磷化底漆	Sa2.5	Sa2.5	—
环氧沥青漆	Sa2.5	St3	St3
环氧树脂底漆	Sa2.5	Sa2.5	—
聚氨酯防腐底漆	Sa2.5	Sa2.5	—
有机硅耐热底漆	—	Sa2.5	Sa2.5
氯磺化聚乙烯底漆	Sa2.5	Sa2.5	—
氯化橡胶底漆	Sa2.5	Sa2.5	—
无机富锌底漆	Sa2.5	Sa2.5	—

从上表所列各种规范的表面处理标准或以表达的文字作对照，可看出有较大的差异。

除锈等级只和底层涂装合适性相关，与腐蚀等级无关。如果底涂层种类与除锈等级差异太大，抗蒸馏水都成为问题。

2.1.2 原始锈蚀等级与除锈等级规范化

原始锈蚀等级A、B、C、D与喷丸除锈等级Sa之间的关系，由两者测定结果所决定，Sa2½有A Sa2½、B Sa2½、C Sa2½和D Sa2½几个等级，相同的除锈等级由于锈蚀等级不同而影响涂装工程的耐久性，避免D级材料的使用（图2-1）。

2.1.2.1 钢结构表面处理的质量中间等级和定额标准

《钢材涂装防护技术》一书谈到除锈，"除锈包括从表面清除钢的腐蚀生成物，应用不同的除锈方法，用某一种除锈方法只能形成某种的状态，达到一定的除锈质量等级，相应地被处理表面的外观，不但与除锈质量等级有关，而且与除锈方法有关"。该书还提出，"除锈等级之间的级别，例如Sa 1到2，而Sa 2.7或Sa2+不得采用"。又指出，除锈等级已给出，不存在施工影响。

《钢结构涂装手册》（宝钢施工技术处编）表面处理消耗工时：Sa2级100%，Sa2½级为130%，Sa3级则为200%，设计、建设及施工单位可作参考。

施工管理要防止施工单位因装备不足、技术力量缺乏、检测手段不全以及责任性不强等因素，蜕变为偷工减料，贪图经济效益而危及表面处理的质量。钢材表面处理的质量，应以设计为准，设计以涂料品种为依据，钢材表面处理的质量等级，由施工合同根据设计文件制定标准，只设合格，不应设优良。

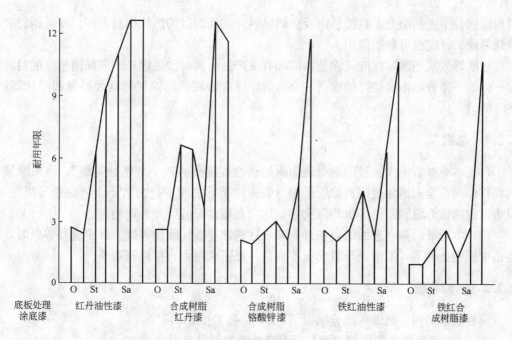

图 2-1 底材处理程度与涂膜耐久性的关系

2.1.2.2 钢结构表面处理标准的几个要素

（1）钢结构表面处理的除锈等级

钢结构表面处理的除锈等级，其涂料防护寿命在一定程度上受材料的表面状态也就是锈蚀等级所影响，最终影响涂层的使用寿命，见表2-5。

钢材原始状态对涂层（红丹亚麻仁油涂料）使用寿命的影响 　　　表 2-5

原始状态	A	B	C	D
表面处理的清洁度等级	ASa3	BSa3	CSa3	DSa3
涂层的使用寿命（年）	17	15	11	9

从上表可看出，当钢材表面呈现点蚀时，同样的涂层防护，有效期相差将近½，数据告诉我们，重要的工程，重要的构件不得选用D级钢材。

（2）钢结构表面处理的粗糙度

钢结构经表面处理后表面过于光洁，对于像无机富锌之类的涂料不适宜。粗糙的表面，为涂料涂层提供一个增加了几十倍表面积的附着面，附着力显著提高，这是涂层的耐蚀性能发挥的基础。

2.1.2.3 表面处理是涂料防腐蚀工程质量控制的关键点

影响涂料防腐蚀工程的质量有几个关键点，有工程设计、材料的质量及配套性、基层质量（包含表面处理）、施工条件、涂装时间间隔以及涂层养护等六个方面。

2.2　GB 8923—88 中的涂装前钢材表
面锈蚀等级和除锈等级

标准规定了涂装前钢材表面锈蚀程度和除锈质量的目视评定等级。它适用于以喷射或抛射除锈、手工和动力工具除锈以及火焰除锈方式处理过的热轧钢材表面。冷轧钢材表面除锈等级的评定也可参照使用。

标准等效采用国际标准《涂装油漆和有关产品前钢材预处理——表面清洁度的目视评定——第一部分：未涂装过的钢材和全面清除原有涂层后的钢材的锈蚀等级和除锈等级》ISO 8501—1：1988。

2.2.1 总则

（1）本标准将未涂装过的钢材表面原始锈蚀程度分为四个"锈蚀等级"，将未涂装过的钢材表面及全面清除过原有涂层的钢材表面除锈后的质量分为若干个"除锈等级"。钢材表面的锈蚀等级和除锈等级均以文字叙述和典型样板的照片共同确定。

（2）本标准以钢材表面的目视外观来表达锈蚀等级和除锈等级。评定这些等级时，应在适度照明条件下，不借助于放大镜等器具，以正常视力直接进行观察。

2.2.2 锈蚀等级

钢材表面的四个锈蚀等级分别以 A、B、C 和 D 表示。

A——全面地覆盖着氧化皮而几乎没有铁锈的钢材表面；

B——已发生锈蚀，并且部分氧化皮已经剥落的钢材表面；

C——氧化皮已因锈蚀而剥落，或者可以刮除，并且有少量点蚀的钢材表面；

D——氧化皮已因锈蚀而全面剥离，并且已普遍发生点蚀的钢材表面。

2.2.3 除锈等级

2.2.3.1 通则

1. 钢材表面除锈等级以代表所采用的除锈方法的字母"Sa"，"St"或"FI"表示。如果字母后面有阿拉伯数字，则其表示清除氧化皮、铁锈和油漆涂层等附着物的程度等级。

2. 钢材表面除锈等级的文字叙述见第 3.2、3.3、3.4 条。

注：（1）本章各除锈等级定义中，"附着物"这个术语可包括焊渣、焊接飞溅物、可溶性盐类等。

（2）本章中当氧化皮、铁锈或油漆涂层能以金属腻子刮刀从钢材表面剥离时，均应看成附着不牢。

2.2.3.2 喷射或抛射除锈

1. 喷射或抛射除锈以字母"Sa"表示。

2. 喷射或抛射除锈前，厚的锈层应铲除，可见的油脂和污垢也应清除。喷射或抛射除锈后，钢材表面应清除浮灰和碎屑。

3. 对于喷射或抛射除锈过的钢材表面，本标准订有四个除锈等级。其文字叙述如下：

（1）Sa1 轻度的喷射或抛射除锈

钢材表面应无可见的油脂和污垢，并且没有附着不牢的氧化皮、铁锈和油漆涂层等附着物。

（2）Sa2 彻底的喷射或抛射除锈

钢材表面应无可见的油脂和污垢，并且氧化皮、铁锈和油漆涂层等附着物已基本清除，其残留物应是牢固附着的。

（3）Sa2½非常彻底的喷射或抛射除锈

钢材表面应无可见的油脂、污垢、氧化皮、铁锈和油漆涂层等附着物，任何残留的痕迹应仅是点状或条纹状的轻微色斑。

（4）Sa3 使钢材表观洁净的喷射或抛射除锈

钢材表面应无可见的油脂、污垢、氧化皮、铁锈和油漆涂层等附着物，该表面应显示均匀的金属色泽。

2.2.3.3 手工和动力工具除锈

1. 用手工和动力工具，如用铲刀、手工或动力钢丝刷、动力砂纸盘或砂轮等工具除锈，以字母"St"表示。

2. 手工和动力工具除锈前，厚的锈层应铲除，可见的油脂和污垢也应清除。手工和动力工具除锈后，钢材表面应清除去浮灰和碎屑。

3. 对于手工和动力工具除锈过的钢材表面，本标准订有两个除锈等级，其文字叙述如下：

（1）St2 彻底的手工和动力工具除锈

钢材表面应无可见的油脂和污垢，并且没有附着不牢的氧化皮、铁锈和油漆涂层等附着物。

（2）St3 非常彻底的手工和动力工具除锈

钢材表面应无可见的油脂和污垢，并且没有附着不牢的氧化皮、铁锈和油漆涂层等附着物。除锈应比 St2 更为彻底，底材显露部分的表面应具有金属光泽。

2.2.3.4 火焰除锈

① 火焰除锈以字母"FI"表示。

② 火焰除锈前，厚的锈层应铲除，火焰除锈应包括在火焰加热作业后以动力钢丝刷清除加热后附着在钢材表面的产物。

③ 火焰除锈后的除锈等级文字叙述如下：

FI 火焰除锈

钢材表面应无氧化皮、铁锈和油漆涂层等附着物，任何残留的痕迹应仅为表面变色（不同颜色的暗影）。

2.2.4 钢材表面锈蚀等级和除锈等级的目视评定

1. 评定钢材表面锈蚀等级和除锈等级应在良好的散射日光下或在照度相当的人工照明条件下进行。检查人员应具有正常的视力。

2. 待检查的钢材表面应与相应的照片（GB 8923—88 第五章）进行目视比较。照片应靠近钢材表面。

3. 评定锈蚀等级时，以相应锈蚀较严重的等级照片与所标示的锈蚀等级作为评定结果；评定除锈等级时，以与钢材表面外观最接近的照片所标示的除锈等级作为评定结果。

注：（1）影响钢材表面除锈等级目视评定结果的因素很多，其中主要有：

a. 喷射或抛射除锈所使用的磨料，手工和动力工具除锈所使用的工具；

b. 不属于标准锈蚀等级的钢材表面锈蚀状态；

c. 钢材本身的颜色；

d. 因腐蚀程度不同造成各部位粗糙度的差异；

e. 表面不平整，例如有凹陷；

f. 工具划痕；

g. 照明不匀；

h. 喷射或抛射除锈时，因磨料冲击表面的角度不同而造成的阴影；

i. 嵌入表面的磨料。

（2）目视评定原来涂装过的钢材表面的涂锈等级，仅可采用带有锈蚀等级符号 C 和 D 的照片，究竟选择哪一张，取决于钢材表面点蚀的程度。

2.2.5 照片

2.2.5.1 本标准包括钢材表面锈蚀等级典型样板照片 28 张，它们与国际标准 ISO 8501—1：1988 中的照片相同。如发生异议应以 ISO 8501—1 中的照片为仲裁依据。

（1）1 表示锈蚀等级的照片有 4 张，分别标有 A、B、C 和 D。

（2）2 表示以喷射或抛射除锈、手工和动力工具除锈以及火焰除锈所达到的除锈等级的照片有 24 张。这些照片标有除锈前原始锈蚀等级和除锈后除锈等级的符号，如 BSa2½ 。

2.2.5.2 喷射或抛射除锈的 14 张照片是表示使用石英砂磨料进行干式喷射除锈后的钢材表面状况，使用其他种类的磨料进行喷射或抛射除锈时，除锈后的钢材表面可能具有不同的色调。

2.2.5.3 本标准不含 ASa1、ASa2、ASt2 和 ASt3 照片。

2.3 我国钢材表面处理标准与国外同类标准的比较

2.3.1 我国钢材表面处理标准与国外同类标准的比较（表 2-6）

我国钢材表面处理标准与国外同类标准对照 表 2-6

中国	瑞典	日本	美国	英国	德国
GB 8923—88	SISO 5900—1967	日本造船研究会-1975	美国钢结构涂装委员会-1975	BS 4232—1967	DIN 55928 —1977
Sa1(B、C、D)	Sa1(B、C、D)	—	SSPC-SP・7		Sa1
Sa2(B、C、D)	Sa2(B、C、D)	Sh1　Sd3	SSPC-SP・6	BS　3	Sa2
Sa2½(A、B、C、D)	Sa2½(A、B、C、D)	Sh2　Sd3	SSPC-SP・10	BS　2	Sa2½
Sa3(A、B、C、D)	Sa3(A、B、C、D)	Sh3　Sd1	SSPC-SP・5	BS　1	Sa3
St2(B、C、D)	St2(B、C、D)	Pt2	SSPC-SP・2	—	—
St3(B、C、D)	St3(B、C、D)	Pt3	SSPC-SP・3	—	—

2.3.2 GB 8923—88 除锈等级 BSt3 的文字说明与照片的差异

《涂装前钢材表面锈蚀等级和除锈等级》（GB 8923—88）中除锈等级 St3 的文字说明

为：“非常彻底的手工和动力工具除锈：钢材表面应无可见的油脂和污垢，并且没有附着不牢的氧化皮、铁锈和油漆涂层等附着物。除锈应比 St2 更为彻底，底材显露部分的表面应具有金属光泽。”本标准第 5 部分 CSt3 照片，则有明显手工工具清理过的痕迹，略显有金属光泽，而 BSt3 照片所表露的锈蚀斑点依旧明显，显然是未经处理过锈蚀面，仅适合作为 B 级或 C 级锈蚀的等级的照片。

《涂装前钢材表面锈蚀等级和除锈等级》（GB 8923—88）前言部分说明等效采用国际标准 ISO 8501—1：1988《涂装油漆和有关产品前钢材预处理——表面清洁度的目视评定——第一部分：未涂装过的钢材和全面清除原有涂层后的钢材的锈蚀等级和除锈等级》。笔者曾调查过该国际标准，查找 BSt3 与 CSt3 照片，与《涂装前钢材表面锈蚀等级和除锈等级》（GB 8923—88）照片资料相同，原版为透光正片，《GB 8923—88》仅是取景略小的差异。

BSt3 表面处理等级标准文字资料及照片，是涂料涂装工程施工常用的参照标准，指导施工实践及工程监理、工程质量监督必不可少的依据。标准出现的误差，影响工程业务的开展，一旦确认偏差的存在，应及时修正。

GB 8923—88 等效采用国际标准 ISO 8501—1：1988，Sa2 级设 Sa2（B、C、D），不设 ASa2，《工业建筑防腐蚀设计规范》（GB 50046—95）表 5.4.6 及《工业设备、管道防腐蚀工程施工及验收规范》（HGJ 229—91）表 3.1.5，均有对钢结构、管架等不同防护涂料要求的最低除锈等级，对涂料品种、涂层类别的金属表面处理质量要求 Sa2 级，GB 8923—88 不符合这些工程施工采用 A 级钢材与表面处理等级设计的要求，解决这点矛盾，一是采用美国钢结构涂装协会 SSPC 规定号 SP-6 工业级喷射，钢面上 2/3 的面积已无可见的残迹，或提高等级至 Sa2½，或采用 B 级钢材。

2.3.3　不同防护涂料要求的最低除锈等级

《工业建筑防腐蚀设计规范》（GB 50046—95）对钢结构、管架等不同防护涂料要求的最低除锈等级，上述除锈等级标准较《工业设备、管道防腐蚀工程施工及验收规范》（HGJ 229—91）低半级，建设工程各责任方能严格按规范标准实施，一般均能取得良好的实效。

除锈等级标准核验及检测，应符合《涂装前钢材表面锈蚀等级和除锈等级》（GB 8923—88），GB 50046—95 注明不易维修的重要构件的除锈等级不应低于 Sa2½ 级；钢结构的一般构件选用其他树脂等涂料时，除锈等级可不低于 St3 级。

关于该设计规范的“钢结构的一般构件选用其他树脂等涂料时，除锈等级可不低于 St3 级”这一点，仅适用于一般涂料品种，对一些特殊品种如无机富锌涂料，既有除锈等级要求，又有粗糙度的要求，不能一句话囊括除锈质量等级与涂料施工适应性的全部含意。

2.3.4　除锈质量等级与涂料施工的适应性

国家规范对选用涂料品种，要求相对应的表面处理除锈等级，新建工程管理者可由设计文件、施工投标书、工程监理现场管理等抓住这几个环节，防止出现差错，保证涂装工程质量。

《钢结构工程施工及验收规范》（GB 50205—95）条文说明 4.11.3 列有附表。《钢结构工程施工质量验收规范》（GB 50205—2001）已删除。另有除锈等级适用性也删除。这对于从事这项专业的深入理解和表面处理管理极为重要。

2.3.5　除锈质量等级 Sa2½级与 Sa2.5 的正确引用

除锈质量等级 Sa2½级的 2½是一个符号，Sa2 与 Sa3 除锈等级之间的 Sa2½级不是 Sa2 与 Sa3 他们之间的中间等级，在《防腐蚀涂料和涂装》一书中，注明 Sa2 级锈蚀清除，⅔的仅留斑痕，Sa2½级为完全除去锈蚀和氧化皮，微少斑痕为 5％，接近于 Sa3 级；Sa2 级不适用于 A 级钢材，因此，不宜把除锈质量等级的符号任意改动，当然也不应把澳大利亚的 AS-1627.4 标准的 2.5 级改成 2½级。

2.4　除锈处理的粗糙度与清洁度

2.4.1　钢结构表面处理的粗糙度

钢结构表面处理的粗糙度，由磨料材料的品种、规格以及施工时的空气压力、喷射角等所决定，适宜的粗糙度为涂层干膜总厚度的1/3。

钢材经除锈处理后，形成不同程度粗糙度，合适的粗糙度有利于涂层的附着强度和涂装工程的耐久性，但粗糙度与涂装设计、涂装工艺是一个辩证关系。无机富锌类涂料涂装，只有在较大的粗糙度表面，才有良好的附着强度；而磷化底漆则要求涂装面清洁度。合适的粗糙度，又涉及涂层最低厚度的耗量。

钢材涂装表面处理的粗糙度评定，有国家标准《涂装前钢材表面粗糙度等级的评定（比较样块法）》（GB/T 13288）。涂装专业重视涂装前钢材锈蚀等级与除锈等级，各类涂料对表面处理除锈等级有最低限度的适应性；不同的涂装工艺对应不同的处理方法，形成不同的粗糙度等级。

多数表面处理除锈等级的规范，未提及处理表面的粗糙度，粗糙度与防护层厚度设计相关，与富锌类涂料品种涂层附着力关系极为密切，喷射或抛射除锈表面处理工艺设计，一般均注明粗糙度。我国参照 ISO 8503 制定了相应的国家标准《涂装前钢材表面粗糙度等级的评定（比较样块法）》（GB/T 13288），用来评定喷射除锈后钢材表面粗糙特征（表 2-7）。

表面粗糙度等级划分　　　　　　　　　　　表 2-7

级别	代号	定　义	粗糙度参数值 RY(μm)	
			丸状磨料	棱角状磨料
细细		钢材表面所呈现的粗糙度小于样块区域 1 所呈现的粗糙度	<25	<25
细	F	钢材表面所呈现的粗糙度等同于样块区域 1 或介于区域 1 和区域 2 所呈现的粗糙度	25～40	25～60
中	M	钢材表面所呈现的粗糙度等同于样块区域 2 或介于区域 2 和区域 3 所呈现的粗糙度	40～70	60～100
粗	C	钢材表面所呈现的粗糙度等同于样块区域 3 或介于区域 3 和区域 4 所呈现的粗糙度	70～100	100～150
粗粗		钢材表面所呈现的粗糙度等同于样块或大于样块区域 4 所呈现的粗糙度	≥100	≥150

喷砂表面粗糙度一般为 $40 \sim 70 \mu m$，低的数字代表涂料品种对粗糙度的最低要求。涂装表面的粗糙度（H），涂膜的厚度（T），一般资料介绍 $T \geq 3H$。一般的设计和施工规范，重视涂装前钢材表面除锈等级而忽视粗糙度等级，也就产生涂层厚度设计达不到顶峰部位防护层的厚度，可能发生早期锈蚀。

粗糙度过大引起顶峰（又称峰尖）锈蚀，常出现在涂装工程的早期，由于处理面的凹孔深度过大，即使涂层有足够的厚度，顶峰部分的保护膜厚度还不足以达到良好防护的厚度而造成点状分布的泛锈。凹孔深度达 $1 \sim 2mm$，由于涂料涂装防护的缺陷，在半年的时间内即能反映轻微的锈蚀。表面处理出现峰尖是难免的，在清理喷射处理表面的同时，用砂纸除去峰尖是容易的，可避免早期泛锈；但过深的峰谷凹坑截留空气，稍高黏度的涂料易裹住空气而形成起泡，往往注意了表面处理的除锈等级，忽略了同时产生的粗糙度带来的耗漆量及早期泛锈的可能性。

合适的粗糙度可减少涂料的不合理损耗，这虽是施工工艺的操作和管理，但必须由涂装设计引导。

高温季节涂料涂装，由于表面粗糙度的原因，涂料的溶剂挥发快，不易渗入凹孔（又称锚孔），只在表面成膜而裹住了锚孔深处的空气，挥发的溶剂和空气一起膨胀，由于温度及表层涂膜溶剂挥发而结膜，但这层膜尚具弹性的情况下，而被气体顶起成密集的小泡，小泡极易破裂，未被涂料包覆的喷砂处理面极具活性而泛锈。表面粗糙度过大而涂料黏度偏高，只要条件符合上述规律，气温不高的时候涂装面同样会泛出密集的小泡。这类问题包含了表面处理粗糙度、施工工艺等综合因素的影响。

2.4.2　钢结构表面处理的清洁度

表面处理清洁度与除锈等级为两个概念，清洁度另有测定器及清洁度（又称洁净度）标准。清洁度测定包含附着盐分的采样、盐分的分析方法、表面附着粉尘的测定等。

2.4.2.1　表面附着盐分的测定

（1）测定方法的选定

根据预想的钢材表面上附着盐分的形态，可采取局部测定法，也可采用广范的平均测定法。

（2）附着盐分的局部采样

ISO 8502—6 中规定将铺在喷砂处理面上的小型橡胶制贴片内注入水，使盐类溶解，取出该水溶液作为试样。

（3）附着盐分的广泛采样

将 50cm 切成四方形的喷砂处理面，用浸水面揩试，以布中所含水溶液作为试样。

（4）附着盐分的分析方法

对所取盐分进行定量分析，可按当事人之间的协定，于现场进行简易分析，也可于实验室进行精密分析，如对简易分析的精度有疑问，可进行精密分析。

（5）现场简易分析方法

器具：氯化物离子检测管。将内径 $2 \sim 3mm$ 的玻璃细管内加以充填，利用 0.2mm 左右粒径硅砂含浸的分析试剂级酸对氯化物离子的呈色反应，对由玻璃吸管下端，利用毛细现象吸上水分中氧化物离子浓度进行色谱分析，用定量氯化物离子检测管按 ISO 8502—5

的规定进行检测。

操作：

（a）将氯化物离子检测管上下端切落，将下端浸于所取试样水溶液中。

（b）读取氯化物离子检测管内部充填的变色部上端的数值。

（c）对同一试样，用3根氯化物离子检测管，取其平均值作为测定值。

（6）附着盐分的计算

由试样水溶液盐分浓度可算出试样总量中所含盐分质量，除以所取对象面积，以 mg/m² 表示，在采用上述（b）操作时，以除去新布所含盐分质量之剩余量作为试样盐分质量。

2.4.2.2　表面附着粉尘的测定

将玻璃纸粘着带与表面附着粉尘的喷砂处理面粘附后，取下并将带上粉尘附着量与标准图相比较。

1）ISO 8502—3 规定器具：

a）玻璃纸粘着带规定宽 24mm；

b）压带用滚子；

c）粉尘附着标准；

d）判断用板（了解玻璃纸粘着带上附着粉尘的可见板）。

2）操作：

a）将玻璃粘着带切成长 200mm，覆在喷砂处理面上；

b）用拇指对覆带表面用力磨压 3 次或者用压物用滚子按 39.2～49.0N 的荷重反复按压 3 次；

c）取下带子，覆在判断用板上，同附着粉尘粒子大小与粉尘附着标准图加以比较，评估粉尘数量。灰尘量要小于 3 级。

备注：带的粘着力与对喷砂处理面的按压强度，应注意与比较用所有带子相同。

ISO 8502 有关采样器具、操作及附着标准，目前我国没有清洁度的标准，涉及表面处理的规范条文，没有处理表面残留盐分、粉尘取样与分析。清洁度的概念只是提到用压缩空气吹扫。

残留盐分、粉尘，会影响金属喷涂层的附着力，盐分则是钢结构泛锈失效的主要因素。

要防止盐分的残留，表面处理前对钢材表面含盐分的可能性作估计或测定。维修工程除锈表面盐分更要注意，有必要处理前对钢结构进行清洗。

磨料的质量管理，不仅是颗粒度，还必须关注到磨料是否被盐分污染。

2.5　涂料品种对除锈等级的适用性

表 2-8 为《钢结构工程施工及验收规范》（GB 50205—95）条文说明 4.11.3 附表内容。

《钢结构工程施工及验收规范》（GB 50205—95）第 4.11.2 条：考虑对目前施工企业的实际情况，对材料和零件仍允许有条件采用化学处理方法，要求必须选用包括钝化、磷

除锈方法	除锈等级 (GB 8923)	涂料种类							
		洗涤底漆	有机富锌	无机富锌	油性涂料	长油醇酸	环氧沥青	环氧涂料	氯化橡胶
喷砂除锈	Sa3	○	○	○	○	○	○	○	○
	Sa2½	○	○	○~△	○	○	○	○	○
	Sa2	○	○~△	×	○	○	○~△	○~△	○
动力工具或 手工工具	St3	△	△	×	○	○~△	△	△	△
	St2	×	×	×	△	×	△	×	×

注：○为适合；△为稍不适合；×为不适合。

化的多功能表面处理液，以保证处理质量。

经化学处理的钢结构，选用合适的涂料品种，并控制好各道工序的关键点，会有好的质量。如 20 世纪 70 年代的上海电视台发射天线铁塔、上海体育馆屋顶网架均取得良好的实效，由于管理出色，成为上海涂料施工管理的样板工程。

强调除锈等级与涂料施工的适应性，其意义在于严格要求与可能性相结合，必须在理论上理解钢结构采用涂料防护效果与基层除锈有很大关系，其使用寿命差别达 2~3 倍，但并不是工业建筑防腐蚀设计规范条文说明第 5.4.6 条中的"不管何种涂料其基层除锈都是愈彻底愈好"，从本章的除锈等级与涂层使用寿命图看，红丹为防锈颜料的防锈漆，油性红丹漆 Sa3 级与 Sa2 级持平；树脂红丹漆 Sa3 级较 Sa2 级有所下降。

国家规范对选用涂料品种，要求相对应的表面处理除锈等级，新建工程管理者可抓住设计文件、施工投标书、工程监理现场管理等这几个环节，防止出现差错，保证涂装工程质量。

2.6　除锈处理与底涂料涂装间隔时间的控制

2.6.1　涂装工艺条件因素

施工环境条件是指影响涂层干燥、固化的温度，以及影响涂层附着力、致密性、外观和涂层使用寿命的相对湿度。

涂装工艺条件有：

① 第一道底涂料涂装与喷砂起始间隔时间（≤5h）；

② 涂料覆涂间隔时间（环氧系≥12h，≤3d；聚氨酯系≥24h，≤48h，25℃）；

③ 涂料固化温度（环氧系双组分≥10℃，聚氨酯系≥5℃）；

④ 涂装工艺相对湿度（≤85%）。

2.6.2　底漆涂装时间的控制

喷砂处理钢铁表面在空气中裸露时间愈长，铁金属表面金属的活性愈低，涂层的附着强度随之下降。国家标准、行业标准对喷砂后底涂层涂覆时间的要求见表 2-9。

国家标准、专业标准号	条　　目	喷砂后底涂层涂覆间隔时间
GB 50212—2002	第 3.2.8 条	不应超过 5h
HGJ 229—91	3.5.2 条	应及时涂刷底涂料
HGJ 229—91 条文说明	5.4.13 条	$RH < 85\%$，4h 内 $85\% < RH < 90\%$，2h 内
HG/T 20679—90	2.3.1 条	一般不超过 6h
SH 3022—1999	4.2.9 条	钢表面处理后，应在 4h 内涂底漆
GB 50221—95①	9.2.2.3 条	一般应小于 6h 涂防锈漆

注：①《钢结构工程施工质量验收规范》（GB 50205—2001）无此类要求，借助已废除的钢结构工程质量检验评定标准。

　　SHJ 22—90 的修订版 SH 3022—1999 第 4.2.9 条：钢表面处理后，应在 4h 内涂底漆。其条文说明提出与相对湿度变化相联系，相对湿度 60%～85% 时应在 4h 内涂底漆，相对湿度大于 85% 时应在 2h 内涂底漆。

　　《实用防腐蚀技术》一书对罐内喷砂后底涂层涂覆间隔时间提出：相对湿度 < 85% 时为 4h，相对湿度 < 90% 时为 2h，相对湿度 < 95% 时连涂两道底涂料，相对湿度 > 95% 时应停止表面处理工作。

　　查阅实施的多种规范和标准，对喷砂或手工机械除锈后涂覆第一道底漆的间隔时间，标准不一，同一行业标准里由于防腐蚀工种的差别或编制者的主观意见，间隔时间从 6h、8h 至 16h 不等。

　　表面处理后底涂料涂装间隔时间的控制，是涂装工程难以规范化的弱项，涂装防护年限长短不一，同样涂层厚度，与工业产品涂层防护有较大的差距，除了涂料品种及固化工艺手段之外，在空气中裸露时间长短是关键。

3 常用涂料品种与特性

3.1 涂料产品组成与作用

3.1.1 涂料防腐蚀的特点

3.1.1.1 涂料的特点

随着科学技术的发展，合成材料逐渐被采用，涂料的品种增多，其原料由少用油到不用油，而与塑料、橡胶等合成材料靠近。涂料就其定义来讲是涂覆于物体表面附着牢固的连续薄膜，属配套性材料。

据有关金属腐蚀与非金属防腐蚀技术的资料报道，如运用好现有的防护技术，世界钢铁因腐蚀而造成的损失，可减少 20％～30％。一些大型钢铁构筑物的锈蚀到处都存在，而这些普遍的、大量的腐蚀，主要的防护任务要由涂料来承担，占防腐蚀技术的60％～75％。

3.1.1.2 涂料和耐蚀涂料

涂料由成膜物质、溶剂、颜料和助剂所组成。通常把成膜物质称为漆料或基料。添加溶剂是为了便于施工。不同的颜色满足装饰和标记的需要。涂装不受涂覆物的形状限制，适应性强。多次施工是为了达到所需的厚度，4～6 道能符合工程的使用要求，其成本与其他的防腐蚀方法如衬胶、衬砖板以及玻璃钢、工程塑料等贴衬相比要低得多。

综上所述，涂料的应用有很大的灵活性，但涂料是配套材料，其使用寿命和性能，与底材有密切的关联性，必须熟悉底材和底材的表面处理工艺以及对使用性能的影响等一系列知识。

涂料现场施工，溶剂的含量为 30％～70％，多层施工成膜。由于组成物高分子材料自身的结构孔，也有溶剂挥发和施工因素带来的针孔，因此较难达到高度的致密性。有些品种为溶剂挥发成膜的热塑型材料所组成，遇溶剂再溶解，因此抗有机溶剂的性能较差。

涂料施工的标准厚度，抗大气腐蚀一般在 $100\mu m$ 左右，特殊使用场合，厚度再大些。厚度的增加，受到机械物理性能影响的限制；耐磨损与受腐蚀介质长期浸渍的材料防护，确认采用涂料防护，要考虑该涂料品种和性能，采用复合涂层或其他树脂改性。

有装饰要求的工程，涂层的表面状态即外观很重要，施工因素产生的弊病影响装饰性，要掌握弊病纠正的知识。

涂料防腐蚀主要服务于建筑、构筑物、设备和管道的外防护，一般对耐温性要求不高。由于涂层存在孔洞，因此不适宜用于强腐蚀介质的贮存设备、磨损性大的设备及管道的内防护。在非采用涂层不可的这些场合，以增加厚度、耐蚀材料增强或用玻璃鳞片等高耐磨、耐蚀填料来补偿。

有机高分子聚合物在紫外线作用下易老化，外观表现为涂层失光粉化、开裂或脱落等。要保持涂层的防护与装饰作用，必须定期维护与更新。

3.1.2　涂料的作用

（1）保护作用

钢铁制品要生锈，水泥、木材要风化，高子分材料要老化，这是由于受光、热、水汽、氧气以及微生物的作用；化工生产过程中化学品也对金属、非金属材料产生腐蚀等。为了保护这些材料，采用涂料涂装以涂膜起屏蔽作用，隔绝和减弱化学和物理因素对材料的破坏。

单纯的屏蔽涂膜可达到保护非金属材料的目的，而对铁金属的防护，由于涂膜有针孔，涂装厚度受到造价和施工技术的限制，氧气、水汽的透过性使铁金属产生膜下锈蚀，其体积膨胀涂膜破裂。因此，涂膜对铁金属保护，一方面是起到对铁金属的钝化缓蚀作用，另一方面由于低电位金属颜料起到对铁金属的阴极保护作用，因此防护效果是涂层综合性能的反映。

金属材料的腐蚀，是活泼状态向稳定状态发展，是高能状态向低能状态发展的必然过程，我们防腐蚀专业人员所肩负的责任是减缓这个过程的进程。同样，对有机高分子材料的保护，对天然材料如石料、木材、织物的保护，也是减缓其老化、风化和腐败的进程。

（2）装饰作用

涂料的装饰作用较保护作用更具直观性。轻工产品及家用电器，其装饰性常与产品的质量连在一起。大到建筑物、轮船、火车、飞机、汽车的装饰，小到日用五金、文具、食品罐头等，涂料同样都对人民的生活环境起到了装饰和美化的功能。

涂料装饰的基础是防护，失去防护功能，也就失去了装饰作用，在涂料品种中，为装饰发展了多种美术漆，在原有的各种不同光亮度与色彩基础上，向实用与美观再前进一步。美术漆有皱纹漆、锤纹漆、斑纹漆、晶纹漆和闪光漆等，既掩盖涂装表面的缺陷，也经济实用。应用面很广。

保护漆一般由底漆和面漆配套而成；装饰性作用是指具有良好装饰性的面漆，比如早期的生漆、油性漆、醇酸漆，后来的氨基漆、过氯乙烯漆、硝基漆以及近年发展起来的聚氨酯漆和丙烯酸酯涂料。

非金属材料使用涂料，如竹木家具、家用电器塑料外壳表面，建筑墙面、窗玻璃遮阳，皮革橡胶表面的用漆，对装饰有较高的要求。

（3）色彩标志作用

在航运河道、海岸边常设各种航标用的标志，其涂料色彩的对比度强，要求涂料鲜艳耐晒；超高建筑物、烟囱、电视发射天线，人行道横道线等道路漆、消防器材、安全阀的红色漆，以及化工厂各种物料输送管道的标志漆、各种压缩气体用的特定标志漆、起重车醒目的桔红颜色漆，危险品装运的特殊黄色标志漆等，都起着色彩标志的作用。

标志漆和其他材料合作有紫外光激发标志漆；与高折射玻璃微珠配合的反光材料，用于矿井、公路、门牌、楼牌等。用标志漆制作的各种标志，用于给人们识别各种信息，起到各种指示或警示、警告的作用。

（4）特殊作用

具有特殊作用的涂料为特种涂料。喷气发动机的第一级与第二级叶片、高温烘箱、压缩机、汽车和拖拉机的排气管常用高温涂料给予保护。

金属导线的绝缘涂料，有各种耐温等级；冷冻机用的绝缘材料，还有耐冷媒的要求。

其他的还有微波吸收涂料、太阳能吸收涂料、导弹外壳耐烧蚀涂料、防霉涂料、贮油罐、输油橡胶管导静电涂料、光敏涂料、伪装迷彩涂料、防海生物生长的防污涂料、弹药发射管的润滑涂料、船舰甲板和飞机海面迫降救生防滑涂料、泥浆输送管道的耐磨涂料、避鼠避虫咬涂料、防火涂料、示温涂料以及热处理的防渗碳涂料等等，这些涂料应用在特殊场合，具有特殊的作用。

涂料有多种功能，较其他材料有成本低的特点。涂料品种多，可根据不同的要求选用，涂料施工方便，维修容易，因此在国民经济的各部门离不开涂料，例如屋面防水工程，防水涂料较老工艺而言就不受外形的限制，有好的粘结力，有效时间为10～15年。

大型设备防化工大气腐蚀，如贮气柜、贮油罐的内外壁防护，改用其他方法如贴衬玻璃钢、喷铝锌等，代价要高5～10倍以上。涂料以自己特有的性能，可在防护面漆中添加防热辐射的铝粉颜料、中空玻璃微珠以及稀有元素的氧化物等，能有效保护金属和减少由温差造成低沸点燃料的损耗。

3.2 涂料产品分类命名和型号

3.2.1 涂料产品的识别和命名

3.2.1.1 GB 2705—2003对涂料产品的分类和命名（表3-1、表3-2）

涂料产品分类方法1   表3-1

主要产品类别		主要成膜物类型
建筑涂料	墙面涂料 合成树脂乳液内墙涂料 合成树脂乳液外墙涂料 溶剂型外墙涂料 其他墙面涂料	丙烯酸酯类及其改性共聚乳液，醋酸乙烯及其改性共聚乳液，聚氨酯、氟碳等树脂，无机粘合剂等
	防水涂料 溶剂型树脂防水涂料 聚合物乳液防水涂料 其他防水涂料	EVA、丙烯酸酯类乳液、聚氨酯、沥青、PVC胶泥或油膏、聚丁二烯等树脂
	地面涂料 水泥基等非木质地面涂料	聚氨酯、环氧等树脂
	功能性建筑涂料 防火涂料 防霉（藻）涂料 保温隔热涂料 其他功能性建筑涂料	聚氨酯、环氧、丙烯酸酯类、乙烯类、氟碳等树脂
工业涂料	汽车涂料（含摩托车涂料） 汽车底涂料（电泳漆） 汽车中涂漆 汽车面漆 汽车罩光漆 汽车修补漆 其他汽车专用漆	丙烯酸酯类、聚酯、聚氨酯、环氧、氨基、PVC等树脂
	木器涂料 溶剂型木器涂料 水性木器涂料 光固化木器涂料 其他木器涂料	聚酯、聚氨酯、丙烯酸酯类、醇酸、硝基、氨基、酚醛、虫胶等树脂

主要产品类别			主要成膜物类型
工业涂料	铁路、公路涂料	铁路车辆涂料 道路标志涂料 其他铁路、公路设施用涂料	丙烯酸酯类、聚氨酯、环氧、醇酸、乙烯类等树脂
	轻工涂料	自行车涂料 家用电器涂料 仪器仪表涂料 塑料涂料 纸张涂料 其他轻工专用涂料	聚氨酯、聚酯、醇酸、丙烯酸酯类、环氧、酚醛、氨基、乙烯类等树脂
	船舶涂料	船壳及上层建筑物漆 船底防锈漆 船底防污漆 水线漆 甲板漆 其他船舶漆①	聚氨酯、醇酸、丙烯酸酯类、环氧、酚醛、氯化橡胶、沥青等树脂
	防腐(蚀)涂料	桥梁涂料 集装箱涂料 专用埋地管道及设施涂料 耐高温涂料 其他防腐(蚀)涂料	聚氨酯、丙烯酸酯类、环氧、醇酸、氯化橡胶、乙烯类、沥青、有机硅、氟碳等树脂
	其他专用涂料	卷材涂料 绝缘涂料 机床、农机、工程机械等涂料 航空、航天涂料 军用器械涂料 电子元器件涂料 以上未涵盖的其他专用涂料	聚酯、聚氨酯、环氧、丙烯酸酯类、醇酸、乙烯类、氨基、有机硅、氟碳、酚醛、硝基等树脂
通用涂料及辅助材料	调合漆、清漆、磁漆、底漆、腻子、稀释剂、防潮剂、催干剂、脱漆剂、固化刻等其他通用涂料及辅助材料	以上未涵盖的未明确应用领域的涂料产品	改性油脂、天然树脂、酚醛树脂、醇酸等树脂

注：主要成膜物类型中树脂类型包括水性、溶剂型、无溶剂型、固体粉末等。

涂料产品分类方法2 表3-2

主要成膜物类型		主要产品类型
油脂类漆	天然植物油、动物油(脂)、合成油等	清油、厚漆、调合漆、防锈漆及其他油脂漆
天然树脂①漆类	松香、虫胶、乳酪素、动物胶及其衍生物等	清漆、调合漆、磁漆、底漆、绝缘漆、生漆及其他天然树脂漆
酚醛树脂类漆	酚醛树脂、改性酚醛树脂等	清油、调合漆、磁漆、底漆、绝缘漆、船舶漆、防锈漆、耐热漆、防腐(蚀)漆、其他酚醛树脂漆
沥青漆类	天然沥青、(煤)焦油沥青、石油沥青等	清漆、调合漆、磁漆、底漆、绝缘漆、船舶漆、防锈漆、耐热漆、黑板漆、防腐(蚀)防污漆及其他沥青漆
醇酸树脂漆类	甘油醇酸树脂、季戊四醇醇酸树脂、其他醇类的醇酸树脂、改性醇酸树脂等	清漆、调合漆、磁漆、底漆、绝缘漆、船舶漆、防锈漆、汽车漆及其他醇酸树脂漆
氨基树脂漆类	三聚氰胺甲醛树脂脲醛树脂、脲(甲)醛树脂及其改性树脂等	清漆、磁漆、绝缘漆、美术漆、闪光漆、汽车漆及其他氨基树脂漆
硝基漆类	硝基纤维素(酯)等	清漆、磁漆、铅笔漆、木器漆、汽车修补漆、及其他硝基漆
过氯乙烯树脂漆类	过氯乙烯树脂等	清漆、磁漆、机床漆、防腐(蚀)漆、可剥漆、胶液及其他过氯乙烯树脂漆

主要成膜物类型		主要产品类型
烯类树脂漆类	聚二乙烯炔树脂、聚多烯树脂、氯乙烯醋乙烯共聚树脂、聚乙烯醇缩醛树脂、聚苯乙烯树脂、氯化聚烯烃树脂、石油树脂等	聚乙烯醇缩醛树脂漆、氯化聚烯烃树脂漆及其他烯类树脂漆
丙烯酸树脂漆类	热塑性丙烯酸酯类树脂、热固性丙烯酸酯类树脂等	清漆、透明漆、磁漆、汽车漆、工程机械漆、摩托车漆、家电漆、塑料漆、标志漆、电泳漆、乳胶漆、木器漆、汽车修补漆、粉末涂料、船舶漆、绝缘漆、及其他丙烯酸酯类树脂漆
聚酯树脂漆类	饱和聚酯树脂、不饱和聚酯树脂等	粉末涂料、卷材涂料、木器漆、防锈漆、绝缘漆、防锈漆及其他聚酯树脂漆
环氧树脂漆类	环氧树脂、环氧酯、改性环氧树脂等	底漆、电泳漆、船舶漆、绝缘漆、粉末涂料、防腐(蚀)漆、罐头漆、粉末涂料及其他环氧树脂漆
聚氨基甲酸酯漆类	聚氨(基甲酸)酯树脂等	清漆、磁漆、木器漆、防腐(蚀)漆、飞机蒙皮漆、车皮漆、船舶漆、绝缘漆及其他聚氨酯树脂漆
元素有机漆类	有机硅、氟碳树脂等	耐热漆、绝缘漆、电阻漆、防腐(蚀)漆及其他元素有机漆
橡胶漆类	氯化橡胶、环化橡胶、氯丁橡胶、氯化氯丁橡胶、丁苯橡胶、氯磺化聚乙烯橡胶等	清漆、磁漆、底漆、船舶漆、防腐(蚀)漆、防火漆、划线漆、可剥漆及其他橡胶漆
其他成膜物类涂料	无机高分子材料、聚酰亚胺树脂、二甲苯树脂以上未包括的主要成膜材料	

注：包括直接来自天然资源的物质及其经过加工处理后的物质。

3.2.1.2　GB 2705 对涂料产品的分类和命名

国家标准 GB 2705 规定了涂料产品分类和命名，几经修订，2003 年改动较大。该标准过去一直以产品主要成膜物质分类，影响到众多的涂料生产企业的传统管理模式。传统的分类把涂料产品分为 17 类，列于表 3-3，成膜物为混合树脂的，以起主要作用的一种树脂为基础。涂料产品命名原则：涂料全名＝颜色或颜料名称＋成膜物质名称＋基本名称。

成膜物质分类　　　　　　　　　　　　　　　　　表 3-3

代号	成膜物质类别	主要成膜物质
Y	油　脂	天然植物油、鱼油、合成油等
T	天然树脂	松香及其衍生物、虫胶、乳酪素、动物胶、大漆及其衍生物等
F	酚醛树脂	酚醛树脂、改性酚醛树脂、二甲苯树脂
L	沥青	天然沥青、煤焦沥青、硬脂酸沥青、石油沥青
C	醇酸树脂	甘油醇酸树脂、改性醇酸树脂、季戊四醇及其他醇类的醇酸树脂等
A	氨基树脂	脲醛树脂、三聚氰胺甲醛树脂等
Q	硝基纤维素	硝基纤维素、改性硝基纤维素
M	纤维酯、纤维醚	乙酸纤维、苄基纤维、乙基纤维、羟甲基纤维、乙酸丁酸纤维等
G	过氯乙烯树脂	过氯乙烯树脂、改性过氯乙烯树脂
X	烯类树脂	聚二乙烯基乙炔树脂、氯乙烯共聚树脂、聚乙酸乙烯及其共聚物、聚乙烯醇缩醛树脂、聚苯乙烯树脂、氟树脂、氯化聚烯烃树脂、石油树脂
B	丙烯酸树脂	丙烯酸树脂、丙烯酸共聚树脂及其改性树脂
Z	聚酯树脂	饱和聚酯树脂和不饱和聚酯树脂
H	环氧树脂	环氧树脂、改性环氧树脂
S	聚氨基甲酸酯	聚氨基甲酸酯树脂
W	元素有机聚合物	有机硅、有机钛、有机锡等树脂
J	橡胶	天然橡胶及其衍生物、合成橡胶及其衍生物
E	其他	以上16类包括不了的成膜物质，如无机高分子材料、聚酰亚胺树脂等

国家标准的实施要求企业生产的品种由标准化委员会审批给号，企业提交一整套报批资料中除了产品技术指标、检验方法、施工参考、性能用途外，还要有产品的组成、配方及简要生产工艺，这显然不符合市场经济的观念。

GB 2705—1992 对涂料产品的分类和命名取销了成膜物质纤维酯、纤维醚一类，基本名称也缩减了过时的老名称。

对传统的标准内容的了解也是不可少的，像已习惯使用的基本名称如清漆、磁漆、甲板漆、防腐蚀漆或防锈漆等，也应参照新标准执行。传统标准基本名称规定见表3-4。

基本名称代号   表 3-4

代号	基本名称	代号	基本名称	代号	基本名称	代号	基本名称
00	清油	16	锤纹漆	37	电阻漆、电位器漆	61	耐热漆
01	清漆	17	皱纹等	38	半导漆	62	示温漆
02	厚漆	18	裂纹漆	40	防污漆、防蛆漆	63	涂布漆
03	调合漆	19	晶纹漆	41	水线漆	64	可剥漆
04	磁漆	20	铅笔漆	42	甲板漆、甲板防滑漆	66	感光涂料
05	粉末涂料	22	木器漆	43	船壳漆	67	隔热涂料
06	底漆	23	罐头漆	44	船底漆	80	地板漆
07	腻子	30	(浸渍)绝缘漆	50	耐酸漆	81	鱼网漆
09	大漆	31	(覆盖)绝缘漆	51	耐碱漆	82	锅炉漆
11	电泳漆	32	(绝缘)磁漆	52	防腐(蚀)漆	83	烟囱漆
12	乳胶漆	33	(粘合)绝缘漆	53	防锈漆	84	黑板漆
13	其他水溶性漆	34	漆包线漆	54	耐油漆	85	调色漆
14	透明漆	35	硅钢片漆	55	耐水漆	86	标志漆、马路划线漆
15	斑纹漆	36	电容器漆	60	耐火漆	98	胶液

已习惯使用的基本名称在该标准中有所规定，列于表3-4。但地板漆、鱼网漆等不再列入。2003 修订版增加 99 基本名称：其他。

标准还规定了涂料产品序号代号，列于表3-5。

涂料产品序号代号   表 3-5

涂 料 品 种		代 号	
		自干	烘干
清漆、底漆、腻子		1～29	30 以上
磁漆	有光	1～49	50～59
	半光	60～69	70～79
	无光	80～89	90～99
专业用漆	清漆	1～9	10～29
	有光磁漆	30～49	50～59
	半光磁漆	60～64	65～69
	无光磁漆	70～74	75～79
	底漆	80～89	90～99

3.2.2　涂料产品的识别

3.2.2.1　识别涂料产品的目的

识别涂料产品的目的是去伪存真。成膜物质是涂料质量的关键。影响使用性能的有细度、耐水性、附着力和柔韧性。浙江某厂的 PF-01 涂料，经质检单位检测，遮盖力 295g/m²，耐水及耐盐水 48h 细泡，细度＜100μm，这些数据表明该产品是不合格的，从其产品介绍的技术指标固含量 15%，附着力 2～3 级来分析，用户要比使用固含量 45% 的产品多付出三倍的代价；附着力（划圈法）大于 2 级用于底漆起不到防护作用。

3.2.2.2　识别涂料产品质量的方法

涂料产品检测方法包括产品性能检测、施工性能检测和涂膜性能检测，涂膜性能检测又有常规与特殊之分。涂料产品性能检测的测试项目有外观、密度、固体分、黏度和细度等；施工性能检测有黏度、遮盖力、使用量、涂刷性、流平性、干燥时间和打磨性等；涂膜性能检测分一般使用性能检测（涂膜外观、光泽、硬度、弹性、冲击性、附着力以及耐磨等）和特殊使用性能检测（耐水性、耐热性、耐寒性、耐温变性、耐光性、耐候性、耐湿热性、耐盐雾性、防锈性、防霉性、绝缘性以及耐化学腐蚀性等）。以上涂料产品及性能检测方法均有国家标准。

多种涂料产品以及涂料的各种助剂，属精细化工产品，其性能在半成品及成膜后有一套成熟完整的检测手段和标准，是较为特殊的。其成膜固化、附着及防腐蚀性的理论还在不断深化和完善。

3.3　钢结构防护涂料产品特性与用途

3.3.1　环氧类涂料

环氧涂料的主要成膜物质环氧树脂，最早由瑞士 Pierre Castan 所合成，我国在上世纪 50 年代开始研究生产。环氧树脂的品种很多，典型的为双酚 A 型环氧涂料，性质见表3-6。

双酚 A 型环氧涂料性质　　　　　　　　　　　　　表 3-6

状 态		黏度(25℃,Pa·s)	环氧当量(g/mol)	环氧值(mol/100g)
液态	低黏度	8.0～16.0	200	0.5
	高黏度	0.4～1.0(70%溶液)	250	0.4
固态(软化点℃)		约70	500	0.2
		约100	900	0.11
		约130	1700	0.06
		约150	2700	0.037

环氧树脂的特性有：

（1）附着力　附着力是涂料成膜后对涂装面起保护作用的主要性能。附着力差，腐蚀介质就有渗透和在膜下扩散的可能，其表现为涂膜起壳、脱落。这与由于施工工艺控制差而形成的相似的涂膜病态有着本质的区别。

环氧树脂涂料多数为双组分，由其制成的色浆与固化剂部分按正确比例配合，有的固化剂配合后，要求有适当的熟化时间，以避免涂膜产生霜露白化现象，影响外观和保护性能。

环氧树脂与固化剂的反应，对物面有最突出的附着力，不论是金属还是混凝土、木材、玻璃等，在粗糙表面由于双组分环氧的初始黏度低而易于渗透；在光滑表面具有优良的附着力，这是环氧分子中含有极性的羟基、醚键等能与物面起反应的活性基团，对潮湿面或者在水下施工也能有一定的附着力，按其特性，此类产品分为潮湿表面施工涂料和水下施工涂料，适用于矿井、密闭舱室的凝露表面施工或潜水作业。

（2）化学性　环氧树脂中双酚 A 链段（二个苯环和一个丙叉基，共 15 个碳原子的烃基）具有疏水性，两个苯环的刚性屏蔽亲水性的羟基和醚键，保持整体涂膜的耐水性。环氧树脂分子中不含酯键，涂膜具有突出的耐碱性，可用在液碱贮槽的防护。

（3）老化性　环氧树脂中的醚键，在紫外线催化下会引起降解断链，涂膜易粉化失去装饰性，户外防护不宜用于面层。但对于必需用于户外、装饰性为次的设备，上海开林造漆厂环氧涂料在海港码头设备涂装，有应用 15 年以上的宝贵数据。这类场合的应用，要求在面涂层配方中，加入足量的屏蔽紫外线的铝粉、云母氧化铁、炭黑、石墨等，阻缓老化速度。环氧涂膜的老化破坏主要表现为逐渐粉化而涂膜减薄，而一般不会出现涂膜龟裂现象。加厚涂装是一个简单问题，修复时只需清理表面粉化层。

3.3.2　聚氨酯树脂类涂料

双聚氨酯树脂类涂料有一个含有异氰酸酯基的组分，另一个为含有羟基的组分，使用时将双组分按产品说明书用量配合，反应固化交联生成聚氨基甲酸酯，简称聚氨酯。

$$R—NCO+R'OH \longrightarrow RNHCOOR'$$

聚氨酯树脂类涂料的性能与环氧树脂类涂料接近，聚氨酯涂料固化剂二异氰酸酯分为芳香族与脂肪族两大类，芳香族类干性快但易泛黄，户外涂层会变色粉化。这类固化剂如甲苯二异氰酸酯 TDI 和二苯甲烷二异氰酸酯 MDI 与三羟甲基丙烷制成加成物，可减少二异氰酸酯挥发对施工人员呼吸系统及眼部的刺激。

脂肪族固化剂为己二异氰酸酯 HDI、异佛尔酮二异氰酸酯 IPDI 和二环己甲烷二异氰酸酯 HMDI；另有苯二亚甲基二异氰酸酯 XDI，虽含苯环，由于苯环与异氰酸酯之间有亚甲基间隔，性质接近于脂肪族异氰酸酯，习惯上作脂肪族类使用。

异二异氰酸酯制成缩二脲，作为户外耐暴晒聚氨酯涂料固化剂，有更好的耐候性。

聚氨酯涂料的羟基组分有最普遍应用的聚酯，另有聚醚、丙烯酸、含羟基的乙烯类氯醋共聚体以及元素有机类含羟基的氟碳树脂；异氰酸酯与胺反应生成脲即聚脲树脂，是异氰酸酯应用的新动向。

3.3.3　沥青

防腐蚀涂料的主要成膜物类型中有沥青，一般情况下是合成树脂改性的沥青。纯沥青涂料的装饰性有限，耐溶剂性和耐候性差。

沥青由于原料来源不同，有石油沥青、天然沥青和煤焦沥青之分。煤焦沥青制成的涂料吸水性较前两种沥青小得多，因此煤焦沥青作为环氧树脂、聚氨酯树脂耐水涂料的改性剂，最常用的是埋地管道、地下半地下设备的外防护涂料（表 3-7）。

煤焦沥青涂料	胺固化环氧涂料	环氧沥青涂料
突出的抗水性 价格低 厚膜 耐溶剂性差 对热敏感，不耐温差 容忍低表面处理	抗水性尚可 价格高 中等厚度 耐溶剂性优良 对热稳定 要求喷射除锈较高等级	优异的抗水性 价格适中 厚膜 耐溶剂及耐油性好 对热比较稳定 容忍手工或动力工具高等级的处理， 高要求工程则取喷射除锈

沥青改性的涂料对涂装面有良好的润湿性，可降低原有涂料品种要求的表面处理除锈等级，既提高了涂膜的抗水性，又降低了涂料防护的成本，其缺陷是颜色只能是深色或黑色，涂膜常久留有含有毒性的气味。

煤沥青与环氧树脂类相溶性好，环氧沥青是指环氧改性煤沥青涂料。国外学者作了研究，得出两者的比例与涂料性能的关系，见表 3-8。

实验编号	组 成		膜厚(μm)	T_g·℃	吸水率(%)(质量)	蒸馏水浸渍时间(d)(20℃)				
	环氧树脂	沥青				1	3	5	7	11
1	1.0	0.0	160	85	1.59	—	×			
2	1.0	0.2	150	—		—	×			
3	1.0	0.4	160	64	1.11	—	×			
4	1.0	0.6	120	—		—	×			
5	1.0	0.8	100	56	0.59	—	0	0	0	0
6	1.0	1.0	130	54	0.51	—	0	0	0	0
7	1.0	1.2	140	52	0.38	—	0	0	0	0

注：×为浸水后附着力丧失；0为浸水后附着力保持良好，说明沥青能提高环氧树脂涂膜浸水后的湿态附着力。

涂料学者称，配制环氧沥青涂料应选用 E42 环氧，以获得高固体涂料的厚膜。沥青应选用软化点在 50℃ 左右的材料，喷涂时不易堵塞喷嘴。固化剂可选用聚酰胺类或酚醛胺类。

冬期户外施工，胺固化环氧涂料固化困难，可改用聚氨酯涂料固化剂。

关于煤焦沥青的环保问题，由于该物质有很强的致癌作用，长期浸泡水的排放要规范。煤沥青的取代物为改性的石油树脂。

3.3.4　氯化聚烯烃涂料

含氯聚合物是含氯单体经聚合或与其他单体共聚的高分子树脂，氯化聚合物通入氯气取代聚合物分子结构中的氢的一类产物。过氯乙烯是氯化含氯聚合物，早年从苏联引进技术，其涂料的历史悠久，虽为乙烯树脂类涂料，却可成为单独的过氯乙烯树脂一类。过氯乙烯树脂涂料的固体含量低，《建筑防腐蚀工程施工及验收规范》（GB 50212—2002）提到环保要求，VOC 控制指标不大于 400g/L，固体含量小于 25%，过氯乙烯涂料的一层干膜厚度不大于 20μm，其前途受到挑战。像苯乙烯树脂涂料、乙烯共聚树脂涂料、聚氯乙烯涂料将遭到同样的抑制。

3.3.5　聚脲涂料

异氰酸酯与胺反应生成脲，其反应非常迅速，超越传统涂装成膜的工艺。

$$\sim\!\!\sim\!\!\sim\!\!RNCO + H_2NR' \longrightarrow \sim\!\!\sim\!\!\sim\!\!RN\overset{H}{-}C\overset{O}{\underset{\|}{-}}N\overset{H}{-}\cdot R'$$

聚脲涂料是国外近十年来为适应全天候施工和环保需求而研制开发的一种新型无溶剂、无污染的绿色涂料产品，需要专用设备配合施工。

聚脲耐腐蚀性能与聚氨酯相近，青岛海洋化工研究所有多种产品，在钢结构表面防护，底涂层采用环氧树脂系或硅酸锌底涂层，再覆涂聚脲面涂层。室内户外的异氰酸酯组分有所区别。

聚脲涂料与传统的喷涂聚氨酯技术相比较，具有以下优点：

1. 不含催化剂，快速固化，可在任意曲面、斜面及垂直面上喷涂成型，不产生流挂现象，1min 成膜指干，10min 即可达到步行强度；

2. 聚脲反应速度快于对水的反应，所以对水分、湿气不敏感，施工时不受环境温度、湿度的影响，在冷藏库−18℃条件下也能快速固化；

3. 一次施工达到厚度要求，克服了以往多层施工的弊病；

4. 优异的物理性能，如抗张强度、柔韧性、耐老化性、耐磨性等，手感从软橡皮（邵 A30）到硬弹性体（邵 D65）；

5. 具有良好的热稳定性，可在150℃下长期使用，可承受350℃的短时热冲击。

由于其快速的固化反应，施工 1000m²（1.5～2.0mm 厚）的涂层，仅需 6h 即可完成施工，2～3h 即可投入使用。对涂层最终的施工厚度没有限制，通常每道涂层的施工厚度在 0.4～0.6mm（视枪的移动速度而定）。

聚脲涂料涂装技术是一种新型"万能"（国外称之为 versatile）涂装技术，它全面突破了传统涂装技术的局限性，得到了迅猛的发展。

某海湾大桥桥墩防护在海面涂装，由于涂装面受潮汐影响，表面潮湿，底涂层选用潮湿表面施工涂料，而面涂层选用对水分、湿气敏感的丙烯酸聚氨酯涂料，早晚在海上贴近水面高湿度环境下抢潮汐一段时间施工，会遇到不少的困难，如选用该类型涂料，材料价格与施工费、施工周期的矛盾都能得到解决。

3.3.6 元素有机漆类

3.3.6.1 有机硅涂料

1. 耐高温涂料

耐高温涂料涂膜具有耐高温性能，在使用温度范围内，涂层不变色开裂脱落。耐高温涂料不应误解为高温条件下，钢制设备管道表面不凝露积水，不会生锈，而可以不涂防锈底漆。耐高温涂料涂层薄，设备安装到投产运行时段或停产检修，水分和氧容易透过面层而引发锈蚀。耐高温漆建议配套体系见表 3-9。

2. 聚硅氧烷高耐候涂料

有机硅树脂的分子结构中主链为硅—氧键，故有聚硅氧烷涂料的名称。从国家标准 GB 2075—2003 的涂料的分类方法一中防腐蚀涂料和其他专用涂料的主要成膜物类型列出了有机硅树脂，分类方法二中主要成膜物类型元素有机漆类列出了有机硅树脂。《防腐蚀涂料和涂装》（虞兆年著）对有机硅树脂这样评价：有机硅树脂是耐候性和耐热性优良的树脂，用以制造高级涂料。作为耐高温涂料的树脂，则无取代物。

涂料品种	名　　称	表面处理	建议道数	涂膜厚度（μm）	适用环境（℃）
底漆	711 油性红丹防锈漆（712 酚醛红丹防锈漆）	Sa2½	2	80	室内，≤175；大气环境
醇酸面漆	753 银色醇酸磁漆	—	1	50	
聚酯耐高温漆（烘干或自干）	85 号耐高温漆	Sa2½	1	20	室内，200～400
	85 号耐高温漆	—	1	20	
底漆	704 无机硅酸锌底漆	Sa2½	1	50	室外，200～400
聚酯耐高温漆（烘干或自干）	85 号耐高温漆	—	1	20	
	85 号耐高温漆	—	1	20	
二苯醚耐高温漆（烘干或自干）	FZ-15 号耐高温漆	Sa2½	1	20	室内，400～600
	FZ-15 号耐高温漆	—	1	20	
底漆	704 无机硅酸锌底漆	Sa2½	1	50	室外，300～500
有机硅烘干型耐高温漆	14 号耐高温漆	—	1	20	
	14 号耐高温漆	—	1	20	
聚酯耐高温漆（烘干或自干）	85 号耐高温漆	Sa2½	1	20	室内，200～400
底漆	704 无机硅酸锌底漆	Sa2½	1	50	室外，300～500
有机硅烘干型耐高温漆	14 号耐高温漆	—	1	20	
	14 号耐高温漆	—	1	20	

3.3.6.2 有机氟树脂涂料

有机氟树脂涂料即氟碳涂料。氟碳涂料涂膜有不黏的特性。

氟碳涂料是热固化品种，工程涂装选用的是脂肪族多异氰酸酯，固化耐候性达15～20年的钢结构面层涂料。但氟树脂生产多数都有一个使用全氟辛酸的过程，树脂作为产品时，决不允许残留毒害成分。

3.3.7 乙烯基酯树脂

乙烯基酯树脂在我国由树脂制作玻璃钢，再发展为玻璃鳞片涂料与地面涂料，其历史没有其他树脂涂料久远，影响面也不够大。近年来乙烯基酯玻璃鳞片涂料在电厂环保项目中应用普遍。

虞兆年著《防腐蚀涂料和涂装》中将乙烯基酯树脂列在丙烯酸树脂名下，理由是此类树脂端基含有两个丙烯酸或甲基丙烯酸双键。

华东理工大学研制的乙烯基酯树脂，主要原材料丙烯酸只序名为不饱和酸，乙烯基酯名称标为环氧乙烯基酯树脂，其分类见表3-10。

耐腐蚀环氧乙烯基酯树脂的分类　　　　　　表3-10

乙烯基酯类型	主　要　原　料		特　点
	不饱和酸	环氧树脂	
ME	甲基丙烯酸(M)	E 型环氧	通用型
AE	丙烯酸(A)	E 型环氧	韧性
MF	甲基丙烯酸(M)	F 型环氧	耐高温
MFE	甲基丙烯酸(M)富马酸(F)	E 型环氧	通用型
AF	丙烯酸(A)	F 型环氧	韧性、耐高温
AFE	丙烯酸(A)富马酸(F)	E 型环氧	韧性
MEX	甲基丙烯酸(M)	EX 型环氧	阻燃

华东理工大学把乙烯基酯树脂描述为：分子二端含有乙烯基团，中间骨架为环氧树脂。也提出乙烯基酯这个外来词含义不确切，名称应该是环氧乙烯基酯。乙烯基酯树脂和其他类型树脂耐化学药品性能比较见表 3-11。

乙烯基酯树脂和其他类型树脂耐化学药品性能比较　　　　　　　　　　　表 3-11

树脂类型	无机酸	有机酸	氧化剂	碱	有机溶剂
邻苯型 UP	中	中	差	差	差
间苯型 UP	良	良	良	差、中	良
双酚 A 型 UP	优	优	优	优	中
常温固化呋喃树脂	中、良	中、良	差	中、良	中、良
高温固化呋喃树脂	优	优	差	优	优
常温固化环氧树脂	中、良	良	差	优	中
高温固化环氧树脂	优	优	差	优	优
乙烯基酯树脂	优	优	优	优	良、优

3.3.8　耐腐蚀配套涂料产品

3.3.8.1　富锌涂料

富锌涂料是锌粉涂料良好防锈性能应用的发展。美国钢结构涂装协会 SSPC 的富锌涂料最低含锌量标准：无机富锌为 74%，有机富锌为 77%。但近年来国际铅锌组织（ILZHO）研究结论表明含锌量与防蚀性并无直接关系。

富锌涂料分无机与有机两大类，根据成膜物质的不同又分成多类。

（1）无机富锌涂料

无机富锌涂料系列可分为水溶性后固化无机富锌和水溶性自固化无机富锌，前者涂膜干燥后 H_3PO_4 或 $MgCl_2$ 溶液使其固化。后者硅酸盐模数高，品种有硅酸钠、钾、锂等，效果均良好。

还有一类为醇溶性自固化无机富锌，基料为正硅酸乙酯缩合物的醇溶液，特点是干燥快，适合流水线作业，是无机富锌涂料中应用量最广的品种。

无机富锌的固化理论与防锈机理的研究还在发展，无机富锌涂料的应用，必需尊重生产企业应用经验，严格控制锌粉质量与基料的配合比、表面处理以及施工环境条件，保证施工质量。

（2）有机富锌涂料

有机富锌涂料的成膜材料多数为环氧树脂，取其对锌粉的润湿和包容性，初期的低黏度与良好的流动性，成膜后对物面的良好附着力。上海市涂料研究所厦门试验站对有机富锌与无机富锌进行了比较，见表 3-12。

有机富锌与无机富锌比较　　　　　　　　　　　表 3-12

富锌涂料	膜厚(μm)	试验时间	检查结果
无机富锌（醇型）	62	1982.7～1987.8(5 年)	完好，表面有锌盐
有机富锌	60	1982.7～1984.9(2 年)	20%锈点

两种富锌涂料的表面处理等级，无机富锌略高，无机富锌涂料涂装后的养护对相对湿度要求有特殊性，成膜固化阶段要求大于 55%，配套涂料有专用品种。

无机富锌涂料耐温 400℃，适宜用于防火涂料底涂层，以防止起火初期防火涂料整体系统脱落而影响建筑钢结构的保护。

富锌涂料的耐蚀性是指抗大气中水、氧气对钢构体的锈蚀的性能。由于锌及其与空气中氧气、二氧化碳生成的氧化锌、碳酸锌等有助于涂层致密性提高，抵御酸碱介质的腐蚀能力仅适于 pH 值 5～9 的范围。在酸碱液体介质浸渍环境中，宜用其他防锈底涂料品种。

无机富锌配套涂料品种有磷化底漆、环氧封闭涂料、环氧云铁防锈涂料。

环氧封闭涂料一般为树脂液，取其流动渗透好的特点，但当钢结构再需覆涂环氧云铁涂料时，要考虑涂装允许最大间隔时间的限制，一旦出现附着力问题，再在高空钢结构作大面积打磨，得到好结果的难度大。超过覆涂间隔时间的条件下，要及时覆涂无间隔时间限制的云母氧化铁颜料的中涂层品种。

3.3.8.2 鳞片涂料

（1）云母鳞片及云母氧化铁鳞片涂料

虞兆年著《防腐蚀涂料和涂装》以较多的篇幅讲述片状颜料，其特点是在涂膜中起到迷宫效应，延长水、氧等腐蚀离子的渗透途径，减缓腐蚀速率。

以含羧基氯乙烯醋酸乙烯共聚树脂为成膜材料，研究了试验玻璃、不锈钢鳞片、片状铝粉、云母等对水蒸气透过率的影响，结果见表 3-13。

片状颜料对水蒸气透过率的影响 表 3-13

投 料 配 方	空白对比	玻璃鳞片	不锈钢鳞片	片状铝粉	云母
钛白	9.23	9.39	9.69	9.41	9.40
气相二氧化硅	3.08	3.11	3.01	3.14	3.13
硅酸铝	11.52	5.64		6.12	5.50
C-玻璃鳞片(硅处理剂)		5.82(0.16)			
不锈钢鳞片			14.16		
片状铝粉				5.28	
水磨云母粉(325目)					5.85
VMCH 乙烯共聚树脂	13.25	13.47	13.90	13.49	13.51
邻苯二甲酸二异癸酯(增塑剂)	3.30	3.35	3.46	3.36	3.36
溶剂	59.38	58.82	55.53	58.98	59.01
水蒸气透过率(60℃)[g/(m²·24h)]	34.8	13.6	8.6	12.1	22.1

上述试验片状颜填料加入量最高不到 15%，水蒸气透过率降低至 1/3～1/4，实际玻璃鳞片推荐用量 20% 以上，云母氧化铁的用量高达 50%，铝粉加至 15% 透过率减少 5 倍。

云母氧化铁为天然矿产，国外应用云母氧化铁制涂料有 100 年的历史，法国巴黎埃菲尔铁塔有应用的纪录。我国安徽繁昌天然云母氧化铁的规格为：粒径 10～100μm，厚度 5μm，密度 4.9～5.2g/cm³，含 Fe_2O_3 85%～90%，SiO_2 4%～6%，Al_2O_3 2%～3%，MgO 1%～2%，CaO 0.5%～1.0%，可溶性盐≤1.0%，pH6.5～7.5，灼烧失重 0.23%。云母氧化铁涂料用于武汉长江大桥及南京长江大桥，寿命达十余年之久。

上海南浦大桥及杨浦大桥底涂层为环氧富锌涂料，中涂层采用环氧型云母氧化铁涂料，面涂层为氯化橡胶涂料，使用寿命超过 10 年。

云母氧化铁涂料的表面较粗糙，给予面涂层一个良好的涂装面，但当遇雨水浸泡，其干燥速度比预见的要慢，有几个大桥涂装工程，曾发生对水分敏感的聚氨酯涂料涂装，由于云母氧化铁中涂层残留的水分引起覆盖层起泡。为接受教训，丙烯酸聚氨酯面涂层覆涂，应对涂装面的含水率用水分测定仪检测，含水率不得大于6%。

（2）玻璃鳞片涂料

玻璃鳞片的原材料为耐腐蚀的硼硅玻璃，而不是带青绿色或灰暗的钠钙玻璃。玻璃鳞片有厚度与细度的标准，应用在不同要求的场合。上世纪80年代应用在引进的乙烯装置、冶炼厂的排气筒等，用于强腐蚀和高磨损设备管道的内防腐。近年来国家抓环境保护，发电厂排气筒的工程量大，烟气脱硫吸收塔需要玻璃鳞片涂料防护。

玻璃鳞片涂料的成膜材料，应以应用环境条件选用环氧类或乙烯基酯类。这两类是市场供应的主要品种。鳞片颜料片迷宫效应与玻璃材质的硬度相结合，高于碳钢的耐磨性，是含固体颗粒如煤、泥浆输送管道内防护的首选品种。

玻璃鳞片涂料对钢材表面只有对腐蚀介质屏蔽，没有防锈颜料的钝化缓蚀功能，涂膜破损后膜下锈蚀蔓延快。玻璃鳞片涂料在海洋环境中应用，钢结构表面宜以富锌类作底涂层；在酸碱类化学介质腐蚀环境，宜以磷酸锌、磷酸铝为防锈颜料的防锈底涂层。

玻璃鳞片涂料配制，成膜树脂对玻璃鳞片的润湿性，关系到涂料产品的防护性能，要检验玻璃鳞片硅偶联剂处理的质量，观察玻璃鳞片在水面的漂浮性。在成膜树脂中添加乙烯基硅烷，使硅烷的烷氧基与玻璃鳞片表面的羟基反应结合。加入商品牌号为KH偶联剂系列，量视玻璃鳞片的多少，约为1%～2%。

玻璃鳞片涂料在储油罐内壁防护应用较普遍，日本油罐内壁采用乙烯基酯树脂玻璃鳞片涂料的占6.5%，采用环氧树脂型涂料的占27.1%，采用富锌涂料的占6.4%，玻璃鳞片涂料的平均厚度为0.7mm，使用寿命为7～10年。

玻璃鳞片涂料具有比同品种涂料有更好的对紫外线、氧气以及化学腐蚀介质的屏蔽性，涂层抗渗耐磨，提高了涂层的耐温等级，用于冶炼厂烟道和石化乙烯装置烟气脱硫温度较高、高磨损的设备管道内壁及外防护。

玻璃鳞片涂料作抗渗性试验，比玻璃钢高出4～5倍，几乎无残余应力，还能阻止材料的裂纹扩展，由于这些优点，将会取代玻璃钢用于设备、管道以及地坑、贮槽等构筑物的内衬。

3.3.8.3 低表面处理涂料

低表面处理涂料作为工业涂料，只能归在未涵盖的其他专用涂料中。带锈涂料和锈面涂料不除锈即可涂装，能达到除锈后涂装的同样效果。低表面处理涂料则要求除锈，但除锈标准可低一些，避免原对带锈涂料错误理解而使这类涂料品种被错误应用而影响推广。

低表面处理涂料的应用，可减少表面处理投入而取得较好的结果，适用于表面处理不满足喷射的空间距离，轻腐蚀环境。维修可随时安排，这类涂层防锈效果恰好满足于钢结构的防护。低表面处理涂料目前仅适用于维修工程，重大工程选用低表面处理涂料，要有设计依据，这一关较难突破。

3.3.9　限制自配涂料在建设工程中的使用

《建筑防腐蚀工程施工及验收规范》（GB 50212—2002）总则第1.0.3条：用于建筑防腐蚀工程施工的材料，必须具有产品质量证明文件，其质量不得低于国家现行标准的规定，当材料没有国家现行标准时，应符合本规范的规定。总则第1.0.4条：产品质量证明文件，应包括下列内容：（1）产品质量合格证及材料检验报告；（2）质量技术指标及检测方法；（3）复验报告或技术鉴定文件。

　　防腐蚀工程中的砂浆、胶泥以及涂装工装的腻子等，没有国家的现行标准和产品，必须现场配制，该规范的第 1.0.5 条提出：需要现场配制使用的材料，必须经试验确定，其配合比尚应符合相关规定。经试验确定的配合比不得任意改变。

　　《涂料类防腐蚀工程》第 9.1.11 条：不得在现场用树脂等自配涂料。该条文说明：因为涂料的生产工艺是有一定要求的，只有经过严格的加工过程，涂料的分散性、机械性能才可得以体现。目前还存在不少的地面涂装工程施工企业，地面涂料委托加工或自行加工，质量管理体系不健全，没有合格的质量检验人员及仪器装备，工程质量得不到保证。

4 涂装工艺设计

4.1 建设工程涂装腐蚀环境分类

4.1.1 大气腐蚀环境分类

环境分类的目的是要摸清腐蚀环境的腐蚀类型、腐蚀性气体类型与浓度和相对湿度有密切关系并影响腐蚀速率的几个因素。大气腐蚀量大面广，大部分由涂料涂装进行防护，是涂料防腐蚀的主题。

《大气环境腐蚀性分类》（GB/T 15957—1995）将大气腐蚀环境分为六大类，见表4-1。

大气腐蚀环境分类 表 4-1

腐蚀类型		腐蚀速率(mm/年)	腐 蚀 环 境		
等级	名称		腐蚀性气体类型	相对湿度(年平均),(%)	大气环境
Ⅰ	无腐蚀	<0.001	A	<60	乡村大气
Ⅱ	弱腐蚀	0.001~0.025	A B	60~70 <60	乡村大气,城市大气
Ⅲ	轻腐蚀	0.025~0.050	A B C	>75 60~75 <60	乡村大气,城市大气和工业大气
Ⅳ	中等腐蚀	0.050~0.20	B C D	>75 60~75 <60	城市大气,工业大气和海洋大气
Ⅴ	较强腐蚀	0.20~1.00	C D	>75 60~75	工业大气
Ⅵ	强腐蚀	1~5	D	>75	工业大气

注：在特殊场合与额外腐蚀负荷作用下，应将腐蚀类型提高等级，如：①机械负荷（a. 风砂大地区，因风携带颗粒砂子，使钢结构发生磨蚀；b. 钢结构上由于人或车辆通行或有机械重负载并定期移动的表面）；②经常有吸湿性物质沉积于钢结构表面的情况。

表4-1描述大气中腐蚀性物质的存在，加速了钢结构的腐蚀速率，在相同湿度条件下，腐蚀性物质含量越高，腐蚀速率越大。腐蚀性物质的腐蚀速度与大气的湿度有关，在较高湿度（潮湿型）环境中腐蚀性大，在较低的湿度（干燥型）环境中腐蚀性大大降低，如果有吸湿性沉积物（如氯化钠）存在时，即使环境大气的湿度很低（$RH<60\%$）也会发生腐蚀。

4.1.2 腐蚀性环境气体类型

《大气环境腐蚀性分类》（GB/T 15957—1995）将环境腐蚀性气体分为 A、B、C、D四种类型，见表4-2。

气体类型	腐蚀性介质名称	腐蚀介质含量（g/m³）	气体类型	腐蚀性介质名称	腐蚀介质含量（g/m³）
A	二氧化碳 二氧化硫 氟化氢 硫化氢 氮氧化物 氯	<2000 <0.5 <0.05 <0.01 <0.1 <0.1	C	二氧化硫 氟化氢 硫化氢 氮氧化物 氯 氯化氢	10～200 5～10 5～100 5～25 1～5 5～10
B	二氧化碳 二氧化硫 氟化氢 硫化氢 氮氧化物 氯 氯化氢	<2000 0.5～10 0.05～5 0.01～5 0.1～5 0.1～1 0.05～5	D	二氧化硫 氟化氢 硫化氢 氮氧化物 氯 氯化氢	200～10000 10～100 >100 25～100 5～10 10～100

4.1.3　腐蚀介质类别与钢结构腐蚀等级

4.1.3.1　气态化学介质对钢结构的腐蚀等级

《工业建筑防腐蚀设计规范》（GB 50046—95）根据介质类别、含量、环境相对湿度将气态化学介质对钢结构的腐蚀等级分为强、中及弱三个等级，见表 4-3。

气态化学介质对钢结构的腐蚀等级　　　　　　　　　表 4-3

介质类别	介质名称	含量（mg/m³）	环境相对湿度（%）	腐蚀等级
Q1	氯	1～5	>75	强
			60～75	中
Q2		0.1～1	>60	中
			<60	弱
Q3	氯化氢	1～15	>75	强
			60～75	强
			<60	中
Q4		0.05～1	>75	强
			60～75	中
			<60	弱
Q5、Q6	氮氧化物	5～25	>75	强
		0.1～25	60～75	中
		0.1～5	<60	弱
Q7、Q8	硫化氢	5～100	>75	强
		0.01～100	60～75	中
		0.01～5	<60	弱
Q9	氟化氢	5～50	>75	强
			60～75	中
			<60	中
Q10、Q11	二氧化硫	10～200	>75	强
		0.5～200	60～75	中
		0.5～10	<60	弱
Q12、Q13	硫酸酸雾	大量作用	>75	强
		少量作用	>75	强
			<75	中
Q14、Q15	醋酸酸雾	大量作用	>75	强
		少量作用	>75	强
			<75	中

介质类别	介质名称	含量(mg/m³)	环境相对湿度(%)	腐蚀等级
Q16	二氧化碳	>2000	>75	中
			60~75	弱
			<60	弱
Q17	氨	>20	>60	中
			<60	弱
Q18	碱雾	少量作用	—	弱

设计人员在对实际工况十分了解的基础上，确定防护涂料品种的选用及涂层的厚度。由于生产环境（介质含量）及相对湿度条件存在变动的可能，要注意留有余地。

4.1.3.2 固态化学介质对钢结构的腐蚀等级（表4-4）

固态化学介质对钢结构的腐蚀等级　　　　　　表4-4

介质类别	介质在水中的溶解度	介质的吸湿性	介质名称	环境相对湿度(%)	腐蚀等级
G1	难溶	—	硅酸盐、磷酸钙与铝酸盐，钙、钡、铅的碳酸盐和硫酸盐，镁、铁、铬、铝、硅的氧化物和氢氧化物	>75	弱
				60~75	
				<60	
G2			钠、钾、锂的氯化物	>75	强
				60~75	强
				<60	中
G3			钠、钾、铵、锂的硫酸盐和亚硫酸盐，铵、镁的硝酸盐，氯化铵	>75	强
	易溶	难吸湿		60~75	中
				<60	弱
G4			钠、钾、钡、铅的硝酸盐	>75	中
				60~75	中
				<60	弱
G5			钠、钾、铵的碳酸盐和碳酸氢盐	>75	中
				60~75	弱
				<60	无

固态化学介质对钢结构的腐蚀，同样受环境相对湿度的影响，江南地区相对湿度大，持续时间长，粉尘堆积吸湿潮解，由无腐蚀转变为中级腐蚀，弱腐蚀转变为强腐蚀。

4.2　建设工程涂装涂层厚度设计

4.2.1 钢结构防腐蚀涂装方案的设计依据

钢结构防腐蚀涂装的概念可理解为涂料涂装防止钢结构的腐蚀，也可理解为处于化学腐蚀气体介质环境中钢结构的腐蚀防护，其涂装前的表面处理要求，由选用底涂料品种所决定，其配套涂料由使用环境及资金投入等条件所决定。由于需要抵御腐蚀介质对面涂层的腐蚀破坏，涂料品种的选择及涂装的厚度，与一般防止空气中的氧气、水汽、紫外线对涂层的渗透和老化催化（一般称防锈）要求不同，这些由设计方决定。

4.2.2 腐蚀环境决定涂料品种的选择及涂层厚度（表4-5、表4-6、表4-7、表4-8）

涂层保护系统涂层厚度（ISO 12944）
表 4-5

腐蚀环境			使用寿命	涂层厚度（μm）
腐蚀类别	外部	内部		
C2	大气污染较低,农村地带	有冷凝发生,如库房、体育馆	低	80
			中	150
			高	200
C3	城市和工业大气,中等的二氧化硫污染,低盐度沿海区域	高湿度和有些污染空气的生产场所如食品加工厂、洗衣场、酒厂、牛奶场等	低	120
			中	160
			高	200
C4	高盐度工业区和沿海区域	化工厂、游泳池、沿海船厂	低	160
			中	200
			高	240（含锌粉）280（不含锌粉）
C5-I	高盐度和恶劣大气的工业区域	总是有冷凝和高湿的建筑的地方	低	200
C5-M	高盐度的沿海和近岸地带	总是高湿度高污染的建筑物等地方	中	280
			高	320

中等耐久性涂料系统（ISO 12944—2C3）
表 4-6

编号	表面处理	底涂层			中涂层和面层			涂料系统		
		基料	类型	层数	厚度（μm）	基料	层数	厚度（μm）	层数	总厚度（μm）
ISO S3.29	Sa2½级	ESI	Zn	1	80	EP. PUR	3～4	120	3～4	200

注：ESI——无机硅酸锌，EP——环氧，PUR——丙烯酸聚氨酯。

涂层保护系统推荐（ISO 12944）
表 4-7

腐蚀环境		涂料类型	涂层系统	涂层厚度（μm）	备注
C1	L	环氧	厚浆型环氧漆	80	
	M H	醇酸	醇酸底漆醇酸面漆	40 40	
C2	L	醇酸	醇酸底漆醇酸面漆	40 40	
	M	醇酸	醇酸底漆醇酸面漆	80（40×2）40	厚浆底漆一道成膜
	H	环氧/聚氨酯	厚浆型环氧底漆脂肪族聚氨酯面漆	100 60	≥15年的方案最好采用环氧系统
C3	L	醇酸	醇酸底漆醇酸面漆	80（40×2）40	厚浆底漆一道成膜
		环氧	厚浆型环氧漆	120	
	M	醇酸	醇酸底漆醇酸面漆	80（40×2）80（40×2）	厚浆底/面漆可一道成膜
		环氧	厚浆型环氧漆	150	无需装饰要求选用
	H	环氧/聚氨酯	厚浆型环氧漆脂肪族聚氨酯面漆	150 50	≥15年的方案最好采用环氧系统

腐蚀环境		涂料类型	涂层系统	涂层厚度(μm)	备 注
C4	M	富锌/环氧中间漆/聚氨酯	环氧富锌底漆 环氧中间漆 脂肪族聚氨酯面漆	50 100 50	底漆最低 40μm，环氧中间漆为云母氧化铁型
		环氧磷酸锌/环氧中间漆/聚氨酯	环氧磷酸锌底漆 环氧中间漆 脂肪族聚氨酯面漆	50 100 50	环氧中间漆为云母氧化铁型
	H	富锌/环氧中间漆/聚氨酯	环氧富锌底漆 环氧中间漆 脂肪族聚氨酯面漆	50 140 50	底漆加厚到 80μm，中间漆减薄至 110～120μm；如用无机锌，厚度 75～80μm
		环氧磷酸锌/环氧中间漆/聚氨酯	环氧磷酸锌底漆 环氧中间漆 脂肪族聚氨酯面漆	50 150 80(40×2)	不采用富锌底漆，总厚度增加到 280μm
C5 I	M	富锌/环氧中间漆/聚氨酯	环氧/无机富锌底漆 环氧中间漆 脂肪族聚氨酯面漆	80 150 50	C5 环境中底漆必需采用富锌底漆
	H	富锌/环氧中间漆/聚氨酯	环氧/无机富锌底漆 环氧中间漆 脂肪族聚氨酯面漆	80 150 80(40×2)	厚浆型聚氨酯面漆一道成膜；厚浆型环氧中间漆可增加到 180μm，面漆减至 50μm
		富锌/聚硅氧烷	环氧/无机富锌底漆 环氧中间漆 丙烯酸聚硅氧烷面漆	80 120	方案为特例，厚度没有遵循 ISO 12944 要求，但有同样耐蚀性

注：1. L 环境中使用寿命要求≤5 年；M 环境中使用寿命要求 5～15 年；H 环境中使用寿命要求≥15 年。
 2. 在 C4 和 C5I 环境下，推荐 5 年以下的方案没有意义。
 3. C5M 现在已经使用 ISO 20340 制定方案，用于海洋平台等结构。

产品性能试验（ISO 12944）　　　　　　　　　　　　　　表 4-8

腐蚀环境	使用寿命	ISO 2812-1 耐化学品性(h)	ISO 2812-1 浸水试验(h)	ISO 6270 耐冷凝水(h)	ISO 7253 耐中性盐雾(h)
C2	低 中 高			48 48 120	
C3	低 中 高			48 120 240	120 240 480
C4	低 中 高			120 240 480	240 480 720
C51	低 中 高	168 168 168		240 480 720	480 720 1440
C5M	低 中 高			240 480 720	480 720 1440
Im 1	低 中 高		2000 3000	720 1440	
Im 2	低 中 高		2000 3000		720 1440
Im 3	低 中 高		2000 3000		2000 3000

中等耐久性涂料系统，用于中等腐蚀环境下的涂料系统，低、中、高使用寿命的耐久性均能满足。事实上表面处理仅有除锈等级，而关系到涂层耐久性的除锈处理的粗糙度尚是未知数，达到满足耐久性要求为时尚早。

涂料产品市场相同的名称，却存在着质量性能的差异，有的还是自配的，缺少必要的生产设备和检测仪器，企业没有质量认证，选用这类产品，有返工赔偿业主损失的可能。

涂料防护设计选材是第一步，为证实选材的正确性或产品质量的可靠性，必须经过涂料产品的性能试验。

4.3 导静电涂料涂装设计

4.3.1 储油罐腐蚀因子和腐蚀形态

4.3.1.1 腐蚀因子

（1）油品中含钙、镁、钠等金属离子及水分，形成罐底积水与金属离子结合的电介质溶液；原料油还存在有机酸、无机盐、硫化物及微生物等杂质，一旦罐体防护层被积水渗透，会产生腐蚀。

（2）储罐建造过程中的电焊接，或安装使用过程中受杂散电流影响形成的腐蚀。

（3）钢材的金相结构的缺陷形成微电池腐蚀。

（4）液面线附近的氧浓差腐蚀。

当涂层破坏，罐底积水与金属离子结合的电介质溶液，几种腐蚀因子形成的腐蚀，对罐体腐蚀速率较大，防范难度也较高。

4.3.1.2 腐蚀形态

舟山半仙洞油库油罐装水 2 个月发现点状腐蚀，装油后点状腐蚀严重；杭州康桥油库油罐 1994 年 8 月施工，1997 年 4 月反映有轻微的点状腐蚀；上海东方罐区贮油罐 1996 年 2 月施工，投入使用一年刚过，油罐底部腐蚀穿孔漏油。这些是导静电涂料作防腐蚀涂料发生的腐蚀情况。

4.3.2 油罐导静电与腐蚀防护

4.3.2.1 油罐防护类型

世界各国都重视油罐防护，日本油罐内壁采用乙烯基酯树脂玻璃鳞片涂料的占 6.5%，采用环氧树脂型涂料的占 27.1%，采用富锌涂料的占 6.4%，玻璃鳞片涂料的平均厚度为 0.7mm，使用寿命为 7～10 年。前苏联油罐内壁防护用环氧型导静电涂料，导静电材料有铝粉或碳黑，涂层厚度大于 0.5mm。德国原油及成品油罐内壁防护采用聚氨酯型涂料，底涂层为聚氨酯富锌涂料，涂层厚度平均为 $75\mu m$，面涂层为聚氨酯沥青，两道厚度平均 $300\mu m$。

油罐内壁防护涂料要求具有良好的耐油性、耐水性，能耐 120～150℃蒸汽清罐，并有良好的导静电性能。导静电材料常用石墨粉、碳黑、金属粉或碳纤维粉等，其电阻率在 $10^9 \Omega \cdot m$ 以下。

4.3.2.2 国内油罐防护类型

国内油罐防护有鳞片涂料,应用较多的有 H53-3 环氧红丹与 H04-5 白色环氧磁漆、SY-92 环氧导静电油罐防腐蚀底面涂料、H99-1 环氧导静电油罐防腐蚀涂料、环氧——呋喃防腐蚀涂料、环氧聚硫橡胶涂料、HF-52-4、-5 环氧鳞片耐油(添加防静电剂)导静电涂料、821 环氧漆酚钛改性耐油涂料以及 S06-1 铁红聚氨酯底漆与 S04-1 聚氨酯醇酸白磁漆配套漆,还有 H06-4 环氧富锌涂料和 TH-4 硅酸锌耐油防腐蚀涂料等。

4.3.2.3 导静电防腐蚀涂料涂装的成功经验

(1) 锦州炼油厂航煤罐(5000m³)、汽油罐(拱顶罐、内浮顶罐 2000m³ 各 3 座)及原油罐(30000m³ 4 座)采用 SY-92 环氧富锌底涂料和 SY-92 环氧导静电油罐防腐蚀面涂料,使用 6~7 年良好。

(2) 上海海生涂料有限公司储油罐防腐蚀防静电涂装方案

油罐内壁上部

底漆:导静电漆 T558-174(一道)60μm

面漆:环氧漆 D528-495(两道)160μm

油罐内壁中部

底漆:导静电漆 T558-174(一道)60μm

中间漆:导静中间漆 E544-199(两道)120μm

面漆:导静电面漆 T521-150(一道)60μm

油罐内壁下部(离底部 1.2m 以下)

底漆:导静电漆 T558-174(一道)60μm

面漆:环氧漆 D528-495(两道)160μm

该储油罐导静电防护涂料用于上海高桥石化公司、广州石油化工总厂、黄埔发电厂、广东粤海小虎岛油库等,广州石油化工总厂 1993 年涂装投入使用,1997 年 8 月甲方检查罐体保护良好,已有 4 年多的防护效果。

4.3.3 油罐导静电与腐蚀防护的对立与统一

4.3.3.1 导静电与腐蚀防护的对立

本书所述的贮油罐腐蚀因子和腐蚀形态,是因为要解决导静电的问题,研究了导静电的涂料,在应用的实践中又产生了腐蚀的问题,《关于油罐的电化学腐蚀和 1900 聚氨酯导电漆使用情况的座谈会纪要》(以下简称《纪要》)引出了一个导电漆会不会引起电化学腐蚀的问题。

成膜材料电阻率≥$10^{14}\Omega \cdot m$ 是绝缘体,要使成膜材料表面消除静电积蓄,导电漆的电阻率≤$10^9\Omega \cdot m$,需要添加导电材料的细粉或导静电剂,粉状导电材料除金属粉外,还有石墨、碳黑、碳纤维粉等,不少导静电涂料配方属混合型,有多年的导静电防腐蚀成功纪录的实例。

炭黑、石墨粉等颜料组成的底漆,不含锌金属粉等作为牺牲阳极材料,由于这类材料与钢铁直接接触,形成电偶腐蚀,促进钢铁锈蚀,导静电与防腐蚀形成对立。

4.3.3.2 导静电与腐蚀防护的统一

锦州炼油厂采用 SY-92 环氧富锌底涂料和 SY-92 环氧导静电油罐防腐蚀面涂料,使用在航煤罐、汽油罐及原油罐经 6～7 年良好，底涂料对罐体的防锈（防腐蚀），与含有石墨粉导静电材料的面涂层导静电的作用统一。

德国 PERMATEX 公司无溶剂环氧导静电涂料涂装设计干膜厚度为 $420\mu m$，有效的涂膜厚度阻挡了罐积水的渗透，电化学腐蚀缺少这个电介质溶液因子，也就不会形成罐体底部的电化学腐蚀。

《纪要》中提出了解决应用导静电涂料防止电化学腐蚀的设想，在不影响导电性能的前提下使用 1900 导电漆应采用配套底漆，以增加漆膜厚度，提高配套体系的耐水性和耐电化学腐蚀性能。

防护涂料富裕的涂层厚度，导电面涂层与防锈性能良好的底涂层相配合，是防止罐体电化学腐蚀的有效措施，也就达到了导静电与腐蚀防护的统一。

4.3.4　1900 聚氨酯导电漆腐蚀形态分析

4.3.4.1　产品涂膜外观

《纪要》总结该产品不是十全十美，涂膜手摸石墨粉脱落沾手，产品配方设计满足导电性能要求而牺牲涂膜的屏蔽性能，对水的抗渗性稍差。防静电涂料不设置具有防锈功能的底涂料，一旦有水和氧气的渗透，钢材的锈蚀不可避免。

1900 聚氨酯导电漆涂装设计干膜厚度为 $200\mu m$，产生起泡腐蚀的底部涂层厚度 110～$160\mu m$，起泡部位膜厚 $110\mu m$。起泡直径 10mm 左右，大小不等，个别腐蚀处穿孔而漏油。

施工干膜厚度不足成为腐蚀穿孔的另一个因素。

4.3.4.2　产品设计与涂装设计的缺陷

起泡腐蚀均发生在底部，起泡直径 10mm 左右，大小不等，泡内含水呈酸性，pH 值 2～4，经分析含氯离子。

储罐存放物料为航空煤油，是不含水的纯净燃料油，水分只可能在贮运过程中混入。带有氯离子的是海水，油轮空载压舱残留海水与油料一起泵入储罐累积而成为腐蚀源。如果只考虑涂层耐油与导电性能，残留海水受油料承载压力，易透过涂膜。涂装设计干膜厚度仅为 $200\mu m$，难以阻止水的渗透而产生罐底锈蚀。综合上述情况，产品设计与涂装设计均存在缺陷。

有炭黑、石墨等颜料的底漆，由于这类材料与钢铁直接接触，形成电偶腐蚀，会促进钢铁锈蚀。

化工设备石墨板衬里或酚醛胶泥贴衬耐酸瓷板防腐蚀工程，以酚醛石墨涂料（重量比 1：0.3）为粘结材料，使用多年（一般为 5～6 年）检查碳钢基面、酚醛石墨涂料涂装界面，有凹凸不平的点蚀现象；漆酚涂料添加石墨粉在含 H_2S 及水的半水煤气介质中作防护涂料，2～3 年后检查涂层与碳钢结合界面，也有凹凸不平的点蚀现象，表明含石墨的涂层对碳钢结合界面接触的电化学腐蚀。以后改用瓷粉代替石墨粉，消除了因石墨材料与钢铁的电位差导致的电化学腐蚀。

在海水中金属和合金的电位序表中，石墨的电位序列在金与银之间，在海水中稳定电位序为＋0.2～0.3V，远高于铁－0.4～－0.5V，两者由导电的海水及铁的腐蚀物为导体，钢铁的腐蚀逐渐扩大。

两种不同电极电位的金属由导体连接所产生的腐蚀为电化学腐蚀，电位低的金属成为牺牲阳极被腐蚀。

4.3.4.3　东方罐区贮罐腐蚀形态分析

东方罐区储罐腐蚀均发生在底部，起泡直径 10mm 左右，大小不等，泡内含水呈酸性，pH 值 2～4，经分析含氯离子。

保护膜局部破坏，破口处的金属为阳极，破口周围广大面积的膜成为阴极，其电流高度集中，腐蚀迅速向内发展形成蚀孔，孔内的氧气很快耗尽，阳极反应在孔内进行，积累了带正电的金属离子。为了保持电中性，带负电的 Cl^- 从外部溶液扩散到孔内，由于金属氯化物的水解产生了盐酸；孔内 pH 值下降，变为酸性，盐酸使更多的金属溶解，形成自催化加速腐蚀。若孔少，腐蚀电流集中，深入发展的可能性大。孔蚀是一种高度局部的腐蚀形态，多数情况下孔表面直径等于或小于它的深度，是破坏性隐患最大腐蚀形态之一。

东方罐区储罐发生在底部的腐蚀，是典型的电化学腐蚀，又是典型的孔蚀，其形态与腐蚀的理论完全吻合。

4.3.5　储油罐导静电防腐蚀设计

4.3.5.1　消除导电的电解质溶液的存在

电化学腐蚀的条件是腐蚀过程有电流产生，腐蚀介质中有能导电的电解质溶液的存在。当涂料防腐蚀能阻隔电偶间的电流，或阻止电解质溶液的渗透，即能防止电化学腐蚀。当导静电涂料能阻止电解质溶液的渗透，也就防止了电化学腐蚀。涂层配方设计要点是致密性好，涂装设计以宽裕厚度来保证涂层的致密性。适当的厚度必须经切合实际的实验检测。

4.3.5.2　消除隐患危害性大的孔蚀

小面积阳极和大面积阴极这种组合条件，是很危险的，如果担心这种情况可能出现时，需要采取适当的预防手段，如联合采用电化学保护或用富锌漆打底等方法。

4.3.5.3　列入设计的有关内容

《纪要》所反映的杂散电流的腐蚀，储油罐从钢板焊接一直到使用维修管理，都有一个对杂散电流的腐蚀防护问题，要采取阴极保护等措施切实解决好。

杂散电流的强度与腐蚀量成正比，服从法拉第定律，假如有 1A 的电流通过钢铁表面，流向土壤溶液，那么一年就会溶解钢铁 9kg。实际在土壤中发生的杂散电流强度是很大的，最大能达几百安培，因此，壁厚为 7～8mm 的钢管，在杂散电流作用下，4～5 个月即可发生腐蚀穿孔。《纪要》所反映的不少储油罐在短期内腐蚀穿孔，应与杂散电流的腐蚀联系起来，问题清楚了，其防护的方法是不难解决的。

4.3.6　上海东方罐区储油罐腐蚀穿孔的经验教训

上海东方罐区储油罐腐蚀穿孔，表面上看是一个纯技术而又极专业的技术问题，恰恰反映了一个建设工程的管理问题。连最起码和必要的涂层厚度检测的数据，是在穿孔漏油检查时才得到的，建设方自行监理的管理和工程建设质量监督都有一个责任未到位和技术未到位的问题。

4.3.7 牺牲阳极对钢铁材料的保护

牺牲阳极是储油罐罐积水条件下对罐体的保护的一种形式，牺牲阳极是一种电极电位较罐体铁金属还低的镁、锌或铝合金材料，必然会出现在新环境下的腐蚀与电化学腐蚀，也就是说不能以一般的腐蚀防护的理论指导在牺牲阳极与导静电涂料共存下的储油罐的防护。

4.3.7.1 牺牲阳极材料

镁和镁合金牺牲阳极的特点是密度小、电位负、极化率低、单位重量发生电量大，其缺陷与不足是电流效率低，一般只有 50％左右。镁阳极的电位与钢铁的保护电位差达 0.6V 以上，保护半径大，适合于电阻率较高的土壤和淡水中金属的保护。

锌作为牺牲阳极应用历史较早，由于和钢铁的保护电位差只有 0.2V，且杂质对锌阳极的溶解影响大，要求纯度高或采取低合金化，并限制其他杂质。

铝和铝合金牺牲阳极由于锌、铜等金属的合金化，阻止了氧化膜的生成，满足了牺牲阳极的性能要求。其特点是密度小，电化学当量大，为锌的 3.6 倍，镁的 1.35 倍，原料易得，制造工艺简单，价格低，自 20 世纪 60 年代开发成功后得到了广泛的应用。

牺牲阳极种类的选用依据为应用环境中的电阻率大小范围，电阻率＜150Ω·m 时选用铝阳极；＜500Ω·m 时选用锌阳极；＞500Ω·m 时选用镁阳极。在油罐积水为海水介质环境中，均选用铝阳极。

4.3.7.2 牺牲阳极对钢铁材料的保护

牺牲阳极对钢铁材料的保护，是阴极保护原理，当溶液 pH 值＝7，铁的腐蚀电位为 $-0.50 \sim -0.60V$（vsCu/CuSO$_4$），处于活化腐蚀状态，若使其电位下降到 $-0.60V$（Cu/CuSO$_4$）以下，则铁由腐蚀状态进入钝化状态，为达到此目的，利用铁金属施加阴极电流使其极化，电位向负的方向变动，即为阴极保护。其电流的来源可以是低电位的牺牲阳极，也可以是外加于阴极的电流。

4.3.8 罐积水区裸露底材的腐蚀与涂料防护技术

储油罐存在罐积水，改变了储油罐介质成品油的腐蚀及导静电等的一系列参数与储油罐防护的设计技术。近期在全国各地有 5 万～10 万 m³ 储油罐建设，也看到两类绝然不同的腐蚀防护方案，其中一类肯定会危及防护效果，给国家带来损失。

4.3.8.1 储油罐罐积水的由来

万吨油轮输送油品，在舱壁、舱底附着油品损耗为 1％～2％，就高达几百吨，一般采用海水冲洗，最后连海水一起送进储油罐，因此，储油罐的设计留有 80cm 高度的罐积水区。

宁波大榭 5 座 5 万 m³ 原油罐，上海石化总厂 10 万 m³ 原油罐，均标有约 70cm 高的罐积水区。

4.3.8.2 罐积水对腐蚀介质的萃取

由于原油品种含硫量有差别，油品生产工艺及处理方法不同，油品中残留的化学物品经罐积水的萃取物，成为牺牲阳极活泼金属的腐蚀源。罐积水中除了氯化钠、环烷酸及其盐；原油中含有硫及硫氧化物水溶解后形成对应的亚硫酸，还有酚类形成的有机酸等，对罐体构成腐蚀。

4.3.8.3 储油罐防护设计

储油罐防护包含内壁防护与外壁防护，外防护设计及选用材料可参照一般钢结构桥梁等户外钢结构防护成功方案，而内防护可借鉴的不多，一是内存物的性质的差别，二是导静电涂料品种的差异，三是需防护部位条件的技术条件以及导静电涂料的多种导电剂掺合因素构成复杂环境，导静电剂之间的电位差的差异等，涉及的技术面较广。

未采用导静电涂料防护时，在高电阻的油品介质中，不构成腐蚀电池，涂层中低电位金属溶解等情况不明显，过去未引起注意。近年来进口油品含硫量高，原油及成品油的腐蚀问题较为突出。导静电涂料品种多，导电剂类型也多，构成储罐在海水介质中与邻近的不同电位的导静电剂，组成众多的小电池，电位差越大，低电位金属腐蚀溶解速度加快。

在海水介质中同样会形成腐蚀电池，由于腐蚀起始面积与被导静电涂料保护的面积相比较要小得多，会构成大阴极小阳极的腐蚀，溶解速度快，造成腐蚀穿孔，储油罐使用寿命显而易见低于设计要求。

4.3.9 导静电涂料与牺牲阳极联合防护

上海石化公司设计院认为当导静电涂料与牺牲阳极同时使用会加速牺牲阳极的溶解，失去应有的保护作用，这一点应特别注意。

4.3.9.1 牺牲阳极与罐底板不作涂料防护形成的腐蚀状态

石墨型导静电涂料在罐积水存在下，对罐底板形成大阴极小阳极产生孔蚀，引出在安装牺牲阳极时，不能与导静电涂料共用的观点。

罐积水区域不存在油品贮存安全性的导静电问题，当牺牲阳极防护环境中，阴极区大面积裸露，构成牺牲阳极消耗快的条件，违背了牺牲阳极防护设计原意，且极不经济。船舶的船底采用涂料与牺牲阳极共同防护，其应用成功经验早于油罐防护几十年，应予以借鉴和吸取。

罐底板不作涂料防护，与牺牲阳极铝金属同样构成大阴极小阳极电偶腐蚀特征，其电位差和石墨-铁构成的电位差相对虽略小，但对设计牺牲阳极防护 10 年使用寿命仍是个很大的威胁。

4.3.9.2 罐积水的腐蚀及涂料防护

罐积水对罐底板构成腐蚀，涂料防护的设计与船舶涂料防护既有共性又有特殊性。罐积水的腐蚀较海水严重，但也不是高浓度的有机酸或无机酸的强腐蚀，万吨级储罐油品液位高度对罐积水构成的压力，使罐积水对涂膜更具渗透性，必须考虑涂层良好的封闭性和涂层的厚度。

上海石化公司设计院采用环氧富锌涂料作为底涂层，环氧煤沥青涂料为面涂层，考虑到涂层的致密性与防渗透，增加环氧云铁涂料作为中间层。由于涂料配方、原材料以及生产工艺差异，再加上施工因素，涂料品名相同，防护效果差异存在不奇怪，这纯属管理问题。

某设计院对上海炼油厂原油储罐罐积水部位的防护，罐底板设计铝阳极防护，底板以环氧富锌底涂料与石墨型导静电面涂料联合防护，涂层厚度为 $400\mu m$，原意为改变东方罐区因涂层厚度不足造成罐积水渗透过早腐蚀穿孔问题，却忽视了铝金属在罐积水部位的腐蚀以及与石墨材料构成电化学腐蚀，使铝阳极在役时段损耗加速，其后果与宁波大榭储油罐防护设计大致相同。

4.3.10 油品储罐低电阻率防护涂层的缺陷

导静电涂膜的电阻率与导静电剂加入量有关，导静电剂加入量大，电阻率下降，表面现象是有利于静电的释放，实质是削弱了涂层的致密性。导静电涂层在贮罐内壁还必须具备防止罐积水对底板的腐蚀。

4.3.11 导静电涂料涂层的配套

4.3.11.1 底涂层的选择原则

为避免石墨材料对底材的电偶腐蚀，需要一种底涂料，其涂层能导静电，而不是绝缘层。否则导电面层被底涂层隔离，静电积蓄放电会引燃低沸点可燃物质导致火灾。这类底涂层材料只能是富锌类涂料。

富锌类涂料会和面涂层构成电位差而腐蚀，底材也存在因涂层的不完整而锈蚀，由于锌粉低电位材料对裸露底材的保护而腐蚀被遏制。其裸露部位由于锌金属材料的覆盖，与高电位的导静电涂层面积相等而不构成大阴极小阳极性质的电偶腐蚀，即使产生罐积水的电化学腐蚀，短时期内不会腐蚀穿孔。

4.3.11.2 面涂层电阻率与涂层致密性的关系

《液体石油产品导电安全规程》（GB 13348—92）规定储罐内壁应使用导静电防腐蚀涂料，指明该涂料必须具备导静电和防腐蚀两类功能，而且当导静电涂层的电阻率接近 $10^9\Omega \cdot m$ 时，有较好的致密性。

电子穿越绝缘聚合物的条件是导电微粒间距离≤$10\mu m$，而鳞片状的导静电材料在同等用量的情况下，电阻率小 1～3 个数量级。要求导静电剂鳞片状，细度高，在涂料中分散均匀，既保证导静电性能，又具备对底材的防护功能。

4.3.11.3 面涂层厚度的设置

涂层厚度是提高涂层致密性的一种补充性办法，在涂料价格不太高的情况下，增加涂层耐久性的最简单有效的办法。当然还要注重施工环境条件的合适性及规范覆涂施工技术，保证有涂层的厚度，又有覆涂层的质量，既保证导静电涂层的电阻率在合适的范围，又保证复合层的致密性及附着力，涂层总厚度应≥$200\mu m$。当涂层厚度对维修间隔时间有较大影响时，应首先考虑增大涂层的总厚度。

4.4 镀锌层表面涂装设计

镀锌铁是利用金属锌的阴极保护作用，镀锌层的致密性及锌的钝化层对大气的稳定性，达到对铁的防护作用。但是大气中常掺杂着二氧化硫等工业污染物质，易破坏锌的钝化层，降低其使用寿命。再者，镀锌铁亦需要装饰，涂料是防护与装饰的重要手段。镀锌铁的表面处理与涂料施工工艺的研究从未中断过。

4.4.1 镀锌铁的表面处理

镀锌铁不接触化学物品，使用几年也不会生锈，镀锌铁的腐蚀，往往表现为表层出现疏松的白色粉末，逐渐向纵深扩展，使镀锌层变成可溶的盐，铁金属失去防护而产生锈蚀。

镀锌铁的表面处理，除以下叙述的涂料防护办法外，国外介绍用硅酸锂处理，生成极薄的保护层，具有明显的防护作用，产品已由上海试剂二厂生产，在不少单位的电镀锌等工艺中采用，经湿热、喷盐雾等考验，证明是有效的。

早期国产的镀锌铁皮，除武汉钢铁公司从西德引进设备的产品有钝化工艺外，鞍山钢铁公司和上海第三钢铁厂的产品，基本上是用20号汽轮机油封装，这给涂料施工带来很大的工作量。涂料要求与底材有良好的附着力，才能防止水分与其他物质的渗透与扩展，在涂装前要有严格的表面处理工艺要求。

4.4.2 镀锌铁涂料产生脱落的原因

镀锌铁涂料脱落的原因有物理因素和化学因素。施工工艺的不周和错误也会导致失败。

4.4.2.1 物理因素

（1）表面清洁度的影响

油封装镀锌铁因清洗效果差，表面残留油膜成为涂膜的隔离剂，像磷化底漆以丁醇、乙醇为溶剂的涂料极敏感，影响显著。有一个单位库房屋面大面积施工，以磷化底漆作底漆，醇酸灰色调合漆作面漆，半年后大部分起皮脱落，表面清洗效果差是重要的因素。

镀锌铁保管条件差，极易起白斑，严重的呈疏松粉状物，涂料施工时应象对待铁金属的锈蚀那样除去，不然涂料结膜后，附着力极差，二氧化碳、氧气、水分的渗透，会继续对镀锌层产生腐蚀。

经钝化处理的镀锌铁，表面光亮无油污，可直接涂装。

（2）镀锌铁表面光滑

镀锌铁表面光滑，涂层与镀锌层的结合接触面积减少，涂层的物理性附着力与接触面积成正比。热镀金属后的表面，较原铁金属的粗糙度有很大的改变。

铁金属的不同处理方法所测得视表面如表4-9所示。

铁金属的不同处理方法所测得的视表面　　　　　　　　表4-9

铁　　皮	视　表　面	铁　　皮	视　表　面
镀锡铁皮	0.8	酸洗并经磷化处理过的铁皮	14.8
阳极抛光的黑铁皮	3.9	经刷子加工的黑铁皮	35.2
抛光黑铁皮	5.6	经喷砂处理的黑铁皮	90.4
酸洗过的铁皮	12.1		

热镀金属的视表面仅为黑铁皮的1/7，因此分子量大、极性基团少的涂料，不适宜作镀锌、镀锡表面的涂料。

4.4.2.2 化学因素

硅酸钠类无机涂料碱性大，不适宜作镀锌层涂层；有机涂层这类高分子材料，在紫外线照射下，逐渐裂解产生小分子物质逸散，其外观表现为失光、粉化、开裂、脱落。

（1）油性漆在紫外线照射下，脂肪酸分解生成物中有蚁酸，与锌的反应物为粉状的蚁酸锌，是油性漆在镀锌层表面粉化脱落的主要因素。

（2）醇酸漆及其改性涂料的游离酸与锌生成锌盐、锌皂，这些形成于涂膜与金属表面之间，使涂膜破坏剥离。

（3）含氯的合成材料在老化过程中析出氯化氢，与锌反应成盐，不合适当稳定剂的过氯乙烯涂料，在镀锌铁皮表面常发生脱落现象。

4.4.2.3 施工因素

镀锌铁的涂料与铁金属的涂料有通用性也有特殊性，选用了合适的涂料，如果没有恰当的施工工艺相配合，亦会造成涂膜脱落。

20世纪70年代的南京一体育馆的镀锌铁皮屋面施工，底层磷化底漆一度，中层锌黄环氧酯一度，面层酚醛耐酸灰漆一度，半年后开始脱落，从选材来看，没有什么问题，关键的原因是磷化底漆的施工期在湿度较大的五六月份，磷化底漆吸潮，附着力大大降低，外层涂料固化收缩，连底漆一起脱落。

20世纪70年代的上海杂技场，屋面在检修时选用锌黄酚醛防锈漆，经三四年底漆附着良好，但亦产生大面积的第二道底漆连灰色面漆一起脱落。分析其原因，是涂第二道防锈漆后，在未干燥固化时遇雨水浸泡，涂膜吸水，降低了底漆与第二道底漆之间的附着力，因此，户外油漆施工富有经验的单位，规定日出后一小时之内，日落前一小时之内，或天气预报要下雨，不宜作一般油漆施工，防止漆膜吸湿而影响附着力。

4.4.3 镀锌铁涂料筛选

涂料是由漆料、颜料、填料、溶剂及添加剂等所组成，由于锌金属的特有性质，镀锌铁要求专用的漆料和颜料（表4-10）。

用于热镀锌表面的涂层颜料、漆料的适用性（附着力因素）　　　　　　表4-10

类　别	适　用 （用适当的颜料，附着力良好，也不需预处理）	在一定条件下适用 （为改善附着力需进行预处理）	不　适　用 （为改善附着力需进行预处理）
颜　料	锌粉、铅酸钙、 磷酸锌、铬酸锌 锌粉80%/氧化锌20%	铝粉、铅丹、 铅粉、铅白、 石墨粉、氧化锌	
漆　料	丙烯酸树脂 改性沥青 氯化橡胶 丙烯酸酯改性树脂 环氧树脂 环氧酯 改性的煤焦油 环氧-焦油组合 聚乙烯基树脂	醇酸树脂 环化橡胶 有机硅树脂 苯乙烯醇酸树脂	沥青 纤维素衍生物 氯磺化聚乙烯树脂 有机溶胶 塑性溶胶 氯丁橡胶 聚氨酯 硅酸盐 不饱和聚酯

这些漆料和颜料的组合配方是很多的，合适的树脂与颜料配合的品种如磷化底漆、丙烯酸乳胶漆、环氧富锌漆及环氧沥青漆等，性能良好，实践证明亦如此，相反则不理想。

几种常用漆在镀锌层上的附着力差别很大（表4-11），从这些差别可以估计底漆在镀锌层上的使用寿命。近期附着力即使是强的，还需要在实际使用中断定该品种的适用性。

氯化橡胶漆及H06-2钼铬红环氧酯底漆在钢铁表面是附着力很好的底漆，但在镀锌铁上表现了很差的附着力。

几种常用品种在镀锌层上的附着力　　　　表 4-11

品　　种	附着力	品　　种	附着力
苯丙乳胶漆	1 级	C04-48 醇酸磁漆	7 级
煤焦沥青漆	1 级	L01-13 沥青清漆	2～3 级
环氧聚氨酯底漆	1 级	抄白漆	3～4 级
X06-1 磷化底漆	1 级	氯化橡胶铝粉底漆	3～4 级
C06-2 铁红醇酸磁漆	1 级	过氯乙烯丙烯酸船壳漆	5～6 级
H80-2 电冰漆	1 级	Q04-1 硝基磁漆	6～7 级
B04-11 丙烯酸磁漆	7 级	7650 聚氨酯白磁漆	7 级
氯化橡胶丙烯酸船壳漆	7 级	Q04-9 过氯乙烯磁漆	6～7 级
保养底漆（上海开林造漆厂）	1 级	H06-2 钼铬红环氧酯底漆	7 级

底面漆配套曝晒试验结果表明（表 4-12），环氧系不含油脂的，有很好的耐久性，附着力强，含油脂的环氧酯涂料，则较易脱落；过氯乙烯漆和环氧富锌底漆的配套性较差，道理是相同的。

镀锌铁常用漆配套曝晒试验结果　　　　表 4-12

底　　漆	面　　漆	配套曝晒耐久性
环氧富锌漆	G04-9 过氯乙烯浅蓝磁漆	14 个月　面漆脱落，底漆尚好
环氧煤沥青漆	同底漆	10 年　失光、粉化
F53-4 锌黄酚醛防锈底漆	F03-1 黄色酚醛调合漆	14 个月　底面漆小块脱落
保养底漆（上海开林造漆厂）	氯磺化聚乙烯浅灰漆	10 年　失光、略粉化
X06-1 磷化底漆	F03-1 各色酚醛调合漆	绿色粉化，红、白、黄色一年露底
X06-1 磷化底漆	氯磺化聚乙烯浅灰漆	10 年　失光、略粉化
苯丙乳胶防锈漆	苯丙乳胶调合漆	3 年　略失光粉化（实验终止）
H06-2 铁红环氧脂底漆	氯磺化聚乙烯浅灰漆	3 年　略失光粉化
H06-2 铁红环氧脂底漆	877 烯丙基醚白色船壳漆	3 年　大块脱落露底
H06-2 铁红环氧脂底漆	G04-9 过氯乙烯浅蓝磁漆	3 年　大块脱落露底
H06-2 锌黄环氧脂底漆	氯磺化聚乙烯浅灰漆	32 个月　大块脱落露底
H06-2 锌黄环氧脂底漆	877 烯丙基醚白色船壳漆	32 个月　大块脱落露底
H06-2 锌黄环氧脂底漆	G04-9 过氯乙烯浅蓝磁漆	32 个月　大块脱落露底
H06-2 钼铬红环氧脂底漆	F03-1 绿色酚醛调合漆	32 个月　大块脱落露底
H06-2 钼铬环氧脂底漆	G04-9 过氯乙烯浅蓝磁漆	18 个月　大块脱落露底
H06-2 钼铬红环氧脂底漆	877 烯丙基醚白色船壳漆	18 个月　大块脱落露底
H06-2 钼铬红环氧脂底漆	F03-1 绿色酚醛调合漆	18 个月　大块脱落露底
F03-1 各色酚醛调合漆	同底漆	7 个月　开始脱落
L01-13 沥青清漆快燥柏油	同底漆	14 个月　开始局部脱落

锌铬黄是镀锌层的合适颜料，如漆料中含油，则与镀锌铁底材的配套性不理想。

经过 10 年曝晒试验得出镀锌层底漆的选用原则，应考虑在紫外线作用下，酸性分解物的影响。户外用漆尤其要谨慎，漆料要求漆膜致密，透气率小，这对于暴露在含有大量腐蚀物质的工业大气中，是必须考虑的。

在这里可推荐环氧富锌、环氧沥青涂料用作水下镀锌件结构的涂料；环氧沥青涂料用于地下镀锌钢涂料；镀锌铁皮屋面、招牌的底漆，建议用磷化底漆或苯丙乳胶防锈漆。

环氧酯锌黄底漆普遍介绍作镀锌材料涂料，实践证明用在户外是欠妥的，曝晒 32 月大块脱落；铁红环氧酯底漆亦在 34 月大块脱落；钼铬红环氧酯底漆，由于颜料不合适，附着力不佳，曝晒 18 月大块脱落；F53-4 锌黄底漆仅 14 个月脱落，因用油比例较大的缘故。

镀锌铁皮作为大型厂房的屋面材料，镀锌层的保护涂料应用试验是必要的。根据我们的实践和调查研究，提出对镀锌铁涂料选材意见和施工要求，避免选用涂料品种缺乏依据，另一点是由于施工工艺不完善而造成大量的人力和物力的浪费。

我们推荐的底漆有 X06-1 磷化底漆、苯丙乳胶防锈漆、H06-14 锌黄环氧底漆、H06-4 环氧富锌底漆，H54-1 棕色环氧沥青耐油漆。非户外结构可用 H06-2 锌黄环氧酯底漆。

配套面漆的选择面较大，有氯化橡胶水线漆、船壳漆，丙烯酸及改性的磁漆、氯磺化聚乙烯漆及过氯乙烯磁漆等。

对施工的要求是：一是涂锌层表面处理清洁；二要选用合适的涂料品种；三是面漆的选用要考虑优良的耐大气性能；四是施工工艺要合理，操作要细致。

5 涂料质量检测与钢结构涂装工程验收

5.1 技术标准及质量验收标准

5.1.1 涂料专用基础标准

5.1.1.1 一般标准

(1) 涂料产品分类和命名　　　　　　　　　　　GB/T 2705—2003

(2) 色漆和清漆词汇第一部分：通用术语　　　　GB/T 5206.1—85

(3) 色漆和清漆词汇第二部分：颜料术语　　　　GB/T 5206.2—86

(4) 漆和清漆词汇第三部分：树脂术语　　　　　GB/T 5206.3—86

(5) 色漆和清漆词汇第四部分：涂料及涂膜物化性能术语　GB/T 5206.4—89

(6) 色漆和清漆词汇第五部分：涂料及涂膜病态术语　GB/T 5206.5—91

(7) 涂料产品包装标志　　　　　　　　　　　　GB/T 9750—1998

(8) 涂料产品检验、运输和贮存通则　　　　　　HG/T 2458—93

(9) 建筑涂料涂层试板的制备　　　　　　　　　JG/T 21—1999

5.1.1.2 建筑涂料专用工程技术要求标准

(1) 合成树脂乳液外墙涂料　　　　　　　　　　GB/T 9755—2001

(2) 合成树脂乳液内墙涂料　　　　　　　　　　GB/T 9756—2001

(3) 溶剂型外墙涂料　　　　　　　　　　　　　GB 9757—1995

(4) 复层建筑涂料　　　　　　　　　　　　　　GB 9779—1995

(5) 饰面型防火涂料通用技术条件　　　　　　　GB 12441—1998

(6) 钢结构防火涂料通用技术条件　　　　　　　GB 14907—94

(7) 合成树脂乳液砂壁状建筑涂料　　　　　　　JG/T 24—2000

(8) 外墙无机建筑涂料　　　　　　　　　　　　JG/T 26—1999

(9) 水溶性内墙涂料　　　　　　　　　　　　　已取消

(10) 多彩内墙涂料　　　　　　　　　　　　　已取消

(11) 建筑室内用腻子　　　　　　　　　　　　JG/T 3049—1998

(12) 水泥地板用漆　　　　　　　　　　　　　HG/T 2004—91

(13) 木结构防火涂料　　　　　　　　　　　　建议制订

(14) 工业地坪涂料　　　　　　　　　　　　　建议制订

(15) 建筑外墙腻子　　　　　　　　　　　　　建议制订

5.1.1.3 涂料专用试验方法标准

(1) 漆膜附着力测定法　　　　　　　　　　　　GB/T 1720—79（89）

（2）涂料黏度测定法   GB/T 1723—93

（3）涂料固体含量测定法   GB/T 1725—79（89）

（4）涂料遮盖力测定法   GB/T 1726—79（89）

（5）漆膜一般制备法   GB/T 1727—92

（6）漆膜、腻子膜干燥时间测定法   GB/T 1728—79（89）

（7）漆膜硬度的测定摆杆阻尼试验   GB/T 1730—93

（8）漆膜柔韧性测定法   GB/T 1731—93

（9）漆膜耐冲击性测定法   GB/T 1732—93

（10）漆膜耐水性测定法   GB/T 1733—93

（11）漆膜耐汽油性测定法   GB/T 1734—93

（12）漆膜耐热性测定法   GB/T 1735—79（89）

（13）漆膜耐湿热测定法   GB/T 1740—79（89）

（14）漆膜耐霉菌测定法   GB/T 1741—79（89）

（15）漆膜光泽度测定法   GB/T 1743—79（89）

（16）腻子膜柔韧性测定法   GB/T 1748—79（89）

（17）厚漆、腻子稠度测定法   GB/T 1749—79（89）

（18）涂料流平性测定法   GB/T 1750—79（89）

（19）涂布漆涂刷性测定法   GB/T 1757—79（89）

（20）涂料使用量测定法   GB/T 1758—79（89）

（21）漆膜抗污气性测定法   GB/T 1761—79（89）

（22）漆膜回黏性测定法   GB/T 1762—80（89）

（23）漆膜耐化学试剂性测定法   GB/T 1763—79（89）

（24）漆膜厚度测定法   GB/T 1764—79（89）

（25）测定耐湿性、耐盐雾、耐候性（人工加速）的漆膜制   GB/T 1765—79（89）
备法

（26）色漆和清漆涂层老化的评级方法   GB/T 1766—1995

（27）漆膜耐候性测定法   GB/T 1767—79（89）

（28）漆膜耐磨性测定法   GB/T 1768—79（89）

（29）漆膜耐候性评级方法   GB/T 1766—79（89）

（30）漆膜磨光性测定法   GB/T 1769—79（89）

（31）底漆、腻子膜打磨测定法   GB/T 1770—79（89）

（32）色漆和清漆人工气候老化和人工辐射暴露（滤过的氙弧   GB/T 1865—1997
辐射）

（33）色漆和清漆耐水性的测定浸水法   GB/T 5209—85

（34）涂层附着力的测定性拉开法   GB/T 5210—85

（35）涂膜硬度铅笔测定法   GB/T 6739—86

（36）涂料挥发物和不挥发物的测定   GB/T 6740—86

（37）均匀漆膜制备法（旋转涂漆器法）   GB/T 6741—86

（38）漆膜弯曲试验（圆柱轴）   GB/T 6742—86

(39) 漆膜颜色表示方法	GB/T 6749—86
(40) 色漆和清漆挥发物和不挥发物的测定	GB/T 6751—86
(41) 涂料研磨细度的测定	GB/T 6753.1—86
(42) 涂料表面干燥试验小玻璃球法	GB/T 6753.2—86
(43) 涂料贮存稳定性试验方法	GB/T 6753.3—86
(44) 建筑涂料涂层耐碱性的测定	GB/T 9265—88
(45) 建筑涂料涂层耐洗刷性测定	GB/T 9266—88
(46) 乳胶漆用乳液最低成膜温度的测定	GB/T 9267—88
(47) 乳胶漆耐冻融性的测定	GB/T 9268—88
(48) 建筑涂料黏度的测定斯托默黏度计法	GB/T 9269—88
(49) 浅色漆对比率的测定（聚酯膜法）	GB/T 9270—88
(50) 色漆涂层老化的评价第一部分：通则和评级方法	GB/T 9277.1—88
(51) 色漆涂层老化的评价第二部分：起泡等级的评定	GB/T 9277.2—88
(52) 色漆涂层老化的评价第三部分：生锈等级的评定	GB/T 9277.3—88
(53) 色漆涂层老化的评价第四部分：开裂等级的评定	GB/T 9277.4—88
(54) 色漆涂层老化的评价第五部分：剥落等级的评定	GB/T 9277.5—88
(55) 色漆和清漆 漆膜的划格试验	GB/T 9286—98
(56) 涂料在高剪切速率下黏度的测定	GB/T 9751—88
(57) 建筑涂料涂层耐沾污性试验方法	GB/T 9780—88
(58) 漆膜弯曲试验（锥形轴）	GB/T 11185—89
(59) 涂膜颜色的测量方法第一部分：原理	GB/T 11186.1—89
(60) 涂膜颜色的测量方法第二部分：颜色测量	GB/T 11186.2—89
(61) 涂膜颜色的测量方法第三部分：色差计算	GB/T 11186.3—89
(62) 色漆和清漆漆膜厚度的测定	GB/T 13452.2—92
(63) 色漆和清漆遮盖力的测定第一部分：适用于白色和浅色漆的 kubelkamunk 法	CB/T 13452.3—92
(64) 色漆和清漆耐湿性的测定连续冷凝法	GB/T 13893—92
(65) 色漆涂层粉化程度的测定方法及评定	GB/T 14826—93
(66) 漆膜耐油性测定法	HG/T 2-1611—85
(67) 漆膜吸水率测定法	HG/T 2-1612—85
(68) 饰面型防火涂料防火性能分级及试验方法防火性能分级	GB 15442.1—1995
(69) 饰面型防火涂料防火性能及试验方法 大板燃烧法	GB 15442.2—1995
(70) 饰面型防火涂料防火性能分级及试验方法 隧道燃烧法	GB 15442.3—1995
(71) 饰面型防火涂料防火性能分级及试验方法 小室燃烧法	GB 15442.4—1995

5.1.1.4 涂料专用原料技术要求标准

(1) 涂料用过氯乙烯树脂	HG/T 2002—91
(2) 涂料用稀土催干剂	HG/T 2247—91
(3) 涂料用有机膨润土	HG/T 2247—91
(4) 涂料用催干剂	HG/T 2276—92

5.2 涂料性能测试和涂装性能测定

涂料产品性能检测：外观、比重、固体分、黏度、细度。

涂料施工性能检测：黏度、遮盖力、涂刷性、流平性、干燥时间、打磨性。

涂料一般使用性能检测：涂膜外观、光泽、硬度、弹性、冲击性、附着力、耐磨性。

涂料特殊使用性能检测：耐水性、耐热性、耐寒性、耐温变性、耐光性、耐候性、耐湿热性、耐盐雾性、防锈性、防霉性、绝缘性、耐化学腐蚀性等。

检测仪器如表 5-1 所示。

检测仪器表　　　　　　　　　　　　　　　　　　　　表 5-1

序号	仪 器 名 称	仪 器 型 号	检 测 项 目
1-1	生锈标准样本	COATEST 1430BS/ISO	除锈等级
1-2	锈蚀及除锈等级彩照	GB 8923—88	除锈等级
2	数字表面空气温度计	COATEST 1610	表面温度、空气温度
3	数字式湿度温度仪	COATEST 1620	空气湿度温度
4	喷丸(砂)表面粗糙度比较板	COATEST 1420	表面处理粗糙度
5-1	测厚仪	MINITESE 400W	金属与非金属表面测厚
5-2	测厚仪	MINITESE 4100	金属表面测厚
5-3	测厚仪	MIKROTEST 自动磁性测厚仪	铁金属表面测厚
5-4	涂镀层测厚仪	MINITESE 100/300 袖珍电脑涂镀层测厚仪	涂镀层测厚
5-5	涂镀层测厚仪	MIKROTEST 自动磁性测厚仪 (0～50μm)、(0～1000μm)、(2.5～10mm)	涂镀层及内衬层测厚
5-6	电脑涂层测厚仪	HCC-24 型(国产)	涂镀层测厚
5-7	涂镀层超声波测厚仪	SL 系列(国产)	涂镀层及内衬层测厚
5-8	电脑涂层测厚仪	MCH 系列(国产)	涂镀层测厚
6-1	湿法涂层针孔检测仪	COATEST 1300、1310	金属表面涂层针孔检测
6-2	电火花针孔检测仪	DJ-A、DJ-F(3KV-36KV)(国产)	金属表面涂层针孔检测
6-3	涂层针孔检测仪	POROTEST	金属表面涂层针孔检测
6-4	金属防腐蚀涂层检漏仪	CR-9 型(国产)	金属表面涂层针孔检测
6-5	电火花针孔检测仪	DJA、DJF 型(国产)	金属表面涂层针孔检测
6-6	电火花针孔检测仪	JG802、JG-35、DT8503、DT8503A 型(国产)	金属表面涂层针孔检测
6-7	电火花检漏仪	SL-58A、B 型(国产)	金属表面涂层针孔检测
6-8	电火花检测仪	JG 系列(国产)	金属表面涂层针孔检测
7	涂层结构测试仪	PIG 万能型涂层测厚仪	涂层分层测厚
8	涂层附着力划格器	COATEST 1500	附着力检测
9	巴柯尔硬度计	巴柯尔硬度计(国产)	玻璃钢硬度测定
10	含水率测定仪	FD-100 型	混凝土及砂浆层含水率测定
11	温湿度计	TESTO	显示温度、湿度、露点
12	粗糙度仪	T500 型	表面粗糙度测量
13	粗糙度仪	英国易高 ELC123	表面粗糙度测量
14	铅笔硬度计	720N	平滑表面涂层硬度
15	附着力测量议	英国 SHEEN	划格法涂层附着力
16	液压附着力仪	英国易高	手动式现场测量
17	附着力测量议	美国 AT 系列	拉拔式附着力测试仪
18	杯凸仪	英国 SHEEN760	涂层延展性、附着性能

5.3 钢结构工程涂装性能测定

5.3.1 钢结构工程施工质量验收规范（GB 50205—2001）

5.3.1.1 一般规定

（1）本节适用于钢结构的防腐（蚀）涂料（油漆类）涂装和防火涂料涂装工程的施工质量验收。

（2）钢结构涂装工程可按钢结构制作或钢结构安装工程检验批的划分原则划分成一个或若干个检验批。

（3）钢结构普通涂料涂装工程应在钢结构构件组装、预拼装或钢结构安装工程检验的施工质量验收合格后进行。钢结构防火涂料涂装工程应在钢结构安装工程检验批和钢结构普通涂料涂装检验批的施工质量验收合格后进行。

（4）漆装时的环境温度和相对湿度应符合涂料产品说明书的要求，当产品说明书无要求时，环境温度宜在 5～38℃ 之间，相对湿度不应大于 85%。涂装时，构件表面不应有结露；涂装后 4h 内应保护免受雨淋。

本条规定涂装时的温度以 5～38℃ 为宜，但这个规定只适合在室内无阳光直接照射的情况。如果在阳光直接照射下，钢材表面温度能比气温高 8～12℃，涂装时，漆膜的耐热性只能在 40℃ 以下，当超过 43℃ 时，钢材表面上涂装的漆膜就容易产生气泡而局部鼓起，使附着力降低。

低于 0℃ 时，在室外钢材表面涂装容易使漆膜冻结而不易固化；湿度超过 85% 时，钢材表面有露点（滴）凝结，漆膜附着力差。最佳涂装时间是日出 3h 之后，这时附在钢材表面的露点（滴）基本干燥，日落后 3h 之内停止（室内作业不限），此时空气中的相对湿度尚未回升，钢材表面尚存的温度不会导致露点（滴）形成。

涂层在 4h 之内，漆膜表面尚未固化，容易被雨水冲坏，故规定在 4h 之内不得淋雨。

5.3.1.2 钢结构防腐蚀涂料涂装主控项目

（1）涂装前，钢材表面除锈应符合设计要求和国家现行有关标准和规定。处理后的钢材表面不应有焊渣、焊疤、灰尘、油污、水和毛刺等。当设计无要求时，钢材表面除锈等级应符合表 2-8 的规定。

检查数量：按构件数量抽查 10%，且同类构件不应少于 3 件。

检验方法：用铲刀检查和用现行国家标准《涂装前钢材表面锈蚀等级和除锈等级》（GB 8923）规定的图片对照观察检查。

目前国内各大、中型钢结构加工企业一般都具备喷射除锈的能力，所以，应将喷射除锈作为首选的除锈方法，而手工和动力工具除锈仅作为喷射除锈的补充手段。

（2）涂装遍数、涂层厚度均应符合设计要求。当设计对涂层厚度无要求时，涂层干漆膜总厚度：室外应为 150μm，室内应为 125μm，其允许偏差 −25μm，每遍涂层干漆膜厚度的允许偏差 −5μm。

检查数量：按构件数抽查 10%，且同类构件不应少于 3 件。

检验方法：用干漆膜测厚仪检查。每个构件检测 5 处，每处的数值为 3 个相距 50mm

测点涂层干漆膜厚度的平均值。

5.3.1.3 钢结构防腐蚀涂料涂装一般项目

（1）构件表面不应误涂、漏涂，涂层不应脱皮和泛锈等。涂层应均匀、无明显皱皮、流坠、针眼和气泡等。

检查数量：全数检查。

检验方法：观察检查。

（2）实验证明，在涂装后的钢材表面施焊，焊缝的根部会出现密集气孔，影响焊缝质量。误涂后，用火焰吹烧或用焊条引弧吹烧都不能彻底清除油漆，焊缝根部仍然会有针孔产生。

（3）当钢结构处在有腐蚀介质环境或外露且设计有要求时，应进行涂层附着力测试，在检测处范围内，当涂层完整程度达到70％以上时，涂层附着力达到合格质量标准的要求。

检查数量：按构件数抽查1‰，且不应少于3件，每件测3处。

检验方法：按照现行国家标准《漆膜附着力测定法》（GB 1720）或《色漆和清漆、漆膜的划格试验》（GB 9286）执行。

涂层附着力是反映涂装质量的综合性指标，其测试方法简单易行，故增加该项检查以便综合评价整个涂装工程质量。

（4）涂装完成后，构件的标志、标记和编号应清晰完整。

检查数量：全数检查。

检验方法：观察检查。

对于安装单位来说，构件的标志、标记和编号（对于重大构件应标注重量和起吊位置）是构件安装的重要依据，故要求全数检查。

质量验收中的表面处理，属涂装工程的保证项目，涂装工程的质量检验，无法对表面处理除锈等级作检查与评定。

5.3.2 《建筑防腐蚀工程施工及验收规范》（GB 50212—2002）

（1）涂层外观：涂膜应平整光滑、颜色均匀一致，无泛锈、无气泡、流挂及开裂、剥落等缺陷。

（2）涂层表面应采用电火花检测，无针孔。

（3）涂层厚度应均匀。金属表面可用测厚仪检测；水泥砂浆层及混凝土表面可用无损探测仪器直接检测，也可对同步样板进行检测。

（4）涂层附着力应符合设计要求。混凝土基层可采用划格法，金属基层可采用划圈法。

（5）涂层应无漏涂、误涂现象。

（6）涂层经柔韧性试验检测，应无裂纹等现象。

5.3.3 《工业金属管道工程施工及验收规范》（GB 50235）

（1）管道及其绝热保护层的涂漆应符合国家现行标准《工业设备、管道防腐蚀工程施工及验收规范》的规定。

(2) 涂料应有制造厂的质量证明书。

(3) 有色金属管、不锈钢管、镀锌钢管、镀锌铁皮和铝皮保护层，不宜涂漆。

(4) 焊缝及其标记在压力试验前不应涂漆。

(5) 管道安装后不易涂漆的部位应预先涂漆。

(6) 涂漆前应清除被涂表面的铁锈、焊渣、毛刺、油、水等污物。

(7) 涂料的种类、颜色，敷涂的层数和标记应符合设计文件的规定。

(8) 涂漆宜在 15～35℃的环境温度下进行，并应有相应的防火、防冻、防雨措施。

(9) 涂层质量应符合下列要求：

① 涂层应均匀，颜色应一致。

② 漆膜应附着牢固，无剥落、皱纹、气泡、针孔等缺陷。

③ 涂层应完整，无损坏、流淌。

④ 涂层厚度应符合设计文件的规定。

⑤ 涂刷色环时，应间距均匀，宽度一致。

5.3.4 《工业金属管道工程质量检验评定标准》(GB 50184)

(1) 管道涂装前被涂表面质量

合格：被涂表面无污垢、油迹、水迹、锈斑、焊渣、毛刺等。

优良：在合格基础上，表面光洁，并露出金属光泽。

(2) 色环、工作介质与流向等标记

合格：色环、工作介质与流向等标记符合设计要求和有关规定。

优良：在合格基础上，标记美观，涂层均匀，无流淌。

(3) 漆膜厚度、涂层数量和质量

合格：漆膜厚度、涂层数量符合设计要求；涂层完整，无漏涂和损坏，漆膜附着牢固，无开裂、剥落、皱纹、气泡、针孔等缺陷。

优良：在合格基础上，涂层均匀，颜色一致，无流淌。

(4) 检查方法与数量

检查方法：观察检查，用漆膜测厚仪检查。

检查数量：不得少于 5 段，每段 2m。

5.3.5 《给水排水管道工程施工及验收规范》(GB 50268)

环氧煤沥青外防护层施工应符合下列规定：

① 涂底漆前管子表面应清除油垢、灰渣、铁锈，氧化铁皮采用人工除锈时，其质量标准应达 St3 级；喷砂或化学除锈时，其质量标准应达 Sa2.5 级。注意：St3 级及 Sa2.5 级应符合国家现行标准《涂装前钢材表面处理规范》的规定。

② 涂料配制应按产品说明书的规定操作。

③ 底漆应在表面除锈后 8h 之内涂刷。涂刷应均匀，不得漏涂，管两端 150～250mm 范围内不得涂刷。

④ 面漆涂刷和包扎玻璃布，应在底漆表干后进行，底漆与第一道面漆涂刷的间隔时间不得超过 24h。外防腐层质量应符合表 5-2、表 5-3 的规定。

材料种类	构造	检查项目			
		厚度(mm)	外观	电火花试验	粘附性
石油	3油2布	≥4.0		18kV	以夹角为 45°～60°，边长 40～50mm 的切口，从角尖端撕开防腐层，首层沥青层应 100%地附着在管道的外表面
沥青	4油3布	≥5.5	涂层均匀无摺皱、空泡、凝块	22kV	
涂料	5油4布	≥7.0		26kV	用电火花检漏仪检查无打火花现象
环氧	2油	≥0.2		2kV	以小刀割开一舌形切口，用力撕开切口处的防腐层，管道表面仍为漆皮所覆盖，不露出金属表面
煤沥青	3油1布	≥0.4		3kV	
涂料	4油2布	≥0.6		5kV	

材料种类	2油		3油1布		4油2布	
	构造	厚度(mm)	构造	厚度(mm)	构造	厚度(mm)
环氧煤沥青涂料	底漆-面漆-面漆	≥0.2	底漆-面漆-玻璃布-面漆-面漆	≥0.4	底漆-面漆-玻璃布-面漆-玻璃布-面漆玻璃布-面漆-面漆	≥0.6

外防护层采用电火花检测，是评价埋地管道保护层的有效措施，涂层的气泡、漏涂、针孔等涂层防腐蚀薄弱环节，均会在电火花质量检测中暴露出来。电火花质量检测还具有检测面宽，速度快，人为误差因素小的特点。

5.3.6 《石油化工设备和管道涂料防腐蚀技术规范》(SH 3022—1999)

《石油化工设备和管道涂料防腐蚀技术规范》第 5.1.2 条规定涂料种类、名称、牌号及涂装道数和厚度应符合设计要求；5.1.3 条设备防腐蚀层厚度，用干膜测厚仪检测。每台抽测三点，其中两点以上不合格时即为不合格，如其中一点不合格，再抽测两点，如仍有一点不合格时，则全部为不合格；5.1.4 条埋地管道防腐蚀层厚度检测，与 SY/T 0447—96《埋地钢质管道环氧煤沥青防腐层技术标准》相近。

(1) 环氧煤沥青外防腐蚀层结构 (表 5-4)

等级	结构	干膜厚度(mm)	检测电压
特加强级(5油3布)	底漆-面漆-玻璃布-面漆-玻璃布-面漆-玻璃布-两层面漆	≥0.8	5kV
加强级(4油2布)	底漆-面漆-玻璃布-面漆-玻璃布-两层面漆	≥0.6	2kV
普通级(3油1布)	底漆-面漆-玻璃布-两层面漆	≥0.4	2kV

(2) 埋地管道防腐蚀层厚度及质量检测

质量检查：45°～60°的 V 形切口，从角尖端外撕开防腐蚀层，粘附在管道表面的防腐蚀层占撕开面积的 95%以上为合格。

电火花检测电压 U：

$$U = 7840\sqrt{\delta}　(\delta 为涂层厚度)$$

厚度及电火花质量检测同《埋地钢质管道环氧煤沥青防腐层技术标准》（SY/T 0447）条文。

5.3.7 《埋地钢质管道环氧煤沥青防腐层技术标准》（SY/T 0447）

《埋地钢质管道环氧煤沥青防腐层技术标准》（SY/T 0447）第2.0.1条：环氧煤沥青防护层分为普通级、加强级、特加强级三个等级，其结构由一层底漆和多层面漆组成，面层间可加玻璃布增强。

（1）等级结构及厚度（表5-5）

防护层等级结构及厚度   表5-5

等　级	结　构	干膜厚度(mm)
普通级	底漆-面漆-面漆-面漆	≥0.30
加强级	底漆-面漆-面漆-玻璃布-面漆-面漆	≥0.40
特加强级	底漆-面漆-面漆-玻璃布-面漆-面漆-玻璃布-面漆-面漆	≥0.60

注：面漆、玻璃布、面漆应连续涂敷，也可用一层浸满面漆的玻璃布代替。

（2）涂层厚度及检测

技术标准第5.1.3条：用磁性测厚仪抽查，以最薄点符合表5-5干膜厚度为合格。

每20根为1组，每组抽查1根，测管两端和中间共3个截面，上、下、左、右共4点，若不合格再抽查2根，其中仍有不合格者，则全部为不合格。

（3）电火花检漏

普通级2000V；加强级2500V；特加强级3000V，以约0.2m/s的速度移动。

涂层的附着力是钢结构防护质量的重要数据，规范标准均无条文提出测试要求、测试方法和质量标准。工业产品涂装质量有管理体制保证，但涂装工程质量管理体制尚不健全。

6 涂装作业的安全卫生及环保

6.1 涂装作业标准及安全生产要求

涂装生产过程中使用的涂料和溶剂中,大部分都是易燃易爆品,容易引起环境污染及火灾事故。涂装车间、钢结构现场等是容易发生火灾的危险场所。

涂装过程中静电喷涂、喷粉,搅拌过程中静电积聚产生的大量漆雾、溶剂蒸气、粉尘以及漆前处理产生的酸雾、喷砂喷丸除锈粉尘、锌雾及重金属对操作人员产生直接的身体伤害和潜在的燃爆事故隐患。

为此,世界各国都制定了严格的控制挥发性有机化合物(VOC)排放法规,促使涂装生产采用低污染涂料并采取有效的三废治理措施。我国制定了《涂装工艺安全及其通风净化》(GB 6514—95),规定了涂装作业场所空气中有害气体的最高允许浓度(mg/m³),以及其他一系列标准(表 6-1)。

涂装作业标准　　　　　　　　　　　　　　　　　　　表 6-1

标　准　号	标　准　名　称
GB 7691—2003	劳动安全和劳动卫生管理
GB 6514—95	涂漆工艺安全及其通风净化
GB 7692—1999	涂漆前处理工艺安全
GB 7692—1999	涂漆前处理工艺通风净化
GB 14443—93	涂层烘干室安全技术规定
GB 14444—93	喷漆室安全技术规定
GB 14773—93	静电喷枪及其辅助装置安全技术条件
GB 12367—90	静电喷漆工艺安全
GB 15607—95	粉末静电喷涂工艺安全
GB 12942—91	有限空间作业安全技术要求
GB 50058—92	爆炸和火灾危险环境电力装置设计规范
GB 12348—1990	工业企业厂界
GB 12158—90	涂装作业场所危险等级、防静电事故通用导则
GB 16297—1996	大气污染物综合排放标准
GB/T 14441—93	涂装作业安全规程(术语)
GB 18584—2001	室内装饰装修材料木质家具中有害物质限量
GB 7692—1999	涂装作业安全规程(涂漆前处理工艺通风净化)
GB 18580—2001	对各种板材的甲醛释放量严格限制
GB 3381—91	船舶涂装作业安全规程
GB 18582—2001	室内建筑装饰装修材料—内墙涂料有害物质限量
HG/T 23003—92	化工企业静电安全检查规程
GB/T 16127—1995	居室空气中甲醛卫生标准
GB 8978—96	污水综合排放标准
GB 9663—1996	旅店业卫生标准
GB 50212—91	建筑防腐蚀工程施工及验收规范
GB 8264—1987	涂装技术术语

安全生产要求：

（1）防腐蚀工程的安全技术和劳动保护，除应符合安全生产规范的规定外，尚应符合国家现行有关标准的规定。

（2）参加防腐蚀工程的施工操作和管理人员，施工前必须进行安全技术教育，制订安全操作规程。

（3）易燃、易爆和有毒材料不得堆放在施工现场，应存放在专用库房内，并设专人管理。施工现场和库房，必须设置消防器材。

（4）施工现场应有通风排气设备，现场的有害气体、粉尘不得超过最高允许浓度，其值应符表 6-2 的规定。

施工现场有害气体、粉尘的最高允许浓度　　　　　　　　表 6-2

物　质　名　称	最高允许浓度(mg/m³)	物　质　名　称	最高允许浓度(mg/m³)
二甲苯	100	溶剂油	350
甲苯	100	硫化氢	10
苯乙烯	40	二氧化硫	15
苯（皮）	40	甲醛	3
环己酮	50	含有 10%以上游离二氧化硅粉尘（石英、石英岩等）	2
丙酮	400	含有 10%以下游离二氧化硅的水泥粉尘	6
酚（皮）	5		

注：1. 有"（皮）"标记者为除经呼吸道外，还易经皮肤吸收的有毒物质。
　　2. 本表所列各项有毒物质的检验方法，应按国家现行标准《车间空气监测检验方法》执行。

（5）在易燃、易爆区域内动火时，必须采取防范措施，办理动火证后，方可动火。

（6）进入油库、易燃、易爆区域和地沟窖井等密闭处时，严禁携带火种及其他易产生火花、静电的物品，不得穿带钉鞋和化纤工作服。

（7）临时用电线路、设备，必须经认真检查，符合安全使用要求后，方可使用。用电设备必须进行接地，在防爆区域内施工，其照明灯具必须用防爆灯。

（8）高处作业时，使用的脚手架、吊架、靠梯和安全带等，必须认真检查，合格后方可使用。

（9）熬炼沥青、硫磺的锅灶，应设置在通风处，上方不得有架空电线，并必须采取防雨水、防火措施。

（10）当进行防腐蚀施工时，操作人员必须穿戴防护用品，并应按规定佩戴防毒面具。

（11）原国家建筑工程局颁发的《建筑安装工人安全技术操作规程》第 193 条和第 194 条中规定："各类油漆和其他易燃、易爆、有毒材料，应存放在专用库房内，不得与其他材料混放。挥发性油料应装入密闭容器，妥善保管。""库房与其他建筑物应保持一定距离"。

（12）表 6-2 施工现场有害气体、粉尘的最高允许浓度是从《工业企业设计卫生标准》（TJ 36—79）第 32 条车间空气中有害物质的最高允许浓度的规定中直接引用的。

防腐蚀工程中使用的大多数材料，都要使用有机溶剂进行稀释，如汽油、丙酮、乙醇、二甲苯、苯乙烯等。这些有机溶剂都具有挥发性，当其达到一定浓度时，即对操作人员的身体产生危害，如遇明火，还会引起火灾和爆炸。为使这类溶剂在厂房空间内不易达到易燃易爆的浓度极限，故应保证施工现场要有良好的通风。

（13）参加施工操作的人员都应熟悉所用易燃易爆物质的种类和特性，掌握产生爆炸燃烧的客观规律。对进入易燃易爆区域工作时，要严格遵守安全规程，以防事故发生。

（14）施工现场的照明灯具必须系牢，并带有灯罩和钢保护圈。在贮槽内施工时，安全照明灯的电源电压应在 36V 以下。

（15）临时熬炼锅灶的搭建一定要选择在远离易燃、易爆的场所，通风良好，上方没有电气线路的地方搭设，以防事故意发生。

（16）用水稀释浓硫酸时，应将浓硫酸倒进水中。如果把水倒进浓硫酸，由于硫酸相对密度大（1.84），水相对密度小，水就会浮在硫酸上，当发生化学反应时，同时放出大量的热，水就会猛烈地沸腾起来，四处飞溅，易烧伤皮肤。

（17）防腐蚀工程使用的原材料大都具有毒性，对施工操作人员有直接或间接的危害。为保证施工正常进行，保障施工人员的身体健康，操作人员必须配备劳动保护用品，如工作服、乳胶手套、滤毒口罩、防护眼镜、防毒面具等。

在熔融甲苯二胺、配制乙二胺丙酮溶液等毒性较强的物料或涂刷过氯乙烯漆时，一定要戴上防毒面具或滤毒口罩，以防中毒事故发生。

6.2 涂装作业的卫生和环保

6.2.1 卫生

涂装场所空气中的有害物允许最高浓度，可参照表 6-3（GB 6514—95）和《工业卫生设计标准》（JT 36—79）的规定进行相应的通风净化；车间噪声符合《工业企业噪音控制设计规范》（GB J87—85）。喷漆室的最低照明：在采用混合照明时，为 300lx；采用一般照明时，为 100lx。

涂装作业车间空气中有害气体最高允许浓度（mg/m³）　　　　　　　表 6-3

物 品 名 称	浓度	物 品 名 称	浓度
甲苯二异氰酸酯(皮)	0.2	二甲苯、甲苯、溶剂石脑油	100
涂料粉尘	10	丁醇、丙醇、醋酸乙脂	200
三氯乙烯	30	乙酸乙酯、乙酸丁酯、溶剂汽油	300
苯	40	丙酮	400
环己酮、二氯乙烷、三氯乙烷	50	乙醚	500

涂装作业的卫生，除了可靠的卫生设施保障外，尚应做到以下几点。

（1）对所有操作工人，做好包括安全卫生在内的专业技能培训，并进行严格的考核，持证上岗。安全卫生教育不仅要包括安全卫生防范内容，更要传授意外情况的应急技能知识。

（2）慎用含苯涂料和溶剂，使用时应加强通风。

（3）禁止使用含红丹（或含铅）的涂料。

（4）限制使用火焰法除旧漆膜。

（5）限制大量地用溶剂除油。

（6）严禁敞开式干喷除锈。禁止在密闭空间中喷砂除锈。

（7）禁止在不通风场所喷涂作业。

（8）不使用国家限制使用的涂料产品。

（9）遵守国家劳动保护法规，采取相应劳动安全保护措施，发放劳保用品并定期组织体检。

（10）以安全可靠的工艺替代潜在着不安全因素的工艺，逐步实现涂装工艺密闭化、自动化。

（11）严格遵守技术操作规程、规范。

6.2.2 涂装时的温度和湿度

涂装车间温度和湿度应符合表 6-4 所示的要求。

各类涂料涂装时的适宜温度、湿度　　　　　　　　　　　　　　表 6-4

涂料种类	气温（℃）	湿度（%）	备注
油性色漆	10～35	<85	低温不好,气温高些好
油性清漆,磁漆	10～30	<85	气温高些好
醇酸树脂涂料	10～30	<85	气温高些好
硝基漆,虫胶漆	10～30	<75	高湿不好
多液反应型涂料	10～30	<75	低温不好
热塑性丙烯酸涂料	10～25	<70	湿度越低越好
各种烤漆	10～25	<75	中等温、湿度较好
水性乳胶涂料	10～35	<75	低温、高湿不好
水溶性烘烤磁漆	10～35	<90	温度、湿度越均匀越好
大漆	10～30	<85	温度、湿度高一些好,低温低湿不好

注：1. 静电喷漆时，温度以低度好；高湿度易漏电，电压显著下降。高温湿时，粉末涂料易结块。

　　2. 高装饰涂装要求温度、湿度恒定，否则易影响涂层厚度、干燥、平滑度、光泽和颜色的均匀性。

　　3. 最适宜的工作条件是：温度 20℃ 以上，湿度 75% 以下，必要时应设置调温和除湿装置。

6.2.3 涂装时的空气清洁度

为了得到优良的涂膜，必须有适当防尘措施，一般应设法除去 $10\mu m$ 以上的尘埃，粒数 <600 个/cm^3；装饰性涂装：粒径$<5\mu m$，粒数<300 个/cm^3。

防尘方法：常用黏性过滤法，用油湿润的过滤器（金属丝网），除尘范围$>5\mu m$，过滤器可使用较长时间再清洗。用纤维、毛毯、厚布等干性过滤器，除尘范围$<1\mu m$，过滤器使用期短、代价高。静电除尘法，能除掉 $0.005\sim0.01\mu m$ 的尘埃，性能好。

6.2.4 涂装时的通风换气

通风换气有利于涂料干燥，安全卫生，降低有害物，确保操作工人身体健康。涂装车间的通风量按每小时换气 6～10 次确定，所有门、窗及通风口的面积应大于室内地面面积的 1/20，或配备大功率的排风装置；室内施工至少每半年检查一次空气浓度，以维持良好的施工环境。

6.2.5 涂装作业安全

涂装车间，由于使用大量涂料和溶剂，按溶剂闪点的高低，火灾危害性分成以下三个等级。

甲级：闪点小于 28℃的涂料和溶剂。

乙级：闪点在 28～60℃的涂料和粉末涂料。

丙级：闪点在 60℃以上的涂料。

涂装生产场所的耐火等级、防火间距、防爆与安全疏散措施，则根据火灾危险等级，按《建筑设计防火规范》（GB J16—87）的规定执行。

涂装作业场所的危险等级，按 GB 12158—90 防静电事故通用导则，分成三个区域。

0 区：在正常情况下，长时间存在爆炸性气体的场所；

1 区：在正常情况下，可能出现爆炸性气体的场所；

2 区：仅在不正常的情况时，偶尔短时间出现爆炸性气体的场所。

大量喷涂作业，应在喷漆室内进行，应符合 GB 1444—93 规定。有多个喷漆室的场所，应采用不燃性隔墙与非喷漆作业场所隔离。

使用高压喷枪时，应做液压和气密试验，喷枪应有超压安全报警装置和接地装置。喷口不能对向人体且枪机应有自锁装置，在不用时能自锁。

粉末静电喷涂应符合 GB 15607—95 的规定，喷涂人员应在室外操作，喷粉室的出口粉尘最高浓度不应超过 $15g/m^3$，或粉尘爆炸下限的 50%。涂料加热禁用明火，可用热水或蒸汽。涂料搅拌或输送防止静电积集，涂料输送管路不得泄漏并应有良好的接地装置。

涂装设备维修，严禁电焊明火及敲击产生火花，严守安全操作规程。

6.3 涂装作业三废治理

涂装过程会产生有害的"三废"，即废气、废水、废渣。废水中有铬离子等重金属离子，很难被分解破坏，其污染环境程度最严重，是"三废"处理中必须清除的公害之一。

6.3.1 废气治理

涂装过程中产生的废气，其主要有害物质有苯、甲苯、二甲苯、酯类、酮类、醇类、胺类和异氰酸酯类等。废气的处理方法有：直接燃烧法、催化燃烧法、活性炭吸附法、水吸附法及溶剂吸附法。处理方法的优缺点如表 6-5 所示。

方 法	原 理	优 点	缺 点
直接燃烧法	将废气引入燃烧室,直接与火焰接触燃烧,变无害气体排放	1. 可连续化处理; 2. 燃烧效率高,转化为热能; 3. 工艺简单可靠; 4. 不必对废气预处理; 5. 设备占地面积小	1. 高处理温度,费用大; 2. 设备造价高; 3. 处理风量大、浓度低的废气不经济
催化燃烧法	利用废气中的有机溶剂同催化促进剂蒸气发生剧烈的燃烧,生成水和 CO_2 气体	1. 适用于连续化处理; 2. 效率比直接燃烧法高; 3. 热能可以利用,比直接燃烧法节约燃料 50%	1. 催化剂成本高; 2. 工艺复杂、投资大、成本高 3. 燃烧前应作预处理:去粉尘、烟雾及使催化剂中毒的物质
活性炭吸附法	活性炭具有表面积大、吸附能力强的特点。利用此特点吸附废气中的有害物质	1. 适用于处理低浓度废气; 2. 操作方便、效率高、费用低; 3. 设备费用低; 4. 溶剂可回收利用	1. 成本高; 2. 处理、烘干废气时,要除尘冷却; 3. 处理喷漆废气时,应作预处理(除漆雾)
水吸附法	通过气相和液相之间发生的分子扩散,使有害物质从气相转移到液相的过程	1. 适用于低浓度废气; 2. 设备及运转费低; 3. 无爆炸及火灾等危害	1. 受涂料品种限制; 2. 对废水进行二次处理; 3. 定期加入造渣剂,使废水中的溶剂和漆凝聚成漆渣沉淀出来
溶剂吸附法	以液体为吸附剂,利用分子间或两相间的相互引力来分离废气中的有害物质	1. 适用于低浓度废气; 2. 投资少,成本低,设备占地面积小; 3. 溶剂和吸附剂可回收利用; 4. 无爆炸及火灾危险	吸附剂饱和后应进行处理、需要增加解吸回收装置

6.3.2 废水治理

6.3.2.1 排放标准 (GB 8978—1996) (表 6-6、表 6-7)

第一类污染物最高允许排放浓度 (部分) 表 6-6

污染物名称	排放最高允许浓度(mg/L)	污染物名称	排放最高允许浓度(mg/L)
总汞(汞及其无机化合物)	0.05	总砷(砷及其无机化合物)	0.5
烷基汞	不得检出	总铅(铅及其无机化合物)	1.0
总镉(镉及其无机化合物)	0.1	总镍(镍及其无机化合物)	1.0
总铬(铬及其无机化合物)	1.5	苯并芘	0.00003
六价铬[①]	0.5		

注:① 废水的六价铬。主要以铬酸根离子和重铬酸根离子两种形式存在,两者之间存在着平衡。

废水排放浓度以企业单位排放出口取样分析测定,对于不能进入城市污水处理厂的,按二级标准执行。

国家标准 GB 8979—88 规定了污水综合排放标准。根据工业废水中有害物质最高允许浓度将污染物分为两类:

第一类污染物,是指在环境或动植物体内蓄积,对人体健康产生长远不良影响者。此类废水要求严格,不能用稀释的方法代替必要的处理。此类有害污染质的污水,不分行业和污水排入方式,一律在车间或车间处理设施排出口取样,其最高排放浓度见表 6-6。

第二类污染物,指其长远影响小于第一类污染物质,在排污单位排出口取样,其最高排放浓度见表 6-7 规定,可排入城镇下水道并进入二级污水处理厂进行生物处理。

第二类污染物最高允许排放浓度

表 6-7

污 染 物	一级标准		二级标准		三级标准
	新扩改	现有	新扩改	现有	
酸碱(pH 值)	6～9	6～9	6～9	6～9	6～9
色度(稀释倍数)	50	80	80	180	—
悬浮物(mg/L)	70	100	200	250	400
生化需氧量(BOD_5)(mg/L)	30	60	60	80	300
化学需氧量(COD_{cr})(mg/L)	100	150	150	200	500
石油类(mg/L)	10	15	10	20	30
动植物油类(mg/L)	20	30	20	40	100
氰化物(mg/L)	0.5	0.5	0.5	0.5	1.0
硫化物(mg/L)	1.0	1.0	1.0	2.0	2.0
氨氮(mg/L)	15	25	25	40	—
氟化物(mg/L)	10	15	10	15	20
磷酸盐(以 P 计)(mg/L)	0.5	1.0	1.0	2.0	—
甲醛(mg/L)	1.0	2.0	2.0	3.0	—
苯胺类(mg/L)	1.0	2.0	2.0	3.0	5.0
硝基苯类(mg/L)	2.0	3.0	3.0	5.0	5.0
阴离子洗涤剂(mg/L)	5.0	10	10	15	20
铜(mg/L)	0.5	0.5	1.0	1.0	2.0
锌(mg/L)	2.0	2.0	4.0	5.0	5.0
锰(mg/L)	2.0	5.0	2.0	5.0	5.0

6.3.2.2 废水的三级处理

（1）一级处理。又称预处理，采取机械方法或简单的化学方法，使废水中的悬浮物或胶状物沉淀下来，并初步中和溶液的酸碱度。

（2）二级处理。主要是解决可分解或可氧化的有机溶解物或部分悬浮固体物，常采用生物处理，或添加凝聚剂使固体悬浮物凝聚分离，经二级处理后水质明显得到改善，大部分可以达到排放标准。

（3）三级处理。又称深度处理，主要用来处理难以分解的有机物和溶液中的有机物。处理方法有活性炭吸附、离子交换、电渗析、反渗透和化学氧化处理等。

通过三级处理可以达到地面水、工业用水或生活用水的水质标准。

6.3.2.3 废水处理的方法（表 6-8）

废水处理方法

表 6-8

方 法 名 称	目 的
1. 物理处理法 　有分离法[①]、过滤法、离心分离法、高磁分离法、蒸发结晶法	去除悬浮物,胶状物; 采用蒸发结晶和高磁分离法,主要用于去除胶状物,悬浮物和可溶性盐类,各种金属离子

方　法　名　称	目　　的
2. 化学处理法 　A. 中和法	将废水进行酸碱中和,调整溶液的酸碱度,酸性废水中和采用的中和剂有废碱、石灰、电石渣、石灰石、白云石等。 　碱性废水中和采用中和剂有废酸烟道气体中的 SO_2、CO_2 等 尽量以废治废、降低成本
B. 凝聚法	在水中加入适当的絮凝剂,使废水中的胶粒互相碰撞而凝聚成较大的粒子,从溶液中分离出来
C. 氧化还原法	包括药剂法、过滤法、暴气法等。参加反应的物质会改变其原有的特性,在水质控制和处理中用来净化杂质
3. 物理化学法 　有离子交换、电渗析、反渗透气浮分离、汽提、吹脱、吸附、萃取等方法	主要用于分离废水中的溶解物质、回收有用的物质成分,使废水得到深度处理。 　离子交换法就是用离子交换树脂,对废水中的阴、阳离子污染物,进行分离的方法
4. 生物处理法(也称生化法) 　可分四类:自然氧化法、生物滤池、氧化法、溶性污泥法、厌氧发酵法	是用微生物群的新陈代谢过程,使废水中的复杂有机物氧化分解成二氧化碳、甲烷和水

注: ① 有上浮分离法,适合于含油废水的油、水分离。一是靠自身密度低上浮,称之为重力式上浮分离;二是通过加压,以 294～490kPa 的压力,将空气充入废水中至饱和,然后将其释放至常压,使凝聚物附着大量气泡而上浮,分离速度比沉降速度快几倍。

6.3.3　漆前废水处理

除了上述废液之外,还有各道工序后的冲洗废水,其污染浓度比相应废物低得多,但是消耗量很大。

6.3.3.1　碱性脱脂废液的治理

碱性脱脂废液成分:氢氧化钠、硅酸钠、碳酸钠、三聚磷酸钠、表面活性剂和少量有机溶剂,另外含有机械油、防锈油脂等悬浮物。

主要处理项目:pH 值、悬浮物、BOD、COD、含油量等。

中和酸品:在废液浓度较低时,采用 H_2SO_4(硫酸)、HCl(盐酸)或用酸洗废液,使 pH 值为 6～9。

液面油污:溢流分离法,废液中必须采取破乳、油水分离,水质净化法(破乳是常用的盐析方法,添加氯化钙、氯化镁、氯化钠等药剂,使之破乳析出,为了加速油及其他悬浮物尽快分离并絮凝,还需投入硫酸铝、聚合氯化铝、硫酸亚铁、三氧化二铁、活性硅酸、聚丙烯酰胺等。上述处理后,油和杂质形成絮凝体、油水分层、刮出油泥,达到油水分离。经上述工序之后仍有微量的油和较多的稳定性非离子表面活性剂存在,应采用活性炭等吸附、过滤除去,可达到排放要求,对于含油量<100mg/L 的废液,在砂子过滤后,不必再用活性炭过滤即能排放。

6.3.3.2　酸洗废液

酸洗废液主要处理的项目有 pH、悬浮物及金属离子。处理方法:可用石灰乳、碳酸钙、碳酸钠、氢氧化钠进行中和至 pH 值为 6～9,此时金属离子形成氢氧化物沉淀析出,悬乳物可采用凝集剂沉淀和破乳分离。

6.3.3.3　磷化处理废液

处理的主要项目有:pH、悬浮物 PO_4^{3-} 及金属离子。处理方法:采用石灰乳中和,即可大部分去除。

6.3.3.4 表面调整废液

主要是 PO_4^{3-} 和 TiO_2^+，为弱碱性，pH<9；主要处理项目是磷，浓度远低于磷化液，处理方法与 6.3.3.3 相同。

6.3.3.5 钝化封闭废液

主要含六价铬，处理项目：pH、Cr^{6+}、Cr^{3+}、悬浮物。处理工序：加硫酸酸化，添加亚硫酸钠，使六价铬还原成三价铬（Cr^{3+}），凝聚沉淀，过滤除渣。

6.3.3.6 表面处理废液、废水的治理工艺程序

废水→调节槽（20m³）→反应罐（H1.5m，5m³），加入 30％盐酸、pH 值 2～3，反应 2～3h，使其破乳、油脂上浮，油层约 5cm 时，用真空泵吸取→中和槽（6m³），加入 40％$FeCl_3$（15～20L），再加入 30％NaOH，pH 值约为 7，生成氢氧化物沉淀→沉淀池→底部淤渣吸至压滤机上层渍液经 pH 检测，排放入下水道。压滤清液仍回到中和槽。全过程 4h，排放量 6m³/h，流程见图 6-1。

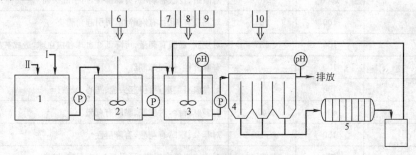

图 6-1 碱性脱脂废液治理流程图

1—调节槽；2—反应罐；3—中和槽；4—沉淀池；5—压滤机（1.5MPa、10m³）；6—
30％HCl 贮槽；7—Ca(OH)₂ 贮槽；8—40％FeCl₃ 贮槽；9—30％NaOH 贮槽；

10—备用有机类絮凝剂贮槽

Ⅰ—脱脂后冲洗废水；Ⅱ—脱脂废液

图 6-2 为处理量为 10t/h 以上的流程图，该工艺采用高速沉淀槽，中和碱添加采用 pH 计自动控制，清液经 pH 检测后排放，过滤水回到冲洗废水槽。

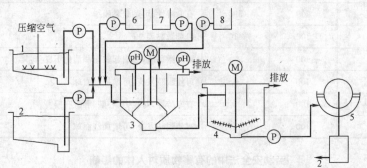

图 6-2 处理量 10t/h 以上的磷化废液治理流程图

1—磷化废液；2—磷化后冲洗废水；3—高速沉淀槽（5～15r/min）；4—淤渣
聚集槽（1～2r/min）；5—真空过滤机；6—Ca(OH)₂ 贮槽；7—FeCl₃ 贮槽；

8—备用有机类絮凝剂贮槽

6.4 对涂装中有害物质的防护

6.4.1 涂料、溶剂对人体的危害

涂料及溶剂通过人的呼吸道、皮肤、眼黏膜等器官影响人体内脏和神经系统，造成急性或慢性中毒现象。

涂料中的许多金属氧化物、金属盐类，例如含铅化合物红丹、铬黄等均对人体有害，表 6-9、表 6-10 列出了有关物质的允许浓度对人的中毒症状。

一些溶剂的允许浓度及中毒症状　　　　　　　　　　表 6-9

溶剂名称	允许浓度		中 毒 症 状
	mL/m³	mg/m³	
丙酮	1000	2400	对眼睛、皮肤有刺激，有麻醉性，可引起头痛
异丙醇	400	980	对黏膜有刺激，有麻醉性，可引起角膜炎
二甲苯	100	435	对皮肤、黏膜有刺激，可降低红血球和白血球，造成贫血
异丁醇	100		有麻醉性，使面部潮红
异戊醇	100		对黏膜有刺激，可引起头痛、恶心、晕眩
乙酸乙酯	400	1400	有弱麻醉性，对皮肤、黏膜有刺激
乙酸丁酯	150	710	对耳朵、眼睛有刺激，有麻醉性
甲苯	100	375	对造血机能有损害，可引起头痛、晕眩、咳嗽
乙酸丙酯	200		有弱麻醉性，可引起咳嗽、呼吸困难
乙酸戊酯	200		对眼睛有刺激，可引起头痛、晕眩、咳嗽
乙酸异丙酯	200		对眼睛有刺激，可引起头痛、晕眩
乙酸异丁酯	200		对眼睛有刺激，可引起结膜炎
乙酸异戊酯	100		对眼睛有刺激，可引起头痛、晕眩、恶心
甲醇	200	260	造成神经损害，可引起头痛、恶心、失明、抽搐
甲乙酮	200	590	有麻醉性，可刺激黏膜
甲异丁酮	100	410	可刺激黏膜
环己酮	100		可刺激黏膜，会引起贫血和消化不良
正丁醇	100		可使眼睛发炎，可增加红血球
环己醇	100		有麻醉性，对视力、心脏、肝脏有损害
叔丁醇	100		可使眼睛发炎，可增加红血球

劳动安全法中的有害物质对人体的影响　　　　　　　　表 6-10

有 害 物 质	人 体 部 位	有 害 物 质	人 体 部 位
甲酚	眼睛	石棉、白垩土	肺脏
丁醇	呼吸器官的黏膜、皮肤、眼睛	甲酚、甲苯、二甲苯、四氯乙烯	肝脏、血液

6.4.2 对甲醛危险的防护

（1）甲醛的分子式为 CH_2O 或 $HCHO$，水溶液又称福尔马林，是无色或略带黄色的透明液体，是一种易挥发的物质。

（2）空气中的游离甲醛，在涂料生产和涂装场所主要释放源为用作生产原材料的甲醛。在居室里甲醛的释放源有未释放完的含游离甲醛的涂料涂装的墙壁、家具，用脲醛、酚醛和三聚氰胺等合成树脂胶粘剂生产的刨花板、中密度纤维板、胶合板、细木工板、各种复合空心板等都会释放出游离甲醛。用上述板料做家具、装修房子，都将成为甲醛释放源污染环境。

为了保护环境，保护健康，国家已淘汰含游离甲醛的某些涂料，例如，106、107、803 内墙涂料和同类型的外墙涂料，在 GB 18580—2001 标准中对各种板材和甲醛释放量严格限制，见表 6-11。一些研究报告指出，对人而言，作为嗅觉界限，甲醛含量为 $0.15 \sim 0.3 mg/m^3$，作为刺激界限为 $0.3 \sim 0.9 mg/m^3$，若口服 15 毫升浓度为 35％ 的甲醛溶液，在大多数情况下足以使人致死。室内空气中甲醛浓度的限制值如下：

一类：据《居室空气中甲醛卫生标准》（GB/T 16127—1995）限制值 $0.08 mg/m^3$。

二类：据《旅店业卫生标准》（GB 9663—1996）限制值 $0.12 mg/m^3$。

各种板材甲醛释放量限制　　　　　　　　　　　　　表 6-11

产品名称	试验方法	限量值	使用范围	限量标志
中密度纤维板	穿孔萃取法	≤9mg/100g	可直接用于室内	E1
高密度纤维板		≤30mg/100g	必须饰面处理后	E2
刨花板、定向刨花板		≤30mg/100g	可允许用于室内	E2
胶合板、装饰单板贴	干燥器法	≤1.5mg/L	可直接用于室内	E1
贴面胶合板、细木工板		≤5.0mg/L	必须饰面处理后 可允许用于室内	E2
饰面人造板（包括浸纸层木质地板、实木地板）	气候箱法	≤0.12mg/m³	可直接用于室内	E1
复合地板、浸渍胶膜	干燥器法	≤1.5mg/L		

注：1. 表中 E1 可直接用于室内的人造板，E2 必须经过处理后用于室内的人造板。
　　2. 对酸固化氨基醇酸漆的游离甲醛必须低于 0.1g/kg（据 GB 18582—2001）。

（3）游离甲醛对人体危害的症状

当空气中含有少量游离甲醛时会引起眼睛刺痛、流泪；当甲醛浓度升高时，会出现咽喉痛痒、鼻痛胸闷、呼吸困难、软弱无力、头痛等症状。长期工作或生活在高浓度甲醛环境中，人会慢性中毒，可使消化道障碍、视力障碍、呼吸道黏膜及眼睛溃烂。

6.4.3 对挥发性有机化合物（VOC）的防护

（1）挥发性有机化合物（VOC）是指通常在 1 个大气压下，沸点（或初馏点）为 $50 \sim 250℃$，如环己酮、丙酮、醋酸丁脂、苯乙烯等。

（2）对人体的危害。在低浓度时，人有头痛、恶心、疲劳和腹痛等症状；浓度较高时，对人体神经产生严重刺激性，会造成抽搐、头晕、昏迷、瞳孔放大等症状，大量吸入丙酮蒸气后，眼和呼吸道出现刺激症状，伴有头痛、头晕、乏力等。苯、甲苯、二甲苯会使神经衰弱及自主神经功能紊乱，对骨髓的造血细胞引起损伤，使白细胞下降，苯的毒性最高，是甲苯、二甲苯的 8 倍，当空气中苯含量超过 0.0025％时，可以引起食欲不振、头痛、呕吐等症状，也可能导至血小板减少，白细胞异常增多以及红细胞减少，甚至引起白血病。生产车间空气中苯浓度超过 0.1％可以引起急性中毒，超过 0.2％时在短时内可出现强麻醉，甚至出现黄疸血尿症状，甲苯二异氰酸酯（TDI）会刺激人的呼吸道，诱发气管炎、哮喘等疾病，许多国家对有机化合物提出了限量（见表 6-12）。

室内装饰装修材料溶剂型木器涂料中有限物质限量表 表 6-12

项　　目	单　位	限　量　值		
挥发性有机物（VOC）①	g/L	硝基漆类 750	聚氨酯漆类 光泽（60℃）≥80，600 光泽（60℃）<80，700	醇酸漆类 550
苯②	％	0.5		
甲苯和二甲苯总和	％	45	40	10
游离甲苯二异氰酸酯（TDI）③	％	—	0.7	
重金属（限色漆）	mg/kg	可溶性铅 90	可溶性镉 75	可溶性铬 60	可溶性汞 60

注：1. 摘自《室内装饰装修材料溶剂型木器涂料中有害物质限量》（GB 18581—2001）。
　　2. 日本住宅 8 个月（不含甲醛）VOC 平均值 19.85$\mu g/m^3$。
　　3. 国际标准 VOC 平均值 20～50$\mu g/m^3$
　　① 表示按产品规定的配比和稀释比例混合后测定，如稀释剂的使用量为某一范围时，就按照推荐的最大稀释量稀释后进行测定。
　　② 表示如产品规定了稀释比例或产品由双组分或多组分组成时，应分别测定稀释剂和各组成分中的含量，再按产品规定的配比计算混合涂料中的总量，如稀释剂的使用量为某一范围时，应按照推荐的最大稀释剂量进行计算。
　　③ 表示如聚氨酯漆类规定了稀释比例或由双组分、多组分时，应先测定固化剂（含甲苯二异氰酸酯预聚物）中的含量，再按产品规定的配比计算综合后涂料中的含量，如稀释剂的使用量为某一范围时，应按照推荐的最小稀释剂量进行计算。

（3）建筑领域的低 VOC 涂装体系对策

建筑领域主要是对水泥墙体和其他材料进行涂漆。混凝土表面涂漆主要起装饰作用，都采用水性乳胶涂料，并依靠导入有机氟、有机硅、聚氨酯系树脂，赋予建筑涂料高耐候性、高耐久性、耐溶剂性和耐污染性。高性能建材涂料的用途正在扩大，而对于铝窗框、螺纹钢筋，电泳涂料占有重要地位。

此外，在防锈涂料方面，含有磷酸盐系等无公害防锈颜料并以环氧树脂为主体的乳胶涂料，已作为环境适应型水基防锈涂料被实用化。

高固体分和无溶剂型涂料在建筑领域也有相应的应用，聚氨酯、环氧无溶剂涂料仅用于地面，而高固体分涂料正在建筑物外壁、屋面和铁件上被逐渐使用。

建筑、建材领域的低 VOC 排放涂装体系的方案参见表 6-13 和表 6-14。

建筑领域的低 VOC 涂装体系参考方案 表 6-13

使用场所		材料种类	加工状态	底　漆	中　涂	面　漆
外部	外墙	混凝土、灰浆、板材	砖状、小波纹状	丙烯酸或环氧乳胶涂料	丙烯酸、环氧乳胶涂料或水泥、丙烯酸乳胶为主要材料	丙烯酸、交联性丙烯酸或氟系乳胶涂料
			砂壁状	丙烯酸乳胶涂料	丙烯酸乳胶为主要材料的涂料	
			平面磨砂，抹光加工	丙烯酸或环氧乳胶涂料		丙烯酸、交联性丙烯酸或氟系乳胶涂料
	屋面	水泥瓦	平滑加工	丙烯酸乳胶涂料		丙烯酸、交联性丙烯酸乳胶涂料

使用场所		材料种类	加工状态	底 漆	中 涂	面 漆
内部	地面	混凝土	平滑加工	丙烯酸、环氧乳胶涂料或无溶剂环氧涂料		丙烯酸、环氧乳胶涂料或无溶剂环氧、聚氨酯涂料
	钢筋铁门	金属		环氧乳胶涂料或醇酸、环氧、聚氨酯高固体分涂料	环氧乳胶涂料或醇酸、环氧、聚氨酯高固体分涂料	丙烯酸乳胶涂料或醇酸、丙烯酸、聚氨酯高固体分涂料

注：VOC指挥发性有机化合物。

建材领域的低 VOC 涂装体系参考方案　　　　表 6-14

使用场所	材料种类	底 漆	中 涂	面 漆
外墙无机建材	中空压力成型板、各种板材	丙烯酸、环氧乳胶涂料、光固化涂料	丙烯酸、交联性丙烯酸或氟系乳胶涂料、聚氨酯高固体分涂料	丙烯酸、交联性丙烯酸或氟系乳胶涂料、聚氨酯高固体分涂料
外墙金属建材	铝合金	丙烯酸电泳漆（主要方法）		
	铝、镀锌板	环氧高固体分涂料		
窗框	铝合金	丙烯酸电泳漆（主要方法）		
		环氧高固体分涂料	环氧高固体分涂料	聚氨酯高固体分涂料
屋面	水泥瓦	丙烯酸乳胶涂料	丙烯酸或交联性乳胶涂料	丙烯酸或交联性乳胶涂料
彩色钢板屋面（PCM）	镀锌板、不锈钢板①	环氧高固体分涂料		聚酯、聚氨酯、氟系高固体分涂料
建筑钢筋	钢筋	阴、阳极电泳漆	环氧高固体分涂料	聚氨酯高固体分涂料
		阴、阳极电泳漆 环氧改性水性浸漆 丙烯酸乳胶涂料		

注：① 回收溶剂，并作为燃料燃烧提供热量。

（4）钢铁结构件的低 VOC 重防腐涂装体系

对于大型钢结构构件、桥梁和其他装置，需要耐久的防腐蚀和装饰性，因而在重防腐蚀领域中利用水性化来削减溶剂，技术方面还存在很多问题。

使用醇酸、环氧、聚氨酯、改性环氧、氟树脂、氯化橡胶等涂料都是溶剂性色漆。现在，醇酸树脂涂料已高固体分化，改性环氧树脂、环氧树脂及聚氨酯已开发出高固体分型和无溶剂型涂料，它们的应用已有相当的增加。表 6-15 所示为在重防腐钢铁结构件领域中降低 VOC 对策的涂装方法。

低 VOC 重防腐涂装体系方案　　　　表 6-15

使用场所	材料种类	预涂底漆	中 涂	面 漆
桥梁、槽罐、其他钢结构	钢材	无机富锌、环氧富锌	环氧高固体分涂料	环氧、聚氨酯、氟系高固体分涂料
	铝、镀锌板、不锈钢板	乙烯基预涂底漆	环氧高固体分涂料	环氧、聚氨酯、氟系高固体分涂料
铁管	钢管	醇酸高固体分涂料、光固化涂料		
	铸铁管	环氧粉末涂料、丙烯酸乳胶涂料		

6.4.4 对铅、铬、镉、汞的防护

铅是质地较软的灰白色金属，铅的化合物有：

一氧化铅（密陀僧），黄红色

二氧化铅（PbO_2），褐色

三氧化二铅（黄丹），橙黄色

四氧化三铅（铅丹、红丹），鲜红色

铅白[$Pb(OH)_2$ $PbCO_3$]

铬酸铅（铬黄）

铅及其化合物以铅烟、铅尘形式通过呼吸道进入人体，因手和食物被污染而通过消化道进入人体，其症状为腹绞痛、贫血、麻痹、脑病、神经衰弱（头痛、头晕、失眠）、消化不良、食欲不振等。严禁用含铅涂料涂装儿童家具、玩具；在制造厨房家具时，应禁止使用含铅颜料、含铅玻璃等。

铬是银白色有光泽的硬金属，有强的抗腐蚀能力。常用于电镀、油漆颜料有：重铬酸钾、重铬酸钠、铬酸钾等。铬及其化合物主要以烟雾粉尘吸入体内，由皮肤及肠胃进入体内。其症状：引起鼻炎、咽炎、支气管炎等，长久接触会导致贫血、消瘦、消化系统障碍。

镉是可塑性金属，呈灰白色，常用于电镀、冶金并用于颜料（镉红、镉黄），镉的中毒症状有化学性肺炎，慢性中毒可发生蛋白尿、肺气肿。防护方法，工作场所注意通风，接触含镉颜料时，加强防护，长期接触含镉合金及颜料者，定期检查是否有蛋白尿。

汞俗称水银。工业上用于制造药物、催化剂、农药及颜料（大漆颜料辰砂即硫化汞），急性中毒症状有腐蚀性胃炎、气管炎、汞毒性肾炎、急性口腔炎；慢性中毒有乏力、头痛、失眠、急躁、易怒等神经症状及手指、舌、眼的汞毒性震颤与口腔炎等。防护措施是注意工业卫生，定期体检。

（1）GB 18584—2001 标准对铅、铬、镉、汞的限量规定

① 甲醛释放量≤1.5mg/L

② 重金属含量（限色漆），可溶性铅≤90，可溶性镉≤75，可溶性铬≤60，可溶性汞≤60（单位：mg/kg）

（2）GB 18582—2001 内墙涂料中有害物质限量，对铅、铬、镉、汞的限量规定

① 挥发性有机化合物（VOC）≤200g/L

② 游离甲醛≤0.1g/kg

③ 重金属：可溶性铅≤90mg/kg，可溶性镉≤75mg/kg，可溶性铬≤60mg/kg，可溶性汞≤60mg/kg

6.4.5 对异氰酸酯的防护

异氰酸酯类的总称，结构式用 R—N═C═O 表示，其作用是可改善塑料、织物、皮革等的防水性，并且是聚氨酯漆、聚氨酯泡沫塑料和聚氨酯胶粘剂生产中的重要原料。涂料中常用甲苯二异氰酸酯（TDI）、二苯甲烷二异氰酸酯（MDI）和苯二甲撑二异氰酸酯（XDI）等。

异氰酸酯蒸气有很大危害，可刺激眼黏膜而强烈催泪；吸入咽喉引起干咳、疼痛、长期吸入伤及肺部、呼吸困难，引发支气管炎和哮喘。

防护措施是戴口罩，通风换气，涂装后的工件要经过一定时间后再交付使用。

6.4.6 涂装的防毒措施

在涂装作业中，为了防止操作人员中毒，应采取如下措施：

(1) 涂装车间温度不低于15℃，相对湿度为30％～60％，清洁无尘，工场内有排气换气装置，确保空气中的蒸汽浓度低于最高允许浓度。

(2) 操作人员在调配漆和涂装作业时，必须戴口罩、防护帽、手套，穿工作服和皮鞋，或在必要时穿戴包括防毒面具在内的劳保服装，以防止吸入有毒溶剂，且避免皮肤接触涂料和溶剂。

(3) 操作人员穿戴的工作服必须是由不产生静电的混纺棉布制成的。

(4) 操作人员使用的防毒面具，要选择适合溶剂种类的吸收罐。防毒面具应个人专用。最好使用有空气导管的防毒面具，以便能把新鲜空气送到操作人员面部。

(5) 进行粉末涂装时，穿戴的工作服的袖口、襟部及裤腿均要扎紧，以防止粉尘进入而接触皮肤。

(6) 若发生涂料或溶剂溅到面部，特别是溅到眼中，应及时用水冲洗，而后马上到医疗部门处理。

(7) 衣柜位置要和涂装区分开，并应具有良好的密封性，以防止柜内个人衣物被污染。

(8) 涂装车间要常备急救药品，要公布医生所写的紧急处理条例。

(9) 涂装结束后清洗喷枪和工具时，应尽量不使涂料和溶剂接触皮肤。工作完毕后，要用温水和肥皂洗净手脸，并应经常淋浴。

6.4.7 涂装安全措施

(1) 涂装作业环境的检查，项目有以下几点：

① 消防器材的数量是否足量，其中的药品是否有效，是否对作业人员进行了消防器材正确使用的培训。

② 检查火灾自动报警系统的设施是否变形、破损和功能不良等。

③ 检查所有通风设备的出气口、防火挡板、防火钢丝网是否破损或堵塞。

④ 检查避雷针、防静电设施的导线是否破损、接地电阻是否合格、接地板附近有无堆放可燃性物质。

⑤ 对有关电气设备作上述检查时，要特别或时刻注意是否有部分发热和发出异味等现象，若发生上述现象，要及时处理，消除隐患。

(2) 涂装设备的检查，项目如下：

① 涂料储罐、管道有无泄漏，接地电阻是否合格。

② 涂料泵有无破损、变形、异常声音和泄漏情况。

③ 涂料压送罐有无泄漏，空气压力、电绝缘性或接地电阻是否正常。

④ 静电喷枪的绝缘状态是否良好，要经常去除喷嘴处的粘附物，特别要防止产生短

路火花。

⑤ 检查空气压缩机等往复运动机器的运转状态是否正常。

⑥ 检查喷漆间、排风管内有无残漆的粘附，抽排气的平衡；定期净化循环水和更换滤网。

⑦ 定期去除烘烤房内壁和保温隔热材料上的粘附物。

⑧ 定期去除排风扇风叶上的沾污物。检查电动机表面温度是否过高。

（3）与涂装有关的安全

① 高空作业：在高空进行涂装作业时，必须设置安全防护网；操作人员必须戴安全帽并系紧安全带，安全带的长度不小于 2.5m；工作面要有扶手和防滑措施。

在高空进行涂装作业的同时，无论其上方还下方，均不得进行焊接、切割或敲击等能产生火花的作业。

脚手架、梯子与地面的接触面积要大，有时需要增加与地面的摩阻装置；设置脚手架、梯子时要与地面呈 50°～70°角。

② 罐内作业：在罐内作业，除了要注意涂料溶剂蒸气的的浓度范围外，还要注意缺氧的问题。

在罐内作业时，要注意内部的充分清扫和通风，要经常检查其中的氧气浓度、有害物质浓度、有机溶剂的爆炸上下限浓度等，在确认无危险后方可进入操作。从罐内出来休息，然后再进入作业前，也要进行上述检查，确认安全后才可进入。

罐内操作人员的体温、工具和照明器材的发热、阳光的照射，均可使罐内温度的升高，从而引发罐内突发事故，应予以高度重视。

为防止意外危险，要及早发现异常现象，并派专人经常从外面监视罐内情况。

③ 静电喷涂作业：静电喷涂作业人员必须穿高压电绝缘工作皮鞋。喷涂时，应选用高压发生器安装在喷枪体内的喷枪，使用电压应控制在 9 万 V 以下，超过这个电压会对人体的健康不利，短路电流应控制在 $0.7\mu A$ 以下。

为了尽快消除静电荷，手工喷涂后，喷枪应立即接触接地导体，及时释放残留电荷。

被涂物与喷枪口之间的距离不要太近，一般应保持在 10cm 以上，以防止短路产生电火花。

6.5　涂装防火防爆

在第三节中谈了危险品等级及闪点要求。在表 6-16 所列参数是防火防爆的基础，在操作中应慎对危险品等级、闪点要求、爆炸极限、危险浓度和危险温度范围。

6.5.1　有机溶剂的特性（表 6-17）

部分涂料的爆炸极限 表 6-16

涂 料 名 称	爆炸极限（空气中）（体积分数，%）	涂 料 名 称	爆炸极限（空气中）（体积分数，%）
氯化橡胶防锈底漆	0.77～8.0	环氧沥青涂料	1.0～15.7
氯化橡胶面漆	0.77～8.0	环氧底漆	1.0～15.7
醇酸防锈底漆	0.77～8.0	环氧面漆	1.0～15.7
醇酸面漆	0.77～8.0		

注：涂料中的溶剂多数为混合溶剂，爆炸极限不能单独套用个别溶剂数据，日本、英国、丹麦等国家均提供了部分涂料爆炸极限。

一些溶剂的有关物理性质   表 6-17

溶剂名称	相对密度(20℃)(g/mL)	沸点(℃)	闪点(℃)	燃点(℃)	爆炸极限(空气中)(体积分数,%)	最高允许浓度(mg/m³)
甲苯	0.865	111	4～15	535	1.2～7	100
二甲苯	0.865	144	21～29	465	1.0～7	100
苯	0.879	80	约11	555	1.4～4.7	40
丙酮	0.791	56	−21～−9	540	2.5～13	400
甲乙酮	0.806	80	−7～4	505	1.8～12.6	
甲基异丁酮	0.802	117	14～28	460	1.7～15	
环己酮	0.948	156.7	43.6	510	1.1～9.4	50
乙酸乙酯	0.902	77	−5～7	460	2.2～11.5	300
乙酸丁酯	0.883	127	24～41	370	1.7～15	300
乙醇	0.791	78	7～21	425	3.28～19	1500
异丙醇	0.786	82	11～21	425	2.0～12	200
正丁醇	0.811	108	30～47	430	1.7～11	200
200 号溶剂汽油		160～200	19	230		
松节油	0.87～0.89		150～170		≥0.8	
四氯化碳	1.257	121				25
二氯乙烷	0.795	83.5				25
矿油精	0.707		30～41		0.77～6.7	
苯乙烯			31～40		1.1～6.1	

在密室中，如在储罐内进行涂装，其溶剂蒸气的浓度和温度在一定范围内会因一个极小的火星导致剧烈爆炸。表 6-18 列出了在密闭情况下溶剂的危险浓度范围和危险温度范围。

密闭室中溶剂的危险浓度范围和危险温度范围   表 6-18

品 名	爆炸下限浓度(体积分数,%)	爆炸上限浓度(体积分数,%)	危险温度范围(℃)
甲苯	1.4	6.7	4.4～39
二甲苯	1.0	6.0	27～64
丙酮	3.0	11.0	−19～4
乙酸乙酯	2.5	9.0	−4.4～21
乙酸丁酯	1.7	7.6	22.2～59
异丙醇	2.0	12.0	11.7～40
甲基异丁酮	1.4	7.5	−34～23.3
甲乙酮	1.2	10.6	−19.5～21.4

注：密室着火危险温度范围的下限为该物质的燃点。

6.5.2 发生火灾及爆炸事故的起因及预防

（1）气体爆炸

主要原因：操作场地换气不良，工场内充满溶剂蒸气达到爆炸极限；在涂装过程中形成的漆雾，有机溶剂蒸气或粉末涂料形成的粉尘等，当与空气混合，积聚到一定的浓度范围时，一旦接触到火源，极易引起火灾或爆炸事故。在室内，当可燃物质与空气混合，达到一定温度后，遇到火源，即发生突然闪光（闪光时的温度称为闪点）。

爆炸发生在密闭空间及通风不良的场合，易燃气体及粉尘积聚达到爆炸极限，遇到火源瞬间燃烧爆炸。当可燃气体过少，低于爆炸下限时，剩余空气可吸收爆炸点放出的热，不再扩散到其他部分而引起燃烧和爆炸；当可燃气体过多，超过爆炸上限时，混合气体内含氧不足，也不会引起爆炸，但对人体极为有害。可用爆炸极限（上限和下限）作为衡量爆炸危险等级的尺度。

（2）电气设备不良

当电气设备选用不当或出现损坏而未及时修理，如照明灯、电动机等防爆措施不当，产生火花，引起火灾或爆炸。

防爆防火措施：涂装场所的电气设备必须由专职电工进行安装维修。检修时必须停止涂装，并将涂料设备搬到安全地点，用非燃烧材料遮盖。电气检修人员应懂防火知识。油漆车间的电气设备必须符合防爆型要求；抽风机应用防爆型电机，抽风机叶轮应采用有色金属制作，杜绝黑色金属碰撞后产生火花。线路应穿管敷设，照明灯具必须使用防爆灯。油漆车间调漆房的电气闸刀、配电盘、断路器应安装在室外便于操作的地点。为了避免静电聚集，凡是喷漆设备均应安装静电接地装置。在静电喷漆时，从安全和质量出发，电压8～9万V为宜，喷枪和涂件距离，一般以250～300mm为宜，静电喷漆中若喷枪和工件距离太近就会放电、产生火花造成火灾。

在喷涂过程中及可燃气体充满油漆车间、工地、工棚时，电瓶车严禁驶入或驶出，以免形成火灾。

（3）静电、喷漆

不遵守操作规程，产生火花放电，造成气体爆炸和火灾。

（4）废漆、漆雾粒子、废抹布、棉纱

被涂料及溶剂污染的废抹布、废棉纱堆放在一起，保管不善，遇到火花，引发火灾。

（5）违反防火制度，交叉工作，明火操作引起火灾

有一钢结构房间，内部喷涂发泡塑料，充满溶剂蒸气，在围壁外面割焊，明火通过钢板点燃了内部可燃气体，引发大火。

6.5.3　防爆防火要点

（1）对涂料使用和堆放的要求

1）涂料和溶剂应贮存在干燥、阴凉、通风、隔热、无阳光直射的库房内，库房耐火等级应为一、二级，不可与普通物料混存，贮存库房30m内不许动用明火，不许吸烟，不许带入火种，应有严禁烟火的标志，不准穿铁钉鞋入内。

2）油漆库内必须搭设木架，油漆桶放在木架上，保证稳固，不因碰撞产生火星，重量大的油漆桶放在地面上时，应将桶底垫高10cm以上，使之通风，并应装降温设备。

（2）消防要求

① 有条件的油漆车间，应安装自动喷水灭火设备；

② 油漆车间调漆房、烘房、仓库必须配置足够数量的泡沫、干粉灭火器和干沙、石棉毯等。

③ 每个油漆工必须具备防火和灭火知识，懂得灭火设备的正确使用。例如：泡沫式适用于液体溶剂、涂料类灭火，1211灭火机适用于油类有机溶剂、高压电器设备等灭火。酸碱式、二氧化碳、四氯化碳适用于电器灭火；干粉灭火（以 CO_2 作为喷射动力）用于扑救涂料类、可燃气体、电器设备、精密仪器的失火。

④ 涂料仓库和涂装车间必须安装接地电阻小于 10Ω 的避雷针，避雷针导线接地处附近不许堆放杂物。

⑤ 涂装车间空气中溶剂的浓度，必须控制在爆炸极限下限以下 25%，粉尘浓度控制在 $20\sim30g/m^3$ 以下。

7 金属腐蚀的原理与防护方法

7.1 金属腐蚀原理

金属腐蚀的主要原因是：发生化学作用或电化学作用引起破坏。化学腐蚀是非电解质接触发生作用引起腐蚀，例如金属与氧气、氯气、二氧化碳、硫化氢等干燥气体或汽油、润滑油接触导致腐蚀。电化学腐蚀是电化学作用引起的腐蚀，例如金属与液态介质，如水溶液、潮湿的气体或电解质溶液接触时就会产生原电池作用（即电化学作用）。

7.1.1 "电动序"原理

图 7-1 是简单的铜锌原电池装置。在盛有稀硫酸的玻璃缸中插入一块铜片和一块锌

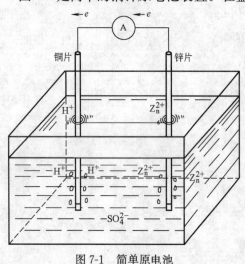

图 7-1　简单原电池

片，在稀硫酸作用下，铜片上会产生许多气泡（氢气），持续一段时间，锌片被腐蚀，在溶液中含有锌离子，锌片与铜片用导线连接并在中间设一电流计，可以看到指针偏转，有电流通过，可以说明原电池是一种把化学能直接转变为电能的装置。

在中学化学教科书中谈到，金属依靠其化学活动性的强弱来排列（叫做电动序）：钾、钙、镁、铝、锌、铁、镍、锡、铅、铜。排列在前面的金属，化学活泼性强，从原子结构看，其最外一层轨道的电子少，容易放出电子，成为阳极；而位于后面的金属，原子最外一层的电子多，容易吸收活泼金属飞来的电子，形成 8 个电子，成为阴极。利用这一原理，当钢结构处在海水电解质中，用锌板保护钢结构。富锌底漆，铝粉漆等涂料均是利用上述原理。

7.1.2 原电池原理

金属材料物品与水或潮湿的空气相接触时，大部分腐蚀是电化学作用。当两种不同金属在与水膜相接触时，就构成一个原电池，其中较活泼的金属为阳极而被腐蚀。

图 7-2 是铁铆钉铆在铜板上的腐蚀图，因为空气中含有水蒸气和二氧化硫气体，当二氧化硫溶入水膜后就成为稀硫酸，工件表面覆盖着一层极薄的导电水膜，形成原电池，铁铆钉失去电子变成铁离子进入溶液，和水中的氢氧根离子结合生成氢氧化亚铁，附着在铁的表面，氢氧化亚铁被空气中的氧化合，就成为铁锈（含水氧化铁），水中的氢离子获得

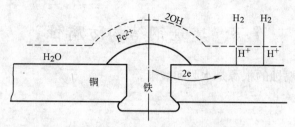

图 7-2 铁铆钉在铜板上的腐蚀图解

电子后，变成氢气在铜阴极上释出。

即使是单独的金属构件，与水或潮湿泥土相接触，也同样会发生电化学腐蚀，因为钢材中含有各种杂质，普通钢是铁碳合金，钢中含有 Fe_3C 和其他杂质，当和潮湿的空气、酸雨相接触时，在金属内部形成无数个微电池，其中 Fe_3C 为阴极，铁为阳极，就产生钢铁腐蚀电流。当这些微电池处于酸雨水膜中时，会加速金属的腐蚀。

7.2 杂散电流腐蚀

何谓杂散电流？设计或规定的回路以外流动的电流称杂散电流，一旦流入埋地金属体，再从埋地金属体流出，进入大地或水中，则在电流流出部位发生剧烈的腐蚀，电流流出部位成为阳极（图 7-3），通常把这种腐蚀称作杂散电流干扰腐蚀（简称电蚀）。特别是长输带有覆盖层的埋地金属管道，当覆盖层局部破损时，杂散电流集中于破损的局部，造成激烈而惊人的腐蚀，15mm 厚管壁一年就被腐蚀穿孔。

实践证明，直流电气化铁路造成的杂散电流，对埋地金属管道影响最普遍和最严重，假定土壤介质是均匀的，其电流分布也是相对均匀的，那么导电良好的埋地金属管道在电场的作用下将有电流流动，其密度（J_1）和土壤中的电流密度（J_0）有着下列关系：

$$\frac{J_1}{J_0}=\frac{R_0}{R_1}=\frac{4\rho_0\delta}{D\cdot\rho_1}$$

式中　R_0——土壤电阻；

　　　R_1——管道金属电阻；

　　　ρ_0——土壤电阻率；

　　　ρ_1——管道电阻率；

　　　δ——管壁厚度；

　　　D——管道直径。

若土壤电阻率 $\rho_0=5000\Omega\cdot cm$，钢的电阻率 $\rho_1=1.5\times10^{-5}\Omega\cdot cm$，那么管道上的电流密度要比土壤中的电流密度大 10^7 倍，可以看出，大部分电流已不在土壤中流动，而是沿着管道流动。进行埋地管道设计时，必须进行现场调查和一系列的测定作业，并依据调查和测定结果，采取防护措施，例如排流保护、电屏蔽法和牺牲阳极等。

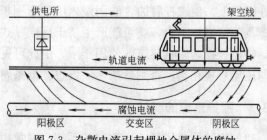

图 7-3 杂散电流引起埋地金属体的腐蚀

7.3 建筑钢结构防腐蚀

造成建筑钢结构腐蚀的根源是水膜和酸雨。

7.3.1 水膜

建筑钢结构屋面漏水已是一个普遍现象，特别是压型彩钢板屋盖，漏水原因是搭接接头两板不密贴，搭接长度太短；自钻螺钉安装不妥，头部垫圈与彩板不密贴、螺钉抗腐蚀性能差、腐蚀生锈而漏水；螺钉烂断、结构解体。钢结构房屋的特点是由于室内外温差而在室内产生结露，形成水膜，金属表面上的水膜厚度 $1\mu m$ 时，腐蚀速度最快，腐蚀最严重（图 7-4）。

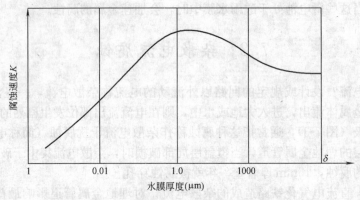

图 7-4 腐蚀速度与水膜厚度的关系

7.3.2 酸雨

工业大气、海洋大气和农村大气中海洋大气腐蚀性最强，海边城市钢窗、自行车钢圈特别容易腐蚀就是受海洋大气侵蚀的结果，钢的海岸腐蚀比在沙漠中快 400～500 倍，离海岸 24m，钢试样比离海岸 240m 腐蚀快 12 倍。

工业大气污染严重，含有大量腐蚀性气体 SO_2、CO_2，比沙漠地区大气腐蚀速度快 50～100 倍，工业大气溶入水汽、雨滴中就成为酸雨，这是所有建筑共同经历的酸雨，冶炼厂（炼钢、大电炉、大连铸、轧钢、高炉、炼铁、铸钢、翻砂）以及焊接车间、化工厂、炼油厂工业大气中含有 SO_2、CO_2、NO_2、Cl_2、H_2S、及 NH_3，其中 SO_2 影响最大，Cl_2会破坏金属钝化膜。这些气体溶于结露中成为酸雨，侵入板缝直达螺杆或沿压型彩板，挂流在螺杆上，使螺杆腐蚀，酸雨侵入压型彩钢板与檩条或支架的夹层内，平时无法保养，若檩条防腐措施不力，就可能产生"千层糕"式的严重腐蚀，由于锈蚀膨胀，使接缝鼓起来，甚至破损，影响建筑的使用年限。由此可见，檩条的防腐蚀不容忽视，其使用年限必须与压型彩板相当，否则后果不堪设想。檩条腐蚀如图 7-5 所示。

7.3.3 围护系统的腐蚀

建筑钢结构房屋的四周称围护系统，通常用压型彩钢板或幕墙构筑。经受腐蚀气体溶入结露而成酸雨的侵袭，如图7-6所示，结露或酸雨顺着墙面压型板流至墙架，该处靠近地坪，本身比较潮湿，容易造成腐蚀。

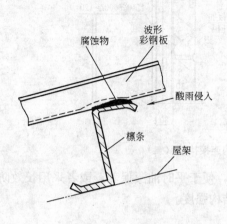

图7-5 檩条与彩钢板夹层内的腐蚀

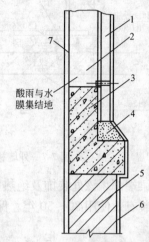

图7-6 矮墙与墙面连接图

1—墙面压型板；2—墙架；3—C20混凝土；4—砂浆；
5—矮砖墙；6—面砖或防水涂料；7—装饰板

多层建筑钢结构墙板与主体结构连接构造如图7-7所示，也易被水膜及酸雨腐蚀。
(a) L50×6、(b) φ12钩头螺栓、(c) I10、L50×6等外墙连接件易被水膜及酸雨腐蚀，应作重防腐蚀措施。水膜及酸雨会沿着钢柱流至横梁端，若作为住室，生活水会沿着

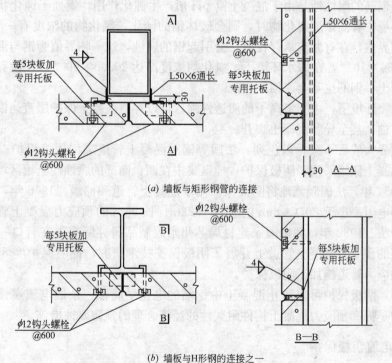

(a) 墙板与矩形钢管的连接

(b) 墙板与H形钢的连接之一

图7-7 外墙板横装与主体结构连接构造（一）

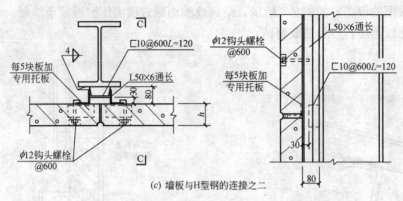

(c) 墙板与H型钢的连接之二

图 7-7 外墙板横装与主体结构连接构造（二）

地板流向横梁端部，该处装饰及绝热应作成敞开式，便于平时油漆保养，或者采用长效防护，一次涂装有效使用 30～50 年。保护梁柱主体结构强度。

7.4 常用的防护方法

21 世纪是向海洋进军的世纪，海上石油平台、钢桩、海底油管等建筑等会不断增多。船舶使用牺牲阳极保护和外界电流保护最早，可借鉴船舶经验，将保护方法逐步应用到陆上地下管道、油罐等建筑的防护。

7.4.1 牺牲阳极阴极保护法（又称可溶性阳极阴极保护法）

混凝土中钢筋的耐蚀性是由于混凝土高 pH 值产生钝化作用，钢处于钝化状态，阻止了腐蚀。当环境中有高浓度氯化物时，则会破坏钢的钝化，氯化物的浓度有一个临界值，当超过这个临界值，在有游离氧存在时，会引起钢的腐蚀，这一临界值为钢与混凝土界面氯离子浓度 700×10^{-6}，在海水环境下，氯化物浓度高达 20000×10^{-6}，在没有游离氧的条件下，混凝土中钢筋也不会腐蚀。

在高氯化物环境下，由于氯离子的渗透性强，可以穿透混凝土保护层直达混凝土中的钢筋，造成腐蚀，甚至导致混凝土裂开。

第二次世界大战后不久，以色列、法国等国对混凝土管道采用阴极保护；美国对管道、桥梁和混凝土储罐采用了阴极保护；地区集中在西、南部的腐蚀性土壤区域和滨海地区。1946～1954 年，法国频繁地将阴极保护用于混凝土管道和储罐。1976 年，澳大利亚对铺设在土壤电阻率小于 $30\Omega \cdot mm$ 的直径 1.22m、长 9km 的预应力混凝土管道，采用牺牲阳极保护法。1982 年，我国国家建材局苏州水泥制品研究所率先在营口一条穿越盐田，且已爆裂的预应力混凝土管道上开展了阴极保护技术研究，证明保护度 83.8%。从此，我国对预应力管道施加了阴极保护。

实践证明，阴极保护可以防止混凝土中钢筋的电化学腐蚀、杂散电流腐蚀、应力腐蚀阴极保护是提高预应力混凝土构件耐久性的经济合理的预防腐蚀措施。

7.4.2 外界电流阴极保护

外界电流阴极保护又称强制电流阴极保护，是通过外部的直流电源向被保护金属结构通以阴极电流使之阴极化实现保护的一种方法，它有三个组成部分：极化电源、辅助阳极、被保护的阴极。电源设备是阴极保护的。

7.4.3 金属喷涂法

大型、高耸钢结构如电视发射器、钢桥、大型闸门等建筑钢结构已广泛采用热喷锌、喷铝技术结合涂装构成长效防腐结构，使用寿命可达 20～30 年，减少平时维修，可节省大量维修费。

金属锌和铝均具有优越的耐大气腐蚀特性，铝、锌对钢铁来说是负电位，形成牺牲阳极保护作用，另外涂层中金属微粒表面形成致密的氧化膜，起到防腐蚀作用。

7.4.3.1 喷涂前工件表面状况和要求

（1）喷涂前工件表面状况

喷涂前，工件表面应该是干燥的，无灰尘、油脂、污垢、锈斑及其他包括可溶性盐类在内的污染。

（2）粗糙度的检验

在所有的场合下，都要用参比样片对照检验喷砂处理后工件表面的粗糙度。参比样片的材质应与工件一致，并按供需双方协商的要求制备。

（3）喷砂处理用磨料

除非另有规定，下述磨料可用于工件表面的喷砂处理：冷硬低磷铸铁砂和刚玉砂。在某些场合下，如不违犯有关安全和环保规定，经双方协商亦可选用其他磨料，但应达到足够的粗糙度，以保证涂层的结合强度。

（4）磨料粒度

磨料粒度一般为 0.5～1.5mm。

（5）喷砂处理用磨料和空气

磨料应该清洁、干燥，特别是应无油污和可溶性盐类。用于喷砂处理的压缩空气也应清洁、干燥，以免污染磨料和工件表面。

（6）工件表面清洁度

喷砂处理后，工件表面的清洁度应采用 GB 8923—88 中的"Sa3"级图片对照检验。

7.4.3.2 喷涂材料

喷涂用金属材料应符合下列要求：

锌应符合 GB 470—83 中的 Zn-1 的质量要求，Zn 的含量≥99.99%，熔点 419℃，密度 7.14g/cm^3，结合强度 5.9N/mm^2。

铝应符合 GB 3190—82 中的 L2 的质量要求，Al 的含量≥99.5%，熔点 660℃，密度 2.72g/cm^3，结合强度 9.8 N/mm^2。

锌合金中锌的成分应符合 GB 470—83 中 Zn-1 的质量要求，即 Zn 99.99；铝的成分应符合 GB 3190—82 中 L1 的质量要求，即 Al 99.7。除非另有规定，合金中金属的允许偏差量为规定值的±1%。也可选用不同比例的锌铝合金，例如 87%Zn-13%Al 到 65%Zn-35%Al（典型的锌铝合金是 85%Zn-15%Al）。同时应当使用相应的合金代号。

铝合金可以使用 GB 3190—82 中的 LF5，即含 5%Mg 的铝合金，其代号为 Al-Mg5 或 GB 3190；LF5。

7.4.3.3 热喷涂工艺

热喷涂应在工件表面喷砂后尽快进行，在喷涂过程中，工件表面应一直保持清洁、干燥和无肉眼可见的氧化。

（1）待喷涂的时间

根据地域情况应尽可能短，最长不超过 4h。

（2）喷涂的环境温度

当待喷涂工件表面处在凝露状态下时，不能进行喷涂。待喷工件表面的温度应保护在露点以上，且至少比露点温度高 3℃以上才能进行喷涂。

（3）涂层缺陷

若喷涂时发现涂层外观有明显的缺陷应立即停止喷涂。对于缺陷部位必须重新进行喷砂预处理。

（4）封闭或涂装

1）封孔

对金属涂层进行封孔，其目的是尽可能地将涂层孔隙堵住，并填平其凹坑，以延长涂层的使用寿命。

2）自然封闭

金属涂层暴露在正常环境中，通过金属涂层的自然氧化而使孔隙封闭，其前提条件是，所生成的氧化物、氢氧化物和（或）碱性盐在该环境中不会溶解。

3）人工封闭

通过使金属涂层表面化学转化（磷化、活性涂料涂装等）或选用适当的涂料体系进行封孔，而实现人工封闭处理。

4）涂装

为了美观或延长防护体系的使用寿命，可对已封闭或未封闭的金属涂层进行涂装。

5）自然封闭后不推荐涂装。

6）相容性

无论金属涂层封闭与否，涂装体系都应与金属涂层或封闭剂有相容性，便于保养且能持久地保持耐工况环境的要求。

7.4.3.4 喷锌、喷铝工艺

现主要有火焰喷涂法和电弧喷涂法，目前常用电弧等离子弧喷涂法。

火焰喷涂是采用氧-乙炔焰喷涂，喷涂前对钢材表面喷砂除锈，达到 Sa2.5 级标准，应用 SGP-1 型高速喷枪，工艺参数见表 7-1。

火焰喷涂工艺参数　　　　　　　　　　　　　　　　　表 7-1

工 艺 参 数			调节范围	工艺参数	调节范围
氧气	压力	MPa	0.4～0.5	空气压力 MPa	0.5～0.6
	流量	L/h	800～900	喷涂距离 mm	100～150
乙炔	压力	MPa	0.07～0.09	喷涂角度（°）	60～90
	流量	L/h	700～800		

电弧喷涂（如图 7-8 所示），是用两根丝状金属喷涂材料，在喷枪端部形成短路产生电弧热源，将金属丝熔化并用压缩空气流使其雾化呈微熔滴，高速喷射到工件表面，形成喷涂层。

电弧喷涂有如下特点：

（1）性能优异：结合强度是火焰喷涂的 3 倍，效率高，比火焰喷涂效率高 2～6 倍。

（2）节约能源：能源利用率为火焰喷涂的 4.3 倍，几种热喷涂方法的能源利用

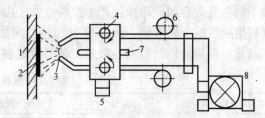

图 7-8　电弧喷涂示意图

1—基体；2—涂层；3—电弧；4—导丝轮；
5—电机；6—丝材；7—压缩空气；8—电源

率：火焰喷涂能源利用率 13％；等离子喷涂能源利用率 12％；电弧喷涂能源利用率 57％。

（3）防腐蚀年限：可达 30 年以上，是火焰喷涂的 2～5 倍；是玻璃钢喷涂的 2～3 倍。

（4）经济性好，费用是火焰喷涂的 1/10，设备投资是等离子喷涂设备的 1/10 以下。

（5）安全性高。仅使用电和压缩空气，不使用氧-乙炔焰。

电弧喷涂的设备技术参数及工艺参数见表 7-2、表 7-3。

电弧喷涂设备技术参数　　　　　　　　　　　　　　表 7-2

型号	喷涂工艺参数						适合用途
	电压(V)	功率(kW)	输出电流(A)	输出电压(V)	丝材直径(mm)	喷漆速度(kg/h)	
CMD-AS1620	380	15	0～300	20～38	1.6～2.0	25(喷锌)	修复工具、装饰、防腐
CMD-AS3000	380	15	0～300	27～38	3.0	30(喷锌)	大面积长效防腐现场喷涂锌、铝、不锈钢
CMD-AS6000	380	25	0～800	27～40	3.0	65(喷锌)	大批量喷涂作业、液化气罐、钢桥表面喷涂铝、锌

注：1. 电压 380V。

　　2. 北京新迪表面技术工程有限公司的产品和技术。

电弧喷锌、喷铝工艺参数　　　　　　　　　　　　　表 7-3

工艺参数	喷　锌	喷　铝
电弧电压(V)	20～24	24～30
电弧电流(A)	50～300	100～300
丝材直径(mm)	0.6　　2.0　　3.0	0.6　　2.0　　3.0
喷涂速度(kg/h)	6～25	6～19
喷涂移运速度(mm/mm)	10～20	10～20
雾化空气压力(MPa)	0.4～0.6	0.5～0.6
喷涂角度(°)	＞60	＞60
喷涂距离(mm)	120～200	150～220
每层厚度(μm)	20～50	20～50

注：喷锌层厚度 150～200μm，结合强度 5.9N/mm²；喷铝层厚度 150～200μm，结合强度大于 9.8N/mm²。

QDⅡ-250 型高速电弧喷涂枪，是一种高效率、低能耗的高新技术产品，是利用二根带不同电荷的金属丝碰撞，产生短路电弧。由电弧产生高热能融化金属丝，然后用高压空气将熔融状的金属雾化，加速喷射到经过预处理的工件表面，获得金属涂层。QDⅡ-250型高速电弧喷涂枪的技术参数及工艺参数见表 7-4、表 7-5。

QDⅡ-250 型喷枪技术参数   表 7-4

喷枪重量(kg)2.65	粒子飞行速度(m/s)>420
空气压力(MPa)>0.5	轴向气流速度(m/s)>600
空气消耗量(m³/min)>1.85	涂层沉积率(%)>75
送丝引力(kg)>8	电源:ZPG-400 型电弧电源 690×500×700
调速范围　无级调速	重:179kg
输入电压(直流)V<24	控制箱:型号Ⅱ-250 电弧喷涂控制箱 400mm×300mm×220mm

注：控制箱：工作电流≤250A，输入电源 V/Hz：220/50，调速电压 0～24V。
用途：大型钢结构大面积长效防腐喷涂铝（锌）。

QDⅡ-250 型喷枪使用工艺参数   表 7-5

喷涂材料	线材规格直径(mm)	常用工作电源(A)	空载电压(V)	选用空气帽口径(mm)	最大喷涂效率(kg/h)
锌丝(Zn)	2.0～3.0	120～210	20～30	7～8	16～30
铝丝(Al)	2.0～3.0	130～240	25～38		5.2～9.5
高碳钢丝	2.0	150～220	40～44	8	4.0～5.5
不锈钢丝	2.0	150～220	40～44		4.0～5.5
铜丝	2.0	150～200	35～40	7～8	3.5～6.0
锌铝、铅锡合金丝	1.2～2.0	80～110	18～28	7	

注：摘自上海新业喷涂机械有限公司产品样本。

8 重防腐蚀涂料与涂装

8.1 重防腐蚀涂料

8.1.1 重防腐蚀涂层的构成

钢结构工程向大型、高耸化发展，追求平时维修次数少，全寿命周期费用省、总体使用年限长，使用功能高。普通涂层已不能满足其要求，因而对重防腐蚀涂料和涂装工艺提出了专门的要求，迅速发展了重防腐蚀涂料与涂装工艺。

重防腐蚀涂层由高性能的底漆、厚浆型中涂及面漆构成复合涂层。

底漆采用富锌涂料，给予阴极保护作用；中涂采用厚浆型涂料、云母氧化铁或玻璃鳞片涂料，给予良好屏蔽性；面漆采用耐水、耐化学性和耐候性优良的高固体分涂料。涂层总厚度在 $250\mu m$ 以上，最高达 2mm，在恶劣环境气氛中，使用寿命至少在 $20\sim30$ 年，超重防腐蚀涂层要求达到 $50\sim100$ 年。

一般涂层的总厚度在 $100\sim150\mu m$，涂层中最小孔隙为 1nm，由于腐蚀物质 O_2 或 H_2O 分子的直径在 0.1nm，对普通涂层来说，透过涂层的 O_2 和 H_2O 量与钢铁腐蚀需要量相当，涂层寿命就短，最高约 $8\sim10$ 年。

由于涂层寿命与涂层厚度的平方成正比，提高涂层厚度能显著增加涂层和隔离能力，是提高涂层寿命的有效手段，因此重防腐蚀涂层厚度都在 $250\sim500\mu m$。

随着近年来科学技术和国民经济的飞跃发展，促进了防腐技术水平的提高，例如热喷锌（铝）、热浸锌、新型无机富锌涂料、氟碳涂料以及锌加镀锌系统等可以按其特性，科学组合，形成长效防腐涂料。

从施工和应用实践中，意识到使用长效防腐涂料势在必行，例如某著名跨江大桥，施工时用的是普通涂料，使用年限五年，每隔五年花上千万元重涂一次，国际上通常认为，临海区钢桥涂层的使用寿命应达到 15 年，而内陆地区则要求达到 20 年，这是有科学根据的，我国长效防腐涂料已经可以达到 30 年。据说该桥不采用长效防腐涂料是出于节约市政建设经费，其实五年重涂一次，累计费用并不省。

8.1.2 重防腐蚀涂料种类

重防腐蚀涂料按涂层结构分为富锌底漆、厚浆型中涂及耐候性面漆。

8.1.2.1 富锌底漆

富锌涂料是比较常用的底漆，它由大量微细锌粉和基料配制而成，与钢铁基体直接接触，形成涂膜后，锌粉之间保持彼此接触而有导电性，起阴极保护作用。在涂层破损时，阴极保护作用能使"裸露"的基材表面免遭腐蚀。干膜中锌粉质量分数在 90% 时导电性最高，但实际在80%时有最好的防锈性能。

富锌涂料有无机和有机两种。

在电解质溶液中锌原子容易失去电子变成阳极，钢铁为阴极。在阳极区由于锌失去电子被腐蚀掉，在阴极区，钢铁表面不断得到电子受到保护，其反应过程如下：

$$Z_m \longrightarrow Zn^{2+} + 2e$$
$$Fe^{2+} + 2e \longrightarrow Fe$$

（1）有机富锌涂料

有机富锌涂料以合成树脂为成膜物，加入超细锌粉、溶剂、固化剂等组成，常温固化，施工方便，漆膜附着力强。使用温度100~120℃，不影响金属焊接。

1）有机富锌涂料是在防腐工程上应用最广的底漆，常与环氧涂料、氯化橡胶涂料、环氧沥青涂料、聚氨脂涂料和乙烯酯涂料配套使用。如"环氧富锌底漆＋环氧云铁漆＋氯化橡胶面漆"构成重防腐蚀涂料配套体系，使用寿命7~15年，因此国内外造船行业、海洋采油设施、热力管道、桥梁、石化设备及高架铁塔等钢结构工程广泛采用富锌涂料防腐。H06-4环氧富锌涂料属于有基富锌涂料（见表8-1）。

H06-4 环氧富锌涂料配方和性能　　　　　　　　　　　　　　表 8-1

一组分	环氧树酯E44与二甲苯、丁醇(7：3)配成60%溶液，质量比：20：1	外观：平整无光灰色
		黏度：涂-4杯,25℃,S 20~40
		细度≤100μm
二组分	聚酰胺650号树脂与二甲苯丁醇(7：3)配成60%溶液,质量比：8：1	干燥时间(25℃)：表干1h,实干24h
		冲击强度：50kg·cm
		附着力：2级
三组分	超细锌粉(320♯)	使用量：0.20~0.25kg/m²

2）使用效果实例

① 炼油厂球罐、油槽及化工设备

底漆：环氧富锌底漆　　　　　　　总厚度250~300μm，使用8~10年。
面漆：环氧导静电涂料

② 南通农药厂50m³盐水槽、三氯乙醛氯化塔、废硫酸贮槽。涂料用H06-4环氧富锌底漆，氯化橡胶面漆，三道总厚度200~300μm，防腐蚀效果良好。

（2）无机富锌涂料

无机富锌涂料一般以水玻璃、硅酸乙酯、磷酸盐等为成膜剂，应用最广的硅酸乙酯富锌底漆。

高科牌水性无机富锌涂料是一种新型、长效的钢铁防腐蚀涂料，可用作重防腐底漆，也可作为热喷锌、热喷铝防腐层的封闭用漆。适用于大型钢结构、桥梁、海上平台、港口机械、水工设备、塔架、管道及贮罐；也适用于建筑钢结构，如机场航站楼钢结构、会展中心钢结构、体育场馆钢结构、大型厂房钢结构等。

1）高科牌LS系列水性无机富锌涂料的长效防腐机理

① 涂层干膜中含锌量达90%。锌在电化学腐蚀过程中对钢材起阴极保护作用。涂层中粘结剂在干燥过程中脱水形成坚硬的二氧化硅网状结构，在自然界几乎不会老化（类似陶瓷、水晶、石英砂）。由于高科牌LS系列水性无机富锌涂料的粘结剂不同于传统的水

玻璃，而采用自主开发的新型水性无机粘结剂，能形成较其他水性（或醇溶性）无机富锌涂料更完整、更致密的二氧化硅网状结构，因而对钢材的防腐蚀效果更持久。

② 锌粉颗粒填充在坚固的二氧化硅网状结构中，随着锌粉对钢材阴极保护作用的发挥，锌粉被逐渐消耗，锌粉向氧化锌→氢氧化锌→碱式碳酸锌（一种不溶于水的十分稳定的无机盐）方向转变。由于碱式碳酸锌的体积大于锌粉，使水性无机富锌涂层原有的缺陷（如针孔、裂缝等）逐渐被充填，使涂层愈来愈致密，进一步防止腐蚀介质渗入，形成后期长效屏蔽能力。

③ 高科牌 LS 系列水性无机富锌涂料的无机粘结剂具有极强的化学活性，在钢铁与涂层的结合面上与钢铁、锌粉发生化学反应形成致密的钝化层，钝化层与钢铁基面以化学键牢固地结合在一起，既增加附着力，又起到良好的钝化防锈作用。

2）高科牌 LS 系列水性无机富锌涂料特性

① 超强的防锈能力：经上海市化工产品质量监督检测中心强化试验，耐人工老化试验 10000h，耐盐雾试验 10000h，涂料防锈能力的强弱主要取决于耐盐雾时间的长短，耐盐雾时间越长，防锈能力就越强，50 年的防腐年限是钢结构长效防腐的重要保证。

② 安全环保：生产和施工中无挥发性有机物（零 VOC），无毒，不燃不爆，深受长期处于恶劣环境中的施工人员的欢迎。

③ 独特的带漆焊接性能：经检测，在涂层厚度 $100\mu m$ 的情况下，仍可带漆焊接，而不影响涂层和焊缝的质量。既方便了施工，又保证了质量。

④ 良好的早期耐水性能：涂层表干后 2h 即可淋雨，在实际施工中，发挥着重要的作用，为工程节约了时间，降低了成本。

⑤ 高性价比：防腐能力超强，而价格只是国内普通防腐涂料的水平，其性价比是国内常用防腐涂料的二至十倍。

⑥ 耐高温，抗静电，长期耐油、水、有机溶剂。

⑦ 与多种面漆适配性好。

3）常用配套涂料（表 8-2）

水性无机富锌涂料常用配套涂料　　　　　　表 8-2

名　　称	性　　能	层　　次	作　　用	厚度(μm)
环氧树脂封闭漆	有优良的附着力，良好的耐水性，较好的耐候性	涂在富锌底漆之上	封闭底漆	30～40
环氧云铁中间漆	优良的致密性、附着力强、良好的耐水性、耐磨性、较好的配套性	中间层过渡层	过渡	30～100
氯化橡胶面漆	良好的耐候性、耐水性、耐酸、碱性、干燥性	面漆		60～100
环氧面漆	优良的耐碱性、耐磨性、良好的耐水性、耐油性、耐盐水性	室内钢结构面漆		80～120
可复涂脂肪族聚氨酯面漆	优良的耐候性、保色度和高光泽度、良好的耐湿性、耐磨性、耐化学品性	室内、外钢结构保护面漆		70～80

注：1. 用于长效装饰性面漆，可采用有机硅改性聚氨酯或丙烯酸和常温固化氟碳涂料。

2. 本涂料一般可与环氧、乙烯、氯化橡胶、聚氨酯及防火涂料等配套使用。

3. 本涂料一般不可与天然树脂、油性醇酸、油性酚醛等易皂化涂料配套使用，如以上述涂料作为配套面漆，可用环氧云铁作为中间过渡层。

4. 在本涂层上涂刷中间漆或配套面漆的最短复涂间隔为 24h（具体根据环境情况而定）。

4）高科牌 LS 系列水性无机富锌涂料技术参数（表 8-3）

高科牌 LS 系列水性无机富锌涂料技术参数　　　　表 8-3

项目	技 术 参 数
产品特性	本品是以新型的水性无机粘结剂、超细锌粉及各种助剂组成的双组分水性涂料。涂料不燃不爆、无毒无味。涂膜具有优异的电化学防腐性能，无毒无味，坚硬耐磨，耐高温、低温，耐油、耐各种有机溶剂，耐候性好，适用于 pH 值为 5.5～9.5 的酸碱环境。钢材带涂层可焊可割，涂层柔韧性优于一般无机富锌涂料
涂装环境	环境温度为 5～40℃，空气相对湿度不超过 85％，工件表面温度高于露点温度 3℃ 以上
涂膜厚度	本涂料作为底漆使用，推荐干膜厚度 70～100μm，本涂料作为热喷锌，热喷铝的封闭涂料时，推荐干膜厚度为 40～50μm，本涂料单涂最高干膜厚度不得大于 100μm
涂层配套	本涂料可与环氧、乙烯、氯化橡胶、聚氨酯等树脂涂料配套使用
施工方法	无气喷涂、有气喷涂、刷涂
表面处理	所有需涂装的钢材表面要求喷砂(抛丸)达到 GB 8923—88 中 Sa2.5 级，表面粗糙度 40～70μm。局部修补其表面要求打磨达到 GB 8923—88 中 St3 级
涂料参数	固体含量：　　　　　　≥80％(重量) 涂料密度：　　　　　　约 2.9kg/L(混合后) 闪　点：　　　　　　　不燃 干膜厚度：　　　　　　50μm 理论涂布率：　　　　　220.3g/m²
涂膜技术指标	项目　　　　　　　　　性能指标　　　　　　　　检测标准 色泽：　　　　　　　　灰色，无光 附着力：　　　　　　　一级（划圈法）　　　　　GB 1720—79(89) 耐冲击强度：　　　　　50cm　　　　　　　　　　GB/T 1732—93 耐盐雾试验：　　　　　≥10000h(干膜 100μm)　GB/T 1771—91 耐老化试验：　　　　　10000h　　　　　　　　　GB 1865—97 涂膜硬度：　　　　　　≥4H　　　　　　　　　　　GB 6739—96

5）高科牌 LS-1 水性无机富锌涂料施工及验收

① 涂装前表面处理

A. 除油

（A）工件表面喷砂或抛丸前必须彻底清除油污。

（B）推荐使用中等碱性的水性清洁剂，除去油污后再用清水洗净，不要使用有机溶剂。

（C）涂装前，必须严格防止在起吊、运输、检验等各个工序环节中工件重新沾污油脂。

B. 打磨

（A）喷砂或抛丸前，要用砂轮打磨以除去工件表面的焊瘤、飞溅以及火工矫正部位的硬化层。

（B）所有气割、剪切或机械加工后的自由边锐角均应打磨到 R2。

C. 喷砂或抛丸

（A）构件涂装作业前，钢材表面必须用喷砂或抛丸除锈，其清洁度必须达到GB 8923—88Sa2½级，表面粗糙度应控制在 40～70μm 范围内。

（B）喷砂用的压缩空气必须装有性能良好的油水分离器，压缩空气气压不得低于 0.5MPa。

(C) 喷砂或抛丸用的磨料推荐使用含 75％钢丸与 25％棱角钢砂的混合料，磨料粒径选用 0.8～1.7mm，亦可加入 10％的切断钢丝，户外喷砂施工时，可选用铜矿砂。所有磨料一定不能有油和有机物，保持清洁、干燥。

② 涂装

A. 配比和混和

(A) 本涂料为固料和液料两罐装，使用时固料与液料严格按重量比混和（详见包装容器上的商标或涂料使用说明）。

(B) 混和时，应先将液料倒入干净的桶中，然后在不断搅拌的条件下，缓缓倒入固料，固料加完后再搅拌 5～15min，直到没有不均匀块状固料存在。

(C) 喷涂前，应将混和后的涂料经 100 目筛网过滤，以防杂质混入。高压无气喷涂时，喷漆泵的吸入口也应安装 60 目的过滤网，以免沉积物堵塞枪嘴。

(D) 混和后的涂料在喷涂施工时，必须不断搅拌，一定要使涂料始终处于均一悬浮状态中。如喷涂停顿一段时间，则继续喷涂前应将管路中的涂料喷入涂桶中（回枪），使喷涂机和管路中的涂料处于均一悬浮状态中。

(E) 本涂料配比已调节到适宜的施工黏度，混和后的涂料一般不用稀释，夏天在直射阳光下施工，易产生"干喷"或拉不开漆刷时，可适当加入离子水以调节施工黏度，加入量不得超过涂料重量的 2％。

(F) 混和后的涂料，必须在 6h 内全部用完，对超过适用期的涂料，不宜继续使用。

B. 涂装工具

(A) 本涂料使用无气喷涂、有气喷涂、刷涂均可，以无气喷涂为主。

(B) 采用高压无气喷涂时，建议采用无机锌专用泵，进气压力为 0.45～0.5MPa，以利于涂料良好雾化，喷嘴选用旋转型 017 或 020 型。

(C) 有气喷涂推荐使用 PQ-2 型喷枪。

(D) 涂装工具使用完毕后应立即用清水彻底清洗，避免涂料干燥后堵塞设备。

C. 涂装环境

(A) 涂装环境温度一般为 5～40℃，空气相对湿度不超过 85％，工件表面温度至少应高于露点温度 3℃以上，寒冷和潮湿的环境会使涂层表干速度减慢。

(B) 当环境温度为 5～10℃时，应视涂层表干速度，如表干时间超过 2h，可采用提高工件温度，降低空气湿度及加强空气流通的办法解决。

(C) 当环境温度在 5℃以下，或空气相对湿度在 85％以上时，应停止露天涂装施工。

(D) 在狭窄的空气不流通处施工，应提供强力通风。

D. 涂膜厚度

(A) 本涂料每涂一道以 30～60μm 为宜，一道膜厚超过 100μm 时易产生涂膜龟裂弊病。

(B) 本涂料一般作为底漆使用，推荐干膜厚度为 70～100μm，建议分两道喷涂。本涂料作为热喷锌的封闭涂料时，推荐干膜厚度为 40～50μm，一般喷涂一道。

E. 涂装施工

(A) 本涂料涂装作业应在喷砂抛丸或除锈后尽快进行，一般不应超过 4h。

（B）本涂料涂层表干时间为 5～40min（10～40℃）（干膜厚度 50μm）。

（C）预涂装

下述部位在喷涂高科牌水性无机富锌涂料之前应用漆刷进行预涂装：孔内侧及边、自由边、角焊缝、手工焊缝及其他喷涂难以达到的部位预涂装膜厚，以 20～30μm 为宜。

（D）喷涂角焊缝时，枪嘴不宜直对角部喷涂，应让扇形喷雾掠过角落，避免涂料在角部堆积而产生龟裂现象。如已产生涂料堆积现象，应在涂料未表干前及时用干燥漆刷抹去多余涂料。

（E）本涂料两道涂膜的涂装间隔

最短涂装间隔：表干后即可（23℃±2℃）

最长涂装间隔：不限

如头道有干喷漆雾存在，或表面已经污染，则应清洁处理后再进行第二道涂装施工。

（F）本涂料涂层表干后 2h 内要防止雨水冲刷造成涂层破坏。

（G）涂装好的工件应认真维护，避免践踏和其他损伤。

（H）涂装好的金属构件在吊运过程中，承重部位必须安置软垫，以防钢丝绳拉伤涂层。

（I）涂膜养护时间随涂层的厚度、环境温度、湿度及空气流通程度而变，涂层越厚，气温越低，养护时间越长。

F. 涂层修补

（A）有划伤、刮破、龟裂的本品涂层，或支撑面没有涂装的部位，均应用铁砂布，动力砂盘等工具打磨至 GB 8923—88 中 St3 级，然后刷涂本涂料。

（B）打磨时应从中心逐渐向四周扩展，尽量使原有涂层边缘形成一定坡度，从而增强修补层与原涂层之间的结合力。

（C）当修补涂层超过 60μm 时，应逐道修补，不可一次涂刷太厚。

③ 涂层质量检查和验收

涂层质量检查和验收项目如下：打磨除油、除锈等级、表面粗糙度、涂装环境、涂层外观、涂层附着力、干膜厚度、涂层修补、中间漆厚度、面漆厚度。

6）无机水性硅酸锌涂料防护应用实例

无机水性硅酸锌涂料指以无机硅酸盐为成膜材料的涂料，硅酸盐能用于涂料的有硅酸钠、钾、锂，在水中有良好的溶解性，并能和锌粉反应生成不溶于水的硅酸锌，故能以可溶性硅酸盐制成相对应的硅酸锌涂料，展现低电位锌对钢铁的阴极保护作用，成了广泛使用且性能良好的硅酸锌涂料。

该类涂料以无公害、无毒、无味、无害的水作分散剂，可称得上是绿色产品，除了低温环境下不能使用外，在国外同样广泛应用于钢结构的防护。

能制成钢结构保护的可溶性硅酸盐涂料，属其他成膜物质涂料，产品类别属工业涂料中的防腐蚀涂料，与造船业用作保养底漆的醇溶性无机硅酸锌涂料同类，由于该类产品原为正硅酸乙酯，乙醇为溶剂，但可在零度以下干燥成膜，适应造船业流水线全天候作业。2003～2006 年应用代表性工程介绍如下（见表 8-4）。

工程名称	除锈等级粗糙度	防护措施			修补	备注
		防火结构	室外结构	室内结构		
国家图书馆	Sa3 级 Rz35～55μm	富锌 100μm 防火涂料	富锌 100μm 环氧云铁 60μm 聚氨酯 60μm	富锌 100μm 环氧云铁 60μm 氯化橡胶 60μm		配套耐腐蚀涂层设计的年限为50 年
上海国际赛车场	Sa2½级 Rz40～70μm	富锌 80μm 环氧云铁 70μm 膨胀型/厚型防火涂料	富锌 80μm 环氧云铁 140μm 聚氨酯 80μm			面涂层在现场完成,耐腐蚀设计年限 30 年
北京银泰中心	Sa2½级 Rz40～70μm	富锌 75～100μm 环氧云铁 25μm 膨胀型防火涂料		富锌 100μm 环氧云铁 80μm 聚氨酯 80μm	焊接部位表面除锈 St3 级,环氧富锌 15μm	防锈底漆两道出厂,防护年限20 年
广州会展中心	Sa2½级 Rz40～70μm	富锌 100μm 环氧云铁 100μm 聚氨酯 60μm		富锌 100μm 环氧云铁 50μm 氯化橡胶 60μm		表面处理与底漆喷间隔时间小于 2h
青岛流亭机场航站楼	Sa2½级 Rz40～70μm	富锌 100μm 环氧云铁 50μm 聚氨酯 60μm		富锌 100μm 环氧云铁 50μm 氯化橡胶 60μm		表面处理与底漆喷间隔时间小于 3h
国家体育馆	Sa2½级 Rz40～70μm	富锌 70μm 环氧云铁 100μm	富锌 75μm 环氧云铁 150μm 丙烯酸硅氧烷	富锌 75μm 环氧云铁 100μm 丙烯酸硅氧烷		

8.1.2.2 厚浆涂料

厚浆涂料,是由高性能底漆、厚中涂及面漆构成复合涂层。底漆采用富锌涂料,起到阴极保护作用;中涂采用厚浆型、涂料、云母氧化铁等涂料,具有物理性能和防护性能。由于锌腐蚀产物呈碱性,中涂也应该有良好的抗碱性能;面漆采用耐水、耐候及耐化学性优良的高固体分涂料,总厚度>250μm。(表 8-5)

厚浆涂料品种	性 能
氯化橡胶厚浆涂料	氯化橡胶由天然橡胶在四氯化碳溶剂中通氯气加成和取代制得致密的饱和树脂,具有良好的耐候性、耐化学品性,隔氧、隔水汽优于氯磺化聚乙烯树脂。在涂料中加入适量氢化蓖麻油触变剂可制得厚浆型涂料,靠溶剂挥发成膜,一道膜厚可达 70～100μm,表干 30min,6h 后可重涂,并有很好的层间结合力,与富锌底漆、环氧、酚醛涂膜的结合力良好,因此重涂性和配套性良好。氯化橡胶的热分解温度为 130℃,在潮湿环境中为 60℃,不宜强制干燥
乙烯基树脂厚浆涂料	乙烯基树脂涂料包括过氯乙烯、氯乙烯、偏氯乙烯共聚树脂(氯偏共聚树脂)、氯乙烯-醋酸乙烯共聚树脂(氯醋共聚树脂)等。乙烯基树脂涂料的固体分低,附着力差,经改性后的品种有环氧氯醋底漆、醇酸氯醋中涂、醇酸氯醋面漆配套漆
(改性)环氧树脂厚浆涂料	一般溶剂型环氧树脂涂料固体分在 60% 以下,厚浆型的也在 80% 以下,含有苯类溶剂,施工时释放的 VOC 对大气环境造成污染。 厚浆型无溶剂环氧树脂涂料选用低分子量、低黏度的环氧树脂,如(改性)E51 液态环氧树脂,用胺类固化剂、增塑剂、活性稀释剂、助剂配制而成。固体分 95%～100%,一道涂膜厚 200μm 以上,固化剂选用酚醛胺,具有较好的低温固化性,或选和低黏度的聚酰胺树脂固化剂;增塑剂为环氧树脂的15%～20%,以增加涂膜的柔韧性。 厚浆型环氧树脂涂料常用煤焦沥青改性即环氧煤焦沥青厚浆型涂料,其涂膜坚韧,附着力好,防水性优异。煤焦沥青选用软化点 45～55℃,用溶剂溶解成 75%～85% 的溶液,便于与环氧融合。 煤焦沥青含有活性氢,会与环氧基反应使涂料黏度增大,故煤焦沥青溶液与胺固化剂一直作为 B 组分。A 组分环氧树脂与 B 组分中煤焦沥青的比例为(1:5:1)～(1:2:1)。煤焦沥青过量,涂膜早期太软,后期脆裂,造成附着力及力学性能降低

厚浆涂料品种	性　　　能
聚氨酯厚浆涂料	厚浆型聚氨酯或无溶剂聚氨酯涂料的 A 组分用低黏度的多异氰酸酯作固化剂,B 组分为多元醇类物质或树脂,低温固化性比环氧树脂涂料好,其他性能与环氧树脂相当
鳞片厚浆涂料	云母氧化铁和鳞片等片状填料能有效地提高屏蔽性能,特别是玻璃鳞片厚浆涂料,能赋予涂膜良好的力学性能和耐磨性,厚度可达 0.5～2mm,能作超重防腐蚀涂料使用。 　　玻璃鳞片(glass flakes)的厚度为 2～5μm,平均粒径0.4～3.5mm,在环氧、环氧煤焦沥青、聚氨酯或不饱和聚酯树脂中的含量为 10%～30%(15%时效果最好),具有高度的阻隔屏蔽性。 　　在 1mm 厚涂层中,经电子显微镜切片观察,约有160层玻璃鳞片,它的阻隔作用如图 8-1 所示,性能见表8-6。 　　由表 8-6 结果可以看出,玻璃鳞片涂料的水汽透过率极低,固化时收缩率也很小,大大降低了收缩应力对涂层强度和结合力的影响,因此具有五处特点(表 8-7)

图 8-1　玻璃鳞片的阻隔作用

各涂层的水汽透过率与固化收缩率　　　　表 8-6

涂层种类	水汽透过率 $g/(m^2 \cdot d \cdot mm)$	长度方向固化收缩率(%)	涂层种类	水汽透过率 $g/(m^2 \cdot d \cdot mm)$	长度方向固化收缩率(%)
玻璃鳞片涂料	0.05	0.08	环氧树脂	0.51	0.53
氯磺化聚乙烯树脂	0.20	0.50	氯化橡胶	0.86	0.46
不饱和聚酯玻璃钢	0.25	0.55	过氯乙烯	0.92	2.40
不饱和聚酯	0.49	0.80			

玻璃鳞化涂料特点　　　　表 8-7

名　称	特　点
水汽渗透性	$0.05g/m^2 \cdot d \cdot mm$,优于其他涂料
机械强度	剥离强度 105kg/cm,不易龟裂和分层剥离,有良好的附着力和抗冲击强度
热冲击性(耐温变性能)	良好。玻璃鳞片的填充,使涂层线膨胀系数 $11.5 \times 10^{-6}℃^{-1}$,金属线膨胀系数 $12 \times 10^{-6}℃^{-1}$
硬度和耐磨性	更高
工艺性	施工方便,涂层连续性好,修补简便

注:由厚浆型树脂、偶联剂、触变剂、增塑剂、溶剂组成。

　　各类树脂的玻璃鳞片涂料的防腐蚀性列于表 8-8。

各类树脂的玻璃鳞片涂料的防腐蚀性　　　　表 8-8

介　质	乙烯基酯	环氧树脂	双酚 A 不饱和聚酯
25%HCl,100℃	优	优	—
36%HCl	—	—	耐
10HCl,100℃	优	良	—
70%H_2SO_4	—	—	耐
40%HNO_3	—	—	耐
40%CH_3COOH	—	—	耐
5%NaOH,100℃	优	优	尚
5%NH_4OH	优	优	—
75℃饱和 NaCl	优	良	—
75℃水	优	良	—
甲苯	优	良	—
粗汽油	优	优	—
气态耐热性			120℃
液态耐热性			80℃

8.2　重防腐蚀涂装工艺

8.2.1　重防腐蚀涂料选用及施工

正确的施工应关注钢材表面处理、涂料配套选择、涂装工艺、环境条件以及涂装间隔时间等方面。

底材表面处理对重防腐蚀涂层影响程度占 50%，涂层厚度占 25%，涂装环境、间隔时间及技术工艺诸因素占 25%，但也不是绝对的，例如除锈等级要求达到 Sa2.5 级以上，这是确保底漆附着力的关键，假如达不到这一标准，钢材表面氧化皮未去干净，那么漆膜再厚也毫无意义，涂层会随着氧化皮疏松而脱落，还有若在海洋大气侵袭下，盐份的沉积对层间结合力影响很大。

富锌底漆的涂装工艺在本章第一节已作了详细介绍，环氧和聚氨酯都是双包装涂料，混合后需 30min 熟化，施工期 1h。

涂料的配套在表 8-5 中作了介绍，面漆的耐候性按下列顺序递增：环氧沥青漆→环氧树脂漆→醇酸树脂漆→氯化橡胶漆→丙烯酸漆→脂肪族聚氨酯→氟树脂漆。

涂料的耐热性按以下顺序递增：氯化橡胶漆（80～100℃）→醇酸树脂漆（约 100℃）→环氧、聚氨酯漆（100～120℃）→改性有机硅树脂漆（200℃）→有机硅树脂漆（400℃）。

8.2.2　工业钢结构重防腐蚀涂层

工业环境的钢结构工程应用重防腐蚀涂层实例见表 8-9。

工业钢结构重防腐蚀涂层实例　　　　　　　　　　　　　　　表 8-9

工程名称及应用场所	底漆厚度(μm)	中涂厚度(μm)	面漆厚度(μm)	涂厚厚度(μm)	重涂年限(年)
煤气柜	H06-4(702)环氧富锌(70)	842 环氧 MIO(100)	氯化橡胶面漆(80)	250	
秦皇岛煤码头	702 环氧富锌涂料(80)	842 环氧 MIO 2 道(100)	环氧聚酰胺面漆(100)	300	10
电厂和油田	707 环氧富锌涂料(70)	842 环氧 MIO 2 道(80)	厚浆型氯化橡胶面漆(70)	220	5～8
核电站核岛内壁	707 环氧富锌涂料(80)		聚氨酯面漆(100)	180	5～8
上海电视台发射塔	喷镀锌(200)	842 环氧 MIO 2 道(80)	聚氨酯面漆(60)	340	5～10
车辆厂	702 环氧富锌涂料(20)	842 环氧 MIO 2 道(80)	脂肪族聚氨酯面漆(80)	180	
化工厂油罐	1891 聚氨酯底漆(80)		1892 聚氨酯面漆(100)	180	3～5
东方明珠电视塔平台、无线桅杆及建筑物暴露部位钢结构涂料	喷 Al(120) 842 环氧云铁(90)		氯化橡胶或聚氨酯(90)	300	
	喷 Al(120)842 环氧云铁(90)		环氧聚酰胺铝粉面漆(90) 罩 A-8 丙烯酸清漆 1 道	300	

注：括号内数字为漆膜厚度。

宁波北仑港门机重防腐蚀涂装设计实例见表8-10。

重防腐蚀涂装应用实例 表8-10

工序	涂料名称	标准涂装量(kg/m²)	涂装时间(20℃),h	稀释剂	标准膜厚(μm)
表面处理	手工或电动工具除锈,达 SIS St3 级				
底漆(1)	特殊环氧底漆	0.20(刷涂)			50
底漆(2)	环氧云铁涂料	0.25(刷涂)		环氧稀释剂 0~5%	50
中涂	氯化橡胶中涂	0.17(刷涂)	16 以上		35
面涂(1)	氯化橡胶面漆	0.15(刷涂)		氯化橡胶稀释剂	30
面涂(2)	氯化橡胶面漆	0.15(刷涂)		10%	30
		(共 0.92)			(共 195)

8.2.3 油罐导电重防腐蚀涂层

碳钢材质在不同油品油罐中的腐蚀速度如表8-11所示。

碳钢材质在不同油品油罐中的腐蚀速度 表8-11

相位	原油罐	汽油罐	航煤油罐	柴油罐	蜡油罐	石蜡油罐	渣油罐	污油罐
气相	0.06	0.25	0.16	0.29	0.03	—	0.34	
油相	0.05	0.35	0.06	0.20	1.00	0.12~0.30	0.30	0.20~0.40
水相	0.30	—	0.17	0.14	0.07	—	1.00	

注：表中数据为全国油罐腐蚀与防护会议资料关于金陵炼油厂的数据。

油罐在贮运过程中因摩擦产生静电，易产生爆炸事故，故油罐内壁的防腐蚀涂层的体积电阻率应小于 $10^8 \Omega \cdot m$。

油罐内壁的防腐蚀涂料应采用耐油性、防腐蚀性好的聚氨酯，并添加导电性填料（导电云母粉），配成导电性聚氨酯底漆和导电性聚氨酯面漆。

导电云母粉是在云母表面包覆一层氧化锡—氧化铝，具有色浅、耐磨、耐热、耐化学品的特点，自身的体积电阻率应小于 $10^2 \Omega \cdot m$。

油罐内壁的防腐蚀涂层：底漆 $100\mu m$，面漆 $100\mu m$。

性能：耐盐雾 800h，耐燃油（或二甲苯）2 年，耐 3%NaCl 2 年，耐 3%NaOH 0.5 年，耐 5%H_2SO_4 100 天。

我国大庆石化总厂对四座汽油罐内壁采用无机富锌涂料进行防腐，表面处理：Sa2½ 级，将无机富锌涂料（双组分）的基料与锌粉按比例混合，搅拌均匀，常温熟化 30min 后即可施工，施工温度 5℃以上，通风。混合好的无机富锌涂料应在 24h 内用完，用空气喷涂，压缩空气压力 0.15~0.3MPa，也可涂刷，使用四年以后，涂层完好无脱落，附着力好，漆膜寿命可达 10 年以上。无机富锌涂料同样环境下对钢铁的保护效果远比环氧涂料好，可以提高汽油罐使用寿命 1 倍以上。

8.2.4 钢结构桥梁重防腐蚀涂层（表8-12）

实例一：卢浦大桥重防腐蚀涂层

外表面：喷砂除锈等级 Sa2½ 级，表面粗糙度 Ra35~75μm

涂层：H06-4（702）环氧富锌底漆 1 道 80μm（涂装间隔 1 天~3 月）

842 环氧 MIO 1 道 120μm（涂装间隔 1 天以上）

S43-31 聚氨酯面漆 1 道 40μm（涂装间隔 1 天以上）

（以上为车间涂装）

	富锌底漆体系			热喷涂铝（锌）体系	
桥梁上部涂料	方案Ⅰ 总厚度 250μm	环氧富锌一道 70μm 环氧 MIO 一道 100μm 氯化橡胶面漆 2 道 80μm	桥梁上部涂料	方案Ⅰ 总厚度 240～290μm	热喷涂铝（锌）1～2 道 50～100μm 环氧 MIO 封闭底漆 1 道 50μm 氯化橡胶底漆 2 道 100μm 氯化橡胶面漆 1 道 40μm
	方案Ⅱ 总厚度 250μm	环氧富锌一道 70μm 环氧 MIO 一道 100μm 聚氨酯面漆 2 道 80μm			
	方案Ⅲ 总厚度 230μm	环氧富锌一道 70μm 环氧像胶 2 道 80μm 氯化橡胶面漆 2 道 80μm		方案Ⅱ 总厚度 210～260μm	热喷铝（锌）1～2 道 50～100μm 环氧 MIO 封闭底漆 1 道 80μm 聚氨酯面漆 2 道 80μm
	方案Ⅳ 总厚度 320μm	环氧富锌一道 70μm 环氧沥青 2 道 250μm			
桥梁下部	环氧富锌一道 70μm 环氧 MIO 一道 100μm 厚浆环氧面漆 2 道 120μm 总厚 290μm		桥梁下部	热喷涂铝（锌）1 道 50μm 环氧 MIO 封闭底漆 1 道 50μm 环氧沥青 2 道 250μm 总厚 330μm	

注：热喷铝的表面处理等级一定要达到 Sa3 级，表面粗糙度 Ra25～100μm。

　　　　　S43-31 聚氨酯面漆 1 道 40μm（现场施工）

　　　　　总厚度 280μm

　　内表面：喷砂除锈等级 Sa2.5 级，表面粗糙度 Ra35～75μm

　　　　　涂层：HS3～34 改性环氧 1 道 200μm

　　实例二：茅草街大桥重防腐蚀涂层

　　喷砂除锈等级 Sa3 级（出白），表面粗糙度 Ra25～100μm

　　涂层：热喷铝 180μm

　　　　　环氧云铁封闭漆 2 道共 80μm

　　　　　丙烯酸聚氨酯面漆 2 道共 60μm

　　　　　设计涂层使用寿命 30 年

　　实例二是采用喷铝与涂料组成的复合涂层，铝或锌涂层在腐蚀介质中属于去氧腐蚀，从腐蚀产物看，锌表面腐蚀产生 ZnO，有较强的碱性，会影响有机涂层的结合力；铝表面腐蚀产生 Al_2O_3，具有强的钝化作用，由此可见，铝及其合金比镀锌层更具有耐腐蚀性能。

　　在铝或锌涂层上加有机涂料作封闭处理，可大大减少腐蚀介质透过镀层孔隙形成穿孔腐蚀，并与铝或锌镀层产生最佳协同效应，可大大提高复合涂层的耐腐蚀性能。但是有资料证实，热喷铝比热喷锌防腐效果更好。

　　（1）国外钢结构桥梁热喷涂铝—有机复合涂层的防腐实例已经表明，其涂层寿命均超过 50 年。

　　（2）由于铝表面钝化膜有良好的耐酸性，铝的腐蚀速率比锌要低，一般来说，喷锌层用于弱碱性条件为好，喷铝层用于中性或弱酸性条件为好，对于酸雨环境和城市工业大气环境（含有 SO_2）下，喷铝更为合适。

　　（3）从腐蚀速率分析，在海水中三种涂层腐蚀速率见表 8-13。

在海水中三种金属裸面腐蚀速率　　　　　　　　　　　　　　表 8-13

涂　　层	表面腐蚀速率（μm/年）	备　　　注
裸铝表面	4.9～8.2	
裸锌表面	120～150	ZnO 易被海水溶解，极易造成有机涂膜起泡，脱落
裸钢表面	100～200	厚 10mm 钢板 10 年就穿孔

表 8-14

重防腐蚀涂层的性能与应用场合

预涂底漆	厚浆富锌	厚浆型底漆	环氧 MIO	二道面漆或二道浆	面漆	耐候性	防腐蚀性	耐热性	耐水性	耐酸性	耐碱性	耐溶剂性	干燥性	厚膜成膜性	施工性	成本	附着力与层间结合力	预期耐用年限/年	适用场合
无机富锌 (20μm)	无机富锌 (75μm)	氯化橡胶 200μm	—	氯化橡胶 (30μm)	氯化橡胶 (30μm)	○	○	×	□	○	○	×	◎	△	◎	○	◎	8~12	严重腐蚀环境中的桥梁
无机富锌 (20μm)	无机富锌 (75μm)	—	—	厚浆乙烯 (200μm)	丙烯酸 (25μm)	○	◎	×	◎	○	○	×	◎	◎	◎	△	○	10	
无机富锌 (20μm)	无机富锌 (75μm)	环氧 (100μm)	—	环氧 (30μm)	环氧 (30μm)	△	◎	△	◎	○	○	○	□	◎	△	×	△	10	
环氧富锌 (20μm)	环氧富锌 (100μm)	环氧 (100μm)	—	环氧 (30μm)	聚氨酯 (30μm)	○	◎	○	○	○	○	○	○	○	×	×	△	15	
无机富锌 (20μm)	无机富锌 (75μm)	环氧×2 (200μm)	—	环氧 (30μm)	聚氨酯 (30μm)	○	◎	○	○	○	◎	○	□	○	×	×	△	15	海上大桥、钻井平台等海上设施
无机富锌 (20μm)	无机富锌 (75μm)	环氧×2 (200μm)	—	环氧 (30μm)	氟树脂 (25μm)	◎	◎	○	○	◎	◎	○	□	○	×	×	○	15~20	
无机富锌 (20μm)	无机富锌 (75μm)	环氧 (60μm)	环氧 MIO (100μm)	环氧 (30μm)	聚氨酯 (30μm)	◎	◎	○	○	○	◎	○	□	◎	×	×	◎	10~15	
无机富锌 (20μm)	无机富锌 (75μm)	环氧×2 (200μm)	环氧 (30μm)	环氧 (30μm)	硅丙烯酸 (25μm)	○	◎	△	○	○	○	○	□	○	×	×	△	15	
无机富锌 (20μm)	无机富锌 (75μm)	环氧沥青 250μm	—	—	—	—	◎	△	◎	○	◎	○	□	◎	△	×	△	25	箱式梁、槽罐内表、地下设施

注：◎(优)→○→□→△→×(劣)。

98

在海水中的钢结构重防腐蚀涂层，喷砂除锈等级 Sa3 级（出白），表面粗糙 Ra25～180μm，氯化橡胶厚浆涂料和氯化橡胶面漆共 200μm。

各类重防腐蚀涂层体系的特征及应用场合参见表 8-14。

海洋设施飞溅区、涨落带的防腐蚀见表 8-15。

海洋设施飞溅区、涨落带的防腐蚀涂层 　　　表 8-15

项目	工程规范示例			
	A	B	C	D
底材处理	喷砂，达 Sa2.5 以上			
底漆	厚膜无机富锌涂料(75μm)			
薄喷涂层	环氧沥青涂料(10μm)		厚浆型环氧涂料(10μm)	
二道浆与面漆	环氧沥青涂料(200μm×3)	环氧沥青并用玻璃布(1000μm)	厚浆型环氧涂料(120μm×3)	衬里用环氧涂料并用玻璃布(1000μm)
涂层总厚度	675μm	1075μm	435μm	1075μm

注：材料选用耐蚀钢材，或耐蚀金属喷涂（一个结构应选择同种化学成分钢材），若用涂料保护应设置阴极保护装置，厚浆涂料采用环氧或防水性优良的环氧沥青或采用玻璃布衬里，衬里施工比较困难，也可采用玻璃鳞片涂料。

8.3　重防腐蚀涂料与涂装新发展

重防腐蚀涂料与涂装引起人们及业内人士重视，因为酸雨、海洋大气以及杂散电流等正在蚕食钢结构，降低钢结构的使用年限。防腐蚀涂层的有效期直接关系到全部费用和使用寿命，涂料使用寿命 3～5 年已不能满足钢结构工程的飞跃发展。构成长效防腐，使用寿命 30 年以上，维修次数少、节省大量的经费，而且可改善劳动条件。

近年，重防腐蚀涂料与涂装的新发展主要有下列几方面。

8.3.1　鳞片重防腐蚀涂料（见表 8-16）

三种鳞片重防腐蚀涂料性能 　　　表 8-16

鳞片种类	性能特点
玻璃鳞片	脆性大，与高分子树脂相容性差，热导率低，不能有效减少紫外线对涂层的破坏，因而不能改善涂层的耐候性
不锈钢鳞片	柔韧性、延展性良好，涂层结构致密性、耐磨性、机械强度、抗冲击强度、耐热性、耐候性比玻璃鳞片有不同程度提高，特别适用于重磨损腐蚀场合，生产工艺要求高，成本高。鳞片厚度<1μm，平均粒径<100μm，与环氧树脂结合力强
铝锌合金鳞片	厚度 0.1～1μm，片径 50～150μm，铝、锌质量比 0.45，综合了铝锌优点具有优良的耐蚀性，良好的延展性，耐热性高，导热率高，表面光线反射率高，能提高涂层的耐热性、耐候性，涂层弹性，可挠性，可塑性，热稳定性，热发散性，抗拉强度均优

8.3.2　超厚浆型重防腐蚀涂料

超厚浆型防腐蚀涂料一道涂膜厚度在 1mm 以上，品种有环氧和聚氨酯，应用于超长久性重防腐蚀，其寿命都在 50 年以上。由于涂料的超厚膜化，使涂层固化收缩应力大大增加，因此这类涂料需着重解决固化收缩问题。此类涂料比厚浆型重防腐蚀涂料有更好的韧性。环氧超厚浆型重防腐蚀涂层性能见表 8-17。

环氧超厚浆型重防腐涂层特性 表 8-17

项 目	指 标	项 目	指 标
拉伸强度(MPa)	13.6	粘结强度(MPa)	>7
伸长率(%)	2.7	干湿交替(60℃,2h→0℃,1h)	100 次无异常
抗弯强度(MPa)	36.5	吸水率(24h)(%)	0.15
抗压强度(MPa)	20	水汽渗透率(g·m^{-2}·d^{-1})	1.51
抗冲击性(kg·cm)	220	渗透系数(g·m^{-2}·d^{-1}·Pa^{-1})	4.1×10^{-4}

8.3.3 高温重防腐蚀涂料

温度在 100~150℃ 范围内的重防腐蚀涂料称高温重防腐蚀涂料,在化工设备中使用很普遍,涂层的抗介质渗透性大大降低(见表 8-18),腐蚀变得更加严重,因此只能采用氟树脂或氟橡胶类防腐蚀涂料。

温度对氧气在涂层中渗透性影响 表 8-18

涂层		10℃	30℃	50℃
硝基清漆		69.3	149.8	318
氨基清漆		4.2	19.2	50.6
环氧清漆		4.7	3.6	33.7
氯-醋共聚树脂	自干	3.9	10.5	37.5
	烘干	4.1	6.4	19
氯化橡胶		1.1	3.4	15.9(60℃)

美国 GSC-CS 新型氟树脂涂料,使用温度 260℃,能耐各种化学介质,其使用寿命为普通涂料的 3 倍,可作为容器、槽罐、搅拌设备的表面涂料。

含氟重防腐蚀涂料是由偏氟乙烯等单体,在一定温度、压力下,加水、乳化剂、调节剂、引发剂、高压乳液共聚得到含氟树脂。

国内首次研制成功的 YJF 氟橡胶重防腐涂料特性列于表 8-19。

YIF 氟橡胶重防腐涂料特性 表 8-19

特性项目	参数	特性项目	参数
黏度(涂 4 杯)	100~120S	摆杆硬度	0.52
细度	30μm	抗冲击性	50kg·cm
柔韧性	1mm	附着力	0 级
表干	0.2h	实干	10h
耐磨性(500 转)	0.05g	抗渗性(MPa)	>0.6

注:具有氟橡胶的耐腐性,耐高温特性,涂料可以冷冻,自然硫化,工艺简单,维修简便,能在 230℃ 以下长期工作,在 -40℃ 时仍有弹性。并耐强酸、强碱、强溶剂、盐、石油产品、烃类等介质的腐蚀及这些介质的高温腐蚀,可作为防腐蚀衬里材料的替代产品,解决了高温强腐蚀的防护难题。

9 大型钢结构涂层长效防腐蚀

9.1 大型钢结构腐蚀的特点及防护方法

9.1.1 海洋大气、工业大气中的腐蚀特点

海洋大气的特点是含有大量的盐，主要是 NaCl，盐颗粒粘附在金属表面上，由于盐分具有吸潮性及增大表面液膜的导电作用，同时 Cl⁻ 本身又具有很强的侵蚀性，因而加重了金属表面的腐蚀。钢结构离海岸越近腐蚀也越严重，其腐蚀速度比在内陆大气中高出许多倍。海洋大气与大陆的分界线并非在海边，有资料报导，距海洋最远处达 60km 的内陆部位，海洋大气中的氯离子渗透入混凝土导致钢筋锈蚀，甚至使混凝土破裂。

海水是电解质溶液，钢质构件在海水中会产生电化学腐蚀，浸在海水中的钢板，靠近海面附近氧的浓度高，深处附近氧的浓度低，从而形成浓差电池的腐蚀现象，所以处于海水中的钢构件，水线区域腐蚀比较严重；水线区域受浪花冲刷，润湿频率较大，因而腐蚀速度也明显增加，位于水面以上 0.8m 处的腐蚀速度比水平面附近高 4 倍。国外文献指出：钢在海水膜下腐蚀的加速，主要与润湿频率有关；与浸在电解质中的腐蚀相比，当润湿频率为每小时 12 次时，其腐蚀速度将增加 20～40 倍。

腐蚀速度的变化与温度变化完全成正比，夏天的腐蚀速度比冬季高 2.5～3.0 倍。

工业大气腐蚀特点是钢在常温干燥空气中与氧结合，形成一层看不见的薄而致密的氧化保护膜。它阻碍了金属与氧的进一步作用，使腐蚀速度相当缓慢，仅在清净的农村大气中是这样，因为农村大气中很少有腐蚀气体，工业大气中含有 SO₂、CO₂、NO₂、H₂S 等，一旦与潮湿空气形成"酸雨"，情况就不一样了。当钢材表面附着潮气时，成为促使钢结构腐蚀的重要因素，特别是遇到"酸雨"侵蚀，引起电化学腐蚀。

冶炼车间，化工厂房生产过程中会不断挥发出带腐蚀性的气体，其中 SO₂ 影响最大，氯气可使金属表面钝化膜遭到破坏。钢结构厂房室内外温差，当温度达到露点时，室内会凝露，气体溶于凝露水膜中呈酸性，形成室内"酸雨"，再加上钢结构受阳光、风沙、雨雪、霜尘及一年四季湿度的变化作用，就加速了建筑钢结构的腐蚀。

空气中的杂质（或者酸雨）能加速钢材的腐蚀，如被 0.1% 二氧化硫所污染的空气将使钢的腐蚀速度增加 5 倍；含饱和海雾的空气能使钢的腐蚀速度增加 8 倍。化工厂及海边附近的铁窗、自行车容易腐蚀就是这个原因。

在一般大气条件下，低合金钢腐蚀速度略低于碳素钢；在工业大气中，碳素钢的腐蚀速度等于 0.1mm/年；低合金钢的腐蚀 0.08～0.09mm/年。

9.1.2 大型钢结构常用防护方法

近 20 年来，我国的大型钢结构不断涌现，在防护涂料、涂装技术工艺上有了很大发

展，有自行开发研制的，也有从国外引进、洋为中用的锌加保护系列产品，有重防腐蚀涂料涂装，也有喷铝（锌）、热镀锌等复合涂装工艺，特别是牺牲阳极、外加电流阴极防护不但在海洋工程上用得很好，在陆上建筑钢结构如贮罐、地下管道等工程防护中取得了明显效果。大型钢结构常用防护方法如下：

(1) 常规涂料防护；

(2) 重腐蚀涂料防护（鳞片重防腐涂料、超厚浆型重防护涂料、高温重防腐蚀涂料等）；

(3) 喷锌、喷铝技术；

(4) 热镀（浸）锌；

(5) 锌加涂膜镀锌技术；

(6) 氟碳涂料；

(7) 复合涂料。

9.1.3 喷锌、喷铝技术在大型钢结构工程上的应用

钢铁构件喷锌、喷铝保护层的应用见表 9-1。

钢铁构件喷锌、喷铝保护层的应用 表 9-1

应用范围	应用实例
塔架	电视发射塔、高压供电铁塔、微波通讯发射塔、海上导航灯塔、钢结构建筑塔架
水上钢结构	大型水闸门、大堤坝结构预埋件、供水塔、大型水处理塔
桥梁	钢结构桥梁、拉杆、护栏等
石油贮罐	罐车、罐船、球罐、贮槽等
化工设备	碳化塔、热交换器、烟囱
大型机械	龙门吊车、电站风机、消音器、原子能反应器、塔吊
舰船及海上设施	舰船船体及甲板、舰载炮塔、天线、桅杆、海上平台钢结构
城市建设	高架桥、人行天桥、公路护栏、大型体育馆、灯杆等

9.1.3.1 热喷铝在尿素厂高温塔体内壁防腐中的应用

尿素厂变换工段的反应塔，直径 $1.2\sim2.0$m，高 $3\sim26$m，温度 $80\sim180℃$，系统中存在着高浓度碳酸，少量亚硫酸、硫酸、氯离子等腐蚀成分，在高温水环境中腐蚀相当严重。采用热喷铝牺牲阳极保护，加有机防腐涂料封闭，对防止稀硫酸、碳酸及硫化氢的腐蚀非常有效。几种塔类防腐蚀设计方案见表 9-2。

饱和热水塔、汽水分离器（塔）、精脱硫槽（塔）防腐蚀 表 9-2

设 备	饱和热水器	气水分离器(塔)	水封槽(塔)	精脱硫槽(塔)
防锈标准	Sa3	Sa3	Sa3	Sa3
热喷锌(μm)	250～300	250～300		200～300
涂层封闭	环氧有机硅涂料 2 道	环氧有机硅涂料 2 道	环氧涂料 6 道	环氧涂料 2 道

注：1. 喷铝用丝型号 L_2，直径 2.95mm，铝含量≥99.5%，Fe 0.25%、Cu 0.01%、Si 0.2%，北京冶金厂生产，符合GB 3190 标准。

　　2. 环氧有机硅涂料，H61-1，黏度 40s，柔韧性 2mm，冲击强度 50kg·cm，附着力 1 级，耐水性 24h，表干 8h，实干 24h，耐热性合格，环氧有机硅涂料为三组分：一组为环氧有机硅涂料，二组分为聚氨酯树脂固化剂，三组分为铝粉，施工质量配比为 100∶30∶20，涂刷 2 道，间隔 24h。

9.1.3.2 电弧喷铝及封孔涂料在钢架上的应用

西安市交大过街天桥（总施工面积 420m²）、杭州市笕桥钢桥均用喷铝封孔漆双层保护。喷铝层厚度（150±50）μm，喷铝层有孔隙，腐蚀介质可通过孔隙到达金属表面，从而产生锈蚀，所以必须喷铝层加涂料达到防锈蚀的目的，钢梁不同部位封孔涂料技术参数见表 9-3。

钢梁不同部位封孔涂料技术参数 　　　　　　　表 9-3

部　位	涂层名称	道数	厚度(μm)	涂料黏度(s)
纵梁上盖板顶面 板梁上缘顶面	喷铝层	1	150±50	
	504-2 聚氨酯面漆封孔	2		20～30
	504-2 聚氨酯面漆	3	75	>60
	504-2 聚氨酯面漆	4	75	>60
大面积钢梁	喷铝层	1	150±50	
	CO4-45 铝锌醇酸面漆封孔	2		20～30
	CO4-45 铝锌醇酸面漆	3	50	>40
	CO4-45 铝锌醇酸面漆	4	50	>40

采用聚氨酯涂料封孔，第一道涂料的施工黏度应在 20～30s，较小的黏度容易向铝涂层内部渗透。第二、三道封孔涂料施工黏度不低于 60s，主要保证涂层的厚度。二道封孔涂料的总厚度不应少于 150μm，加上铝层厚度应大于 300μm。

钢梁大面积采用电弧喷铝防腐，采用的封孔涂料以 CO4-45 铝锌醇酸涂料为主，耐候性好，耐工业大气腐蚀，价格低。第一道封孔涂料施工黏度不大于 30s，以填满孔隙为准。封孔的第二、三道面漆施工黏度不应低于 40s。干膜厚度不小于 100μm，加上铝层厚度，不应小于 250μm。现已投入使用，估计可用 20 年以上。

9.1.3.3 国内外钢结构设备喷锌防腐的部分实例（表 9-4）

国内外钢结构设备喷锌防腐蚀的部分实例 　　　　　　　表 9-4

国别	实　例
英国	20 世纪五六十年代对各类石油贮罐、煤气柜、燃气罐、气瓶进行喷锌、喷铝防腐,效果良好,现场喷铝加封闭,可供 20 年以上保护
美国	德克萨斯州化工厂 1958 年对 20 多座烟囱喷铝,1976 年检查仍完好,路易安娜州石油精炼厂直径 1.82m,高 76.2m 和 36.75m 烟囱喷铝防护,经 25 年使用完好
欧洲	对 0.5～2t 的各类 LPC 气罐作喷锌保护,如直径 3m,长 15～20m 的多个大型丙烷贮罐喷涂防腐,效果良好
日本	对各类石油贮罐、化工反应塔、清洗塔、铁路罐车、油箱、氧气瓶进行喷铝保护,特别是钢贮罐喷铝保护 16 年使用未发现锈斑,而未喷铝保护的,18 个月就发生严重锈斑
俄罗斯	石油贮罐内壁喷铝,外加聚合物封闭的复合涂层体系可提供 20 年以上有效防腐
中国	四川维尼轮厂甲醛吸收塔 φ1000×13000mm(材质碳钢),介质为 20% 甲醛稀溶液,含微量甲醛(pH=6～7),温度 50℃左右,腐蚀严重。用喷铝+环氧树脂涂料封闭联合防护,使用 7 年良好 天津碱厂对重碱工段烧炉 13 座,在 1000℃高温下烧蚀严重,炉板每年更换,损失严重。后来喷铝,厚度 400～500μm 再涂水玻璃进行封闭,防腐效果良好,使用年限增加 2.36 倍,每年节约钢板费用 13 万元 大连化学公司硫铵车间内外管换热器,内壁受 300～450℃ 的 SO₂ 气体及酸雾腐蚀,使用寿命 3 年左右,后来采用喷铝,厚度 200～300μm,使用寿命达 17 年,效果良好

9.1.3.4 钢结构热镀锌与涂料涂装复合防护

上海南浦大桥570根镀锌钢管，表面涂层涂料品种为842环氧云铁底涂层与氯化橡胶面涂层配套涂装（见表9-5）。

防腐蚀镀锌层耐久性（年）　　　　　　　　　　　　　　　　表9-5

环　境	镀锌层耗蚀量		不同厚度镀层耐蚀年限/年			
	g/(m²·年)	μm/年	210g/m²	280g/m²	560g/m²	700g/m²
农村环境	7～15	1～3	13～25	20～43	>30	>30
海洋环境	17～50	2.4～7.1	4～12	6～18	11～33	14～41
城市环境	20～43	近郊2～4 中心区5～7	5～10	7～15	13～28	16～38
工业区	40～80	5.7～11.4	—	—	20～43	9～18

注：1.《钢结构工程施工及验收规范》（GB 50205—95）第4.1.11条规定用热镀锌时厚度不宜小于50μm。

2. 锌层平均厚度（μm）$=\dfrac{\text{单位面积质量}}{\text{锌的密度}(7.13kg/m^3)}$

3. 热镀锌层与涂料涂层结合防护其耐久性可延长1.5～2.5倍。

4. 热镀锌与涂料配套防护，既发挥各自优点，又具有增效的优势。

9.1.4 大型钢结构热镀锌防腐

热镀锌镀层再用防腐蚀涂料封闭是国内外广泛采用的防腐技术，其优点是工艺简单、经济性好、镀层美观、防腐蚀性能好。大型钢结构如钢结构塔架，水上钢结构、桥梁工程等应用实例见表9-6。

大型钢结构应用热镀锌实例　　　　　　　　　　　　　　　　表9-6

工程项目	应　用　实　例
城市建筑钢结构	大型体育场馆、高架桥、天桥、公路护栏、天然气管道,灯杆球铁铸管、给排水管道
钢结构塔架	电视发射塔、微波通讯发射塔、高压输电铁塔、海上导航灯塔、钢结构建筑塔架
蓄水工程	大型水闸门、供水塔、高层建筑饮水箱、大型水处理塔、大堤坝钢结构预埋件
石化工程	球罐、贮槽、罐车、罐船、油罐、碳化塔、热交换器、烟囱
桥梁工程	钢结构桥梁、拉杆、护栏等
大型机械	龙门吊车、原子反应堆、电站风机、消音器、港口机械
海洋工程	舰船船体及甲板、炮塔、桅杆、天线、海上钻探平台

9.1.4.1 热镀锌层结构

热镀锌层结构共有五部分组成。

（1）纯锌层：是最外面一层，起主要防腐蚀作用，厚度10～100μm；

（2）锌铁层：为过渡渗入层；

（3）铁锌合金层：其厚度是考核镀层结合质量的重要指标，要求厚度有50～150μm；

（4）铁锌层：为过滤层；

（5）铁基体。

9.1.4.2 热镀锌的性能

（1）在热镀锌生产中，镀锌液温度、工件在锌液中浸渍时间、锌液及工件化学成分和表面处理状况等因素关系到锌合金层厚度、组织结构和性能；工件从锌液中抽出速度、锌液温度以及去除工件表面多余锌液的方法决定了纯锌层的厚度。

（2）附着强度，是考核镀锌层牢度的重要指标。它决定了镀层耐弯曲和抗冲击的能力，直接影响镀锌产品的使用寿命和加工性能，下列因素影响附着强度。

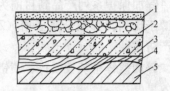

图 9-1　热镀锌层结构示意图
1—纯锌层；2—锌铁层；3—铁锌合金层；
4—铁锌层；5—铁基体

1）金属表面酸洗除锈不彻底，沾有油污、赃物、氧化铁；

2）助镀溶剂浓度失常；

3）锌液温度失控，浸渍时工件表面温度太低。

提高附着强度措施：

在镀锌液中加入 0.02%～0.05% 的铝，能使基体表面形成一层很薄的铁铝合金，阻止铁锌层的增长，从而降低镀层脆性，提高镀层弯曲性能。

9.1.4.3　热镀锌层的防护作用

（1）镀锌层表面能形成保护膜，保护基体免遭腐蚀；

（2）耐腐蚀年限与镀锌层厚度成正比，镀锌层越厚，耐腐蚀年限越长，目前国内正在试验采用"超厚热镀锌工艺"；

（3）在镀液中加入金属添加剂增强镀层厚度；

（4）采用扩散退火处理提高镀层耐腐蚀性能。

热镀锌生产工艺流程见表 9-7。

热镀锌生产工艺流程　表 9-7

名　称	参　数	温度（℃）	时间控制
喷丸工艺	铁丸直径 0.1～1.5mm，风压 0.4～0.5MPa		
酸洗工艺	H_2SO_4 浓度 5%～15%	40～50	1～1.5h
	HCl 浓度 10%	常温	20～30min
溶剂处理	NH_4Cl 浓度 15%～25%，$ZnCl_2$ 浓度 2.5%～3.5%	50～70	5～10min
热镀锌工艺	纯锌锭及加入铝 0.02%～0.05%	400～480	0.8～1.2mm
钝化处理	CrO_3 含量 5%～10%	5～25	2～5s

9.1.4.4　热镀锌件的耐用年限（表 9-8）

热镀锌件在各类环境中的耐用年限　表 9-8

各类环境	镀锌层耗蚀量（m^2·年）	镀锌层不同厚度耐蚀年限（年）			
		$210g/m^2$	$280g/m^2$	$560g/m^2$	$700g/m^2$
海洋环境	17～50	4～12	6～18	11～33	14～41
城市环境	20～43	5～10	7～15	13～28	16～38
工业区	40～80	—	—	7～14	8～18
农村环境	7～15	13～28	20～43	>30	>30

注：1. 按美国西南浸锌公司《热镀锌技术和生产指导》一书中关于镀层厚度与质量换算，镀层厚度 1μm，镀层质量 7.07g/m^2。

2. 日本热镀锌件耐用年限：

单面镀锌附着量 381g/m^2，重工业区，5.9～14.4 年；一般城市区，20.5～32 年；海洋区 13.1～23 年；

单面镀锌附着量 191g/m^2，重工业区，3.2～6.1 年，一般城市区，14.6～29 年，海洋区 6.8～15.1 年。

9.1.5 锌加镀锌系统

锌加保护系列产品到目前为止，世界上已有 120 多个国家、地区应用了 20 多年。锌加源于比利时锌加金属公司（ZINGAMETALL6.V.b.a，成立于 1978 年）。该公司专利生产防腐蚀产品。

锌加镀锌系统较喷锌、喷铝、热浸镀锌而言，其优越性是设备简单、施工方便、防腐蚀效果好。

9.1.5.1 锌加保护原理

（1）主动保护，阴极保护作用。锌加干膜有 96％以上是纯锌，可以保证为钢板提供良好的阴极保护。长达 6000h 的盐雾实验证明：即使在极其苛刻的侵蚀下，锌加仍能起长效阴极保护作用，其保护原理与热浸锌类似，防腐性能优于热浸镀锌。

（2）被动保护，屏障式保护作用。当锌加被氧化时，在锌加表面缓慢产生一层屏障保护金属，同时，锌加中的粘结剂也提供一层附加屏障保护，减缓了锌的氧化。因此其防腐蚀性能远比喷锌（铝）、热浸镀锌及富锌涂料的性能好。

9.1.5.2 锌加组成

由纯度高于 99.995％以原子化提炼的锌粉、挥发溶剂和有机树脂三部分配制而成的单组分的镀锌系统，与双组分富锌涂料或其他许多单组分等产品相比，锌加中锌的含量极高，干膜中含纯锌超过 96％，且不含任何铅、镉等重金属成分；溶剂中不含甲苯、二甲苯、一氯甲烷或甲乙酮等有机溶剂。

9.1.5.3 锌加特性

（1）具有双重的阴极保护性能和良好的屏蔽保护作用，盐雾试验达 9500h，防腐蚀性能优于热镀锌和富锌漆，是取代热浸锌、热喷锌（铝）的最好材料。

（2）可单独使用，作为重防腐蚀涂层，亦可以作为底涂与其他配套涂料组合，其综合防腐年限可提高 1.8～2.5 倍，达 30～50 年。锌含量极高（干膜中含锌量达到 96％以上），产品中不含任何铅、镉等重金属，不含甲苯、二甲苯、一氯甲烷、甲乙酮等有机溶剂，锌加干膜涂层可与饮用水直接接触。

（3）具有优异的附着力、柔韧性、耐冲击性能及足够的摩擦力。

（4）使用温度范围宽容，可在−80～+150℃条件下使用。

（5）具有良好耐磨性、耐油性、耐水性。

（6）常温干燥，只需很短的时间即能搬运、堆放。

（7）对环境的容忍性很好，可在潮湿的钢铁表面进行涂装。

（8）对钢材表面预处理要求不高，新钢材表面一般喷砂至 Sa2.5 级即可，旧钢材表面一般打磨 St2 级即可，允许涂装在轻度锈蚀的表面上。

（9）施工方便，可以刷（滚）涂、有气（无气）喷涂、浸涂或静电喷涂；可以车间涂装，也可在室外工地现场涂装。

（10）具有独特的镀层重融性，新旧锌加涂层在涂覆后可互相融为一体。

（11）与多种涂料有极好的配套性（除酸醇类油漆外）。具有极好的耐混凝土腐蚀性能，用于加强钢筋的防腐蚀涂装基本不影响钢筋与混凝土的握裹力。

（12）具有优异的抗静电性能，其体积电阻为 $4.4×10^3 \Omega cm$，可用于防静电涂层。

（13）当需要涂装面漆时，锌加是优异的底漆，多层涂装系统的保护年限＝（锌加保护年限＋面漆保护年限）×（1.8～2.5）。

（14）附着力试验，锌加与钢结构表面具有机械结合和化学结合优良的附着力，即使受磨损破坏，锌加不会剥落。

9.1.5.4 表面处理

（1）待涂表面必须彻底清除油脂、氧化皮或颗粒。

（2）对旧钢材表面必须去掉污物、旧漆膜、松动的锈斑。

（3）钢材喷砂处理至 Sa2.5 级，表面粗糙度 Ra50～70μm。

（4）手工或机械打磨至 St2 级，允许保留 5%～10%的锈蚀面积。

（5）允许在潮湿的钢结构表面涂装锌加。

（6）在旧热浸锌、电镀锌及旧锌加涂层上复涂时，应除去涂层表面的锌盐及油污和松动的锌层，以免影响层间附着力。

（7）喷砂后，特殊情况可适当延长至数天后喷涂。

（8）焊缝处的焊瘤要打磨平滑，尖锐的边角要磨圆。

施工说明：

① 混合配比：单罐装（单组分）

② 熟化时间：打开搅匀，即可使用

③ 适用期/储存期：无限期

④ 施工方式：可刷（滚）涂，有气（无气）喷涂［喷出压力 MPa：0.3～0.4（有气），0.8～12.0（无气）］，浸涂和静电喷涂

⑤ 稀释剂及工具清洗剂：锌加专用稀释剂（ZINGASOLV）

9.1.5.5 技术参数（表 9-9）

锌加技术参数 表 9-9

状 态	技 术 参 数
湿品	状态：浆状（单组分） 黏度：3000～6000cps(20℃)或 DIN 福特杯♯4：±6s 相对密度：2.67kg/t(15℃) 固体含量：重量比 80%，体积比 37.8% 纯度：锌粉含量 99.95%，产品中不含任何铅、镉等重金属，不含甲苯、二甲苯、一氯甲烷、甲乙基酮等有机溶剂 水溶性：不溶 闪点：47℃ 储存期限：无期限
干膜	色泽：锌灰色（哑光），接触潮湿后，颜色会变更 理论涂布率：3.54m²/kg（以 40μm 计算） 干燥时间：20℃时，指干 5～10min；实干固化 48h 锌含量：≥96%（重量比） 耐热性：150℃ 使用环境温度：—80～＋150℃ pH 值限定：5.5～12.5

9.1.5.6 无气喷涂设备

应选择富锌涂料专用喷漆设备，例如 GtacoBulldog 33.1、WLWAMognum 8032、重

庆长江机械厂 QPT3256c 等。

9.1.5.7 推荐后道涂料

环氧树脂涂料

氯化橡胶涂料

沥青涂料

聚氨酯涂料

乙烯树脂涂料

丙烯酸涂料

（注意：锌加涂层上不能复涂醇酸类油性涂料）

9.1.5.8 锌加应用于加强钢筋的保护

近年来，钢筋防护已引起普遍关注和广泛重视，一般 10 年对钢筋混凝土构筑物首次维护，若经彻底保护后，首次维护可延长到 30 年。

混凝土内部具有高碱性，为钢筋提供了钝化环境，保持钢筋不生锈，但是钝化会被酸雨或来自海洋环境（在距海洋最远处达 60km 的内陆）的氯离子渗透，造成过高的拉伸应力致使混凝土发生破裂直到钢筋混凝土破坏解体。

（1）锌加首次维护钢筋，可延长至 50 年以上；

（2）锌加涂层具有优良的柔韧性，当钢筋屡次弯曲也不会发生剥落；

（3）锌加涂层表面形成一层锌盐填满了孔隙成为保护层，同时锌加表面粗糙度提高钢筋与混凝之间的凝聚力。

9.1.5.9 锌加涂膜镀锌防腐保护年限估算

根据英国 BBA certiticate nr 94/3042 标准绘制的估计使用年限图如图 9-2 所示。关于涂装 60μm ZINGA 锌加的使用年限如表 9-10 所示。

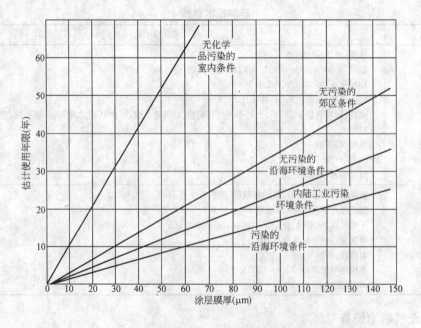

图 9-2　ZINGA 锌加涂膜镀锌的防腐保护年限估算

环境条件	使用年限(年)	环境条件	使用年限(年)
无化学品法染室内	＞20	工业污染内陆	12
郊区	20	沿海污染	10

说明:

1. 图 9-2 中数据为 ZINGA 锌加作为单一系统。

2. 在实际应用中,使用年限比图示数据更高。

3. 涂层膜厚终止在 150μm 为可以达到的最高防腐年限,超过 150μm 不会提供更多的阴极保护作用。

4. ZINGA 锌加多层系统比 ZINGA 锌加单一系统超过双倍防腐保护年限。

5. 在多层系统中推荐涂装 ZINGA 锌加 60μm,在工业大气污染环境条件下,至少达到 12 年保护,假设面漆至少保护 5 年,则多层系统防腐蚀保护年限为 25～34 年。

9.1.5.10 价格计算和包装规格

涂装锌加 40μm 时,理论涂布率 3.54m²/kg;涂装锌加 60μm 时,理论涂布率是 2.36m²/kg。因此理论上每平方米单价＝锌加千克单价÷理论涂布率。实际每平方米单价＝实际每平方米单价×施工损耗系数。刷涂的施工损耗系数,一般为 1.2 左右;喷涂施工损耗系数,一般为 1.5 左右,具体可按实际涂装情况估算,锌加包装规格见表 9-11。

锌加产品包装规格   表 9-11

名 称	单 位	规 格
ZINGA® 锌加	kg/罐	1、2、5、10、25
ZINGASOLV 锌加溶剂	L/罐	1、5、10、25
ZINGASPRAY 锌加喷罐	罐	500ml

9.1.5.11 锌加用途

应用于不同领域,提供阴极保护。应用领域包括:新、旧大型钢结构如建筑、桥梁、塔桅、隧道、管道、电站、集装箱、舰船、储罐、金属框架、车辆、钢筋、地铁、机场等。

替代热浸锌、热喷锌,热浸锌会变形的结构受益于锌加。

9.1.6 氟碳涂料 (PVDF)

氟碳涂料是在氟树脂基础上经过改进、加工而成的一种新型涂层材料。其基料氟树脂所含氟-碳键的分子结构是已知最强的分子键,键能高达 444kJ/mol,且其长度短,因此氟碳涂料耐酸、耐碱、抗腐蚀、耐候性和摩擦系数小、憎油、憎水、抗粘、抗污染等性能远比一般涂层材料优异。氟碳涂料已成为现代科学技术、军工和民用中不可缺少的专用材料。

9.1.6.1 结构及特性

通常氟碳涂料用氟树脂的结构,是聚乙烯和聚丙烯等代表性脂肪烃树脂中的部分或全部氢原子被氟取代的结构。氟原子活性很强,是所有元素中电负性最高的元素,而且在氟树脂分子中的 C—F 键距离仅 1.26Å 或更短,键能非常大,其分子键非常稳定,能抵抗紫外线对它的破坏。此外,氟原子的体积大并具有空间位阻效应。其特性见表 9-12。

特 性 名 称	H	F	Cl	O	C
电负性	2.1	4.0	3.0	3.5	2.5
键能(C-X,kJ/mol)	413.7	441.29	328.7	351.7	347.9
键距(C-X,A)	1.10	1.26	1.78	1.43	1.50

氟碳涂料电负性、键能及键距 表 9-12

9.1.6.2 建筑用氟碳涂料的发展进程

自 1965 年美国 Pennwalt 公司开发成功以聚偏二氟乙烯（PVDF）为基料的建筑用氟碳涂料以来，人们看到了氟碳涂料在建筑领域的应用前景，目前全世界有数以万计的建筑物在（PVDF）氟碳涂料的保护下熠熠生辉。但（PTFE、PVDF、PVF）氟碳涂料属于结晶性聚合物，常温下不溶解于溶剂，仅能借助于制成有机溶剂分散体，并需高温烘烤才能成膜，这一要求大大限制了这类氟碳涂料的应用范围。直到 1982 年，日本开发出氟烯烃—乙烯基醚共聚物（FEVE）才开创了常温下溶解于芳烃、脂类、酮类溶剂的常温固化氟树脂，它克服了原来氟碳涂料不能常温固化的缺点，实现了在施工工地现场涂装氟碳涂料的理想，大大拓展了氟碳涂料的应用领域，使氟碳涂料能涂装在无机材质、金属材质、有机材质、陶瓷制品、玻璃材质、石头材质等的表面，20 世纪 90 年代日本又开发出水溶性氟碳涂料，它不仅保留了氟碳涂料的各项优异性能，而且具有环保、易施工的特点，拓展了在混凝土外墙上的应用前景。

9.1.6.3 氟碳涂料的种类

经过近 30 年的发展，形成了一系列以聚四氟乙烯、聚偏氟乙烯、四氟乙烯-六氟乙烯共聚物、氟烯烃共聚物等氟树脂为基料的多种牌号和用途的氟碳涂料，见表 9-13。

氟碳涂料分类 表 9-13

分 类	类 型
按形态分	水分散型、溶剂分散型、溶液蒸发型、可交联固化液型、粉末型
按组分涂料树脂分	聚氟乙烯涂料(PVF)，聚偏二氟乙烯(PVDF)涂料，聚三氟氯乙烯(PCTFE)涂料，聚四氟乙烯(PTFE)涂料，聚全氟丙烯(FEP)涂料，乙烯/四氟乙烯共聚物(ETFE)涂料，乙烯/三氟氯乙烯共聚物(ECTFE)涂料，四氟乙烯/全氟烷基乙烯基醚共聚体(PFA)涂料，氟烯烃-乙烯基醚共聚物(PEVE)涂料，氟橡胶涂料及各种改性氟树脂涂料
按固化温度分	高温固化型(180℃以上) 中温固化型 常温固化型

9.1.6.4 氟碳涂料通常具有的性能

（1）超耐候性

涂层经长期的户外使用，涂层颜色可能改变，光泽会劣化，表面发生剥蚀、粉化。而氟碳涂料中氟树脂分子链上的氟碳键能够抵抗紫外线的降解作用，能在户外长期使用外观不变。一般的涂料户外寿命很短，只有 1～3 年，就是丙烯酸树脂和有机硅改性树脂等所谓高级涂料在户外也只能保持数年的美观和对底材的保护作用，而氟碳涂料经户外长期使用和人工加速老化试验表明，可在户外使用 20 年以上，外观仍完美如初。

（2）耐腐蚀和耐化学品腐蚀

实验表明氟碳涂料的耐酸、耐碱、耐化学品腐蚀性是其他涂料所无法相比的。建筑用氟碳涂层也可通过 3000h 中性盐雾试验。氟碳涂层和其他涂层配合使用，通过多层次涂装，利用各涂层的装饰作用、隔热作用、屏蔽作用、缓蚀作用及阴极保护作用，能达到对底材数十年以上的防腐装饰目的。

（3）氟碳涂料物理性能与其他涂料比较见表 9-14，不同涂层耐化学性能比较见表 9-15。

不同涂层物理性能比较 　　　　　　　　　　　　　　　　表 9-14

	氟碳涂料	丙烯酸涂层	粉末涂层	聚氨酯涂层	阳极氧化涂层
耐磨性	5	3	4	4	3
抗冲击性	5	3	4	3	3
涂膜柔韧度	4	2	3	4	2
硬度	5	5	4	4	4
抗刻划度	4	4	5	3	4

不同涂层耐化学性比较 　　　　　　　　　　　　　　　　表 9-15

	氟碳涂料	丙烯酸涂层	粉末涂层	聚氨酯涂层	阳极氧化涂层
耐酸碱侵蚀性	5	3	3	3	2
抗油渍	5	3	3	3	3
抗水浸泡	5	3	3	3	4

注：氟碳涂层表面光滑，不易被污染，即使被污染也容易清洗。

（4）施工方便

氟碳涂料可以喷涂、辊涂、刷涂，具有优异的附着力和硬度。能在几乎所有的材质上良好紧密地附着。氟碳涂料的长寿命，使涂一次可以维持许多年，维修工程简单，省去了大量维修费和脚手架搭拆费。

（5）适应装饰效果

氟碳涂料可调配出实体色、金属色、珠光色、特殊色等各种色彩和低、中、高等各种光泽，为人们提供了丰富的想象空间和多样性的装饰效果。

（6）耐温性好

氟碳涂层的耐温性很好，能在 $-50\sim150℃$ 下长期使用。

9.1.6.5 产品系列及用途（见表 9-16）

产品系列及用途 　　　　　　　　　　　　　　　　　　　表 9-16

产品系列	用途
可常温固化 FC-S200 　　　　　　FC-S202	大型钢结构、桥梁、交通设施、玻璃涂装建筑外墙、海洋设施、船舶、机车
FC-W350 水性氟碳涂料	厂房、桥梁、别墅、超市、酒店、宾馆、高档商务楼、建筑外墙
喷涂用 FC-S300A FEVE 氟碳涂料	建筑幕墙、铝型板、各种金属用品
辊涂用 FC-S300B FEVE 氟碳涂料	涂层钢板、铝板等预辊涂产品
塑钢专用 FC-S20P 氟碳涂料	塑料型材、塑料门板、钢塑共挤型材
高温固化 FC-HA500 PVDF 氟碳涂料	建筑幕墙、铝型材等
抗污染 FC-S600 专用氟碳涂料	电线杆、灯杆、人行道等墙面、厨房、卫生间等表面
氟维特（FUVIT）无机预涂装饰板	建筑内、外墙板、防火板、吊顶、护壁等

9.1.6.6 FUVIT-ST 钢结构氟碳涂装系统

FUVIT-ST 钢结构氟碳涂料是衡峰公司在多年氟碳涂料研究、开发、应用实践基础上，结合国内外先进经验、针对钢结构防腐特点，开发的新型涂料品种及新工艺。

（1）特点

1）超耐候性

采用 FC—S 系列可常温固化氟碳涂料（日本大金 GK-570 四氟树脂为主成膜物）作为罩面漆，户外耐候性 20 年以上。

2）抗腐蚀能力强

采用多种涂层作多功能防腐，能抵抗各种腐蚀介质，耐盐雾腐蚀能力 1 万 h 以上。

3）装饰效果好

氟碳涂层具有实体色、金属色、珠光色等色彩和高、中、低各种光泽，装饰效果好。

4）工艺方便

常温固化，可喷涂、辊涂、刷涂，可以流水线或现场施工（温度范围 5～35℃）。

5）用途广泛

可应用于市政工程、建筑工程、交通设施、石化设备码头设施等一般防腐和重防腐领域。

6）从全寿命周期考虑，具有最优的性能价格比。

分类和组成见表 9-17。

FUVIT-ST 钢结构涂料分类和结构　　　　　　　　　　　　表 9-17

型　号	种　类	示　意　图
FUVIT-ST1	以重防腐为目的的钢结构，如桥梁、铁塔、海上石油设施大型建筑钢结构、水利设施	喷砂除锈 富锌底漆 云铁底漆 FC-S200氟碳面漆 氟碳罩光漆
FUVIT-ST2	以装饰防腐为目的的普通钢结构；用于一般气候条件下，不能喷砂除锈又需较长期防锈和耐候性场合，如：轻钢结构、大型储罐、建筑围栏等	带锈底漆 富锌底漆 云铁底漆 FC-S200氟碳面漆

型 号	种 类	示 意 图
FUVIT-ST3	以防火装饰为目的的钢结构,例如剧院、体育馆、文化教育设施、公共场所等	喷砂除锈 富锌底漆 防火涂料 FC-S200氟碳面漆 氟碳罩光漆

(2) FUVIT—ST 钢结构氟碳涂装系统工艺流程（表 9-18）

FUVIT—ST 钢结构氟碳涂装系统的工艺流程　　　　表 9-18

工序	工序名称	涂装类型			工艺目的	工艺要求	使用材料与工具	膜厚(μm)	涂装间隔
		St1	St2	St3					
1	喷砂除锈	●	×	●	除锈、除油,提高涂层与基材的附着力,提高涂层的防腐能力	Sa2.5级	喷砂机、抛丸机、钢丸、石英砂	—	—
2	人工除锈	×	●	×	除锈、除油,防止锈蚀从内部扩散,提高涂层防腐能力	St3级	刚性弹性砂轮片,铁砂皮	—	—
3	第一道富锌底漆	●		●	金属锌的牺牲阳极保护	足够的涂层厚度	环氧富锌底漆、无机富锌底漆、锌磷片底漆,无气喷涂设备或空气喷枪	30~50	表干后2h~7d
4	带锈底漆	×	●	×	涂料与铁锈进行微化学反应,形成配位络合物和保护膜	锈部位应进行2次或多次重涂	单组分带锈涂料,毛刷或空气喷涂设备	20~30	≥8h
5	焊接部位修整	●	×	●	除去焊接部位焊疤和锈蚀	彻底除去锈蚀	角磨机、砂轮片	—	—
6	第二道环氧富锌底漆	●	×	●	金属锌的牺牲阳极保护	足够的涂层厚度	环氧富锌底漆,无气喷涂设备或空气喷涂设备	30~50	表干后2h~7d
7	涂覆环氧云铁中间漆	●	●	×	云母片的定向排列,在漆膜中形成层层屏障,阻止空气、水分、盐分等易腐蚀钢材的成分进入钢材表面	表面平整无杂质、漆病	环氧云铁底漆为双组分涂料,与固化剂的配比为7:1,无气喷涂设备或空气喷涂设备	50~80	24h~7d
8	刮腻子	○	○	×	整平装饰面	平整	不饱和聚酯腻子(原子灰),刮刀	0~2mm	≥4h
9	打磨	○	○	×	提高下道漆附着力及提高涂层最终的装饰效果	表面光滑	320~400号水砂纸	—	—

工序	工序名称	涂装类型 St1	St2	St3	工艺目的	工艺要求	使用材料与工具	膜厚 (μm)	涂装间隔
10	涂覆防火涂料	×	×	●	遇火时涂膜膨胀发泡形成均匀致密的硬壳隔热层使基材受到保护作用	根据防火要求,涂布足够的厚度	膨胀型超薄防火涂料,滚筒,无气喷涂设备或空气喷涂设备	1～3mm	24h
11	涂覆氟碳面漆	○	○	○	保护钢结构和底面涂层,以丰富的色彩和多样的质感美化装饰钢结构	表面平整光滑,均匀无漆病	FC-S200 系列氟碳涂料为双组分涂料,与固化剂的配比为10:1,无气喷涂设备或空气喷涂设备	30	表干后2h～7d
12	涂覆氟碳罩光漆				在普通铝粉型金属漆的表面起到保护铝粉不被氧化变色失光	表面平整光滑,均匀无漆病	罩光漆,与固化剂的配比为10:1,无气喷涂设备或空气喷涂设备	10～15	表干后2h～7d

注:●表示按规定操作,○表示根据要求选择,×表示不选工艺。

9.1.6.7 氟碳涂料在钢结构领域与其他防腐方式（表9-19）

氟碳涂料在钢结构领域与其他防腐方式的比较　　　　　　　表9-19

项　目		FUVIT-ST 氟碳涂层系统	聚氨酯罩面涂层系统	热镀锌	达克罗涂层系统
建设过程	适用范围	桥梁、户外大型钢结构等大型工建,建筑幕墙、雨篷等中型工建,汽车零配件等小型工建,旧涂层的维护	桥梁、户外大型钢结构等大型工建,建筑幕墙、雨篷等中型工建,汽车零配件等小型工建,旧涂层的维护	电线杆、护栏、雨篷等中型工建	汽车零配件等小型工建
	系统结构	喷砂除锈 富锌底漆　50～70μm 云铁底漆　70～80μm 氟碳面漆　20～30μm 氟碳罩光漆 10～20μm	喷砂除锈 富锌底漆　50～70μm 云铁底漆　70～80μm 聚氨脂面漆 80μm	酸洗除锈 热镀锌层 50μm	酸洗除锈 达克罗涂层 10μm
	装饰特点	各种金属、珠光、实体色、高、中、低光泽及各种造型质感	各种金属、珠光、实体色、高、中、低光泽及各种造型质感	金属色	银色
	性能特点	耐候、耐酸碱、易清洗、硬度高等综合性能优异	耐候性一般,综合性能较优异	耐老化性好,易污染	耐腐蚀性能
	施工条件	可常温现场施工	可常温现场施工	工厂内加温施工	工厂内加温施工
	综合施工成本指数	100	80	60	100
使用过程	使用寿命 长期装饰性 维护难度 长期使用成本指数	户外 20 年以上 非常好 简单、二年清洗一次 100	户外 5 年左右 一般,越来越浅 简单,但需经常清洗 400	户外 20 年以内 越来越黑 不能清洗 200	室内应用 好 — 100

9.1.6.8 FC—S 系列氟碳涂料材料配套（表 9-20）

FC—S 系列氟碳涂料材料配套表 表 9-20

材料名称	编号	固化剂配比	kg/桶	用途	道数	厚度 (μm)	推荐实耗 (m²/kg)
氟碳面漆	FC-S200	10/1	20	主要防腐装饰层	2	30	4～6
氟碳罩光漆	FC-S250	10/1	20	保护面漆不会氧化变色	1	20	6～8
固化剂	G2		2	与漆反应,固化成膜			
稀释剂	K-160		16	调节涂料黏度			
带锈底漆（单组分）	FX-1		20	与铁锈反应,形成保护膜	1	15～20	8～12
环氧富锌底漆（双组分）		7/1	32.5	提高涂层附着力和耐蚀性	2	50～100	2.5～3.5
环氧云铁底漆（双组分）		10/1	20	提高涂层耐蚀性,附着力	2	50～100	2.5～3.5
不饱和聚酯腻子原子灰（双组分）		100/2	4	修补涂层	2		

9.1.6.9 FUVIT—ST 钢结构氟碳涂装施工注意事项

（1）前处理的选择原则

1）第一选择为在专业加工厂内对钢原材用专业喷砂机或喷丸机进行彻底的除锈（Sa2.5）后涂装，然后再进行焊接加工。

2）第二选择为对大型钢组件由专业施工队在现场用专业喷砂机进行现场喷砂后涂装。

3）第三选择为人工除锈。

（2）防腐底涂层的选择

1）新涂层第一选择为：富锌底漆。在专业加工厂内加工的材料首选无机富锌底漆和锌磷片底漆。在现场施工和复杂气候下施工的采用环氧富锌底漆。

2）对于不能进行喷砂除锈的材料可选择带锈底漆。

3）有旧涂层未锈蚀的钢材可不用富锌底漆。

4）热镀锌涂层、电镀锌涂层、喷铝涂层、喷锌涂层、达克罗涂层都是氟碳涂装很好的可选择的底层处理方法。

（3）涂装前的准备

1）按计划单核对涂料、稀料及其他辅助材料的品种和数量。

2）检查所确定的涂装方式所用的涂装工具及其附属设备是否齐备、运转正常。

3）在户外作业时，要确认气象条件符合施工要求，并有起码能延续到涂装可以阶段性中止的宽限期。

4）确认表面处理符合要求，按 GB 8923—88《涂装前钢材表面锈蚀等级》和 GB/T 13288—91《涂装前钢材表面粗糙度等级的评定（比较样块法）》对照检查清洁度和粗糙度。经化学处理的金属表面应无锈迹与水痕、磷化膜均匀、致密。

5）在必要时，为了解涂料的施工性能，按 GB 6753.6—86《涂料产品的大面积刷涂试验》或在其他适合的部位上进行试涂。

6）调漆时将漆搅拌均匀；因为是双组分漆，按规定比例和 3～4h 用量配漆，熟化；调至施工黏度；必要时以滤布过滤。

9.2 国内重点钢结构工程涂装实例

9.2.1 石洞口电厂等重点钢结构工程涂装配套实例（表9-21）

石洞口电厂等重点钢结构工程涂装配套实例 表 9-21

工 程 类 别	工 程 名 称	涂 料 品 种	干膜厚度(μm)
电站（厂）	石洞口电厂钢结构 大港油田钢结构	704 无机锌底漆 842 环氧云铁底漆 氯化橡胶厚浆型面漆 总厚 220	70 80 70
	秦山核电站核岛内壁	704 无机锌底漆 聚氨酯面漆 总厚 180	80 100
钢桥	厦门海堤铁路桥	702 环氧富锌底漆 624 氯化橡胶云铁底漆 624-1 氯化橡胶云铁面漆 总厚 240	80 80 80
	上海南浦大桥、杨浦大桥 ①大桥钢梁 注：杨浦大桥面漆蓝灰，内部加 20％云母氧化铁 ②杨浦大桥内部（阴暗）	702 环氧富锌底漆 842 环氧云铁中间层漆 氯化橡胶面漆 总厚 250 702 环氧富锌底漆 842 环氧云铁底漆 546 环氧沥青厚浆漆 总厚 280	80 100 70 80 100 100
码头	秦皇岛煤码头三期工程	702 环氧富锌底漆 842 环氧云铁底漆 环氧聚酰胺厚浆型面漆 总厚 300	80 100 120
	石臼港煤码头 （北仑电化厂钢结构、宝钢煤气柜与此同）	702 环氧富锌底漆 842 环氧云铁底漆 氯化橡胶厚浆型面漆 总厚 250	80 100 70
	金山石化海运码头（钢桩） 北仑港取样平台（钢桩）	702 环氧富锌底漆 842 环氧云铁底漆 846 环氧沥青厚浆型漆 总厚 260	80 80 100
	秦皇岛煤码头三期工程钢结构 秦皇岛粮食码头钢结构	702 环氧富锌底漆 842 环氧云铁中间层漆 环氧聚酰胺面漆 总厚 250	70 100 80
江、海底水管	海水管道	702 环氧富锌底漆 842 环氧云铁中间层漆 546 环氧沥青厚浆型漆 总厚 290	70 100 120

工 程 类 别	工 程 名 称	涂 料 品 种	干膜厚度(μm)
江、海底水管	黄浦江过江江底水管 汕头过海海底水管	702 环氧富锌底漆 842 环氧云铁中间层漆 546 环氧沥青厚浆型漆	80 100 250 总厚 430
油罐	衢州化工厂油罐	表面喷锌 1891 聚氨酯底漆 1892 聚氨酯白色耐油面漆	约 200 80 100 总厚 380
	舟山中兴石油公司 10 万 t 级油罐 油罐内部底及底部 1.6m 边圈用 1900 聚氨酯防静电漆	702 环氧富锌底漆 842 环氧云铁中间层漆 聚氨酯亚光白色面漆	80 100 70 总厚 250
塔架	上海电台发射塔	表面喷锌 842 环氧云铁底漆 氯化橡胶厚浆型面漆	约 200 80 60 总厚 340
	上海东方明珠电视塔、顶部 钢桅杆	底层热喷铝 842 环氧云铁底漆 环氧聚酰胺铝粉面漆 丙烯酸树脂清漆	约 120 120 90 50 总厚 380
商厦	上海八佰伴商厦钢结构	热塑性丙烯酸树脂防锈漆 热塑性丙烯酸树脂白色 面漆	80 80 总厚 160
体育馆	上海体育馆屋顶网架涂料 防护工程(已使用 20 余年无 明显锈蚀)	表面处理:16Mn 钢管化学 酸洗磷化,焊缝涂 X06-1 磷化 底漆,底漆 H06-2 环氧酯钼铬 红底漆三道,面漆桐油酚醛 磁漆	180 厚度无记录

9.2.2 油罐防腐蚀实例

我国石化系统有各类油罐 5000 余座,设计寿命一般为 20 年,由于腐蚀会缩短使用寿命约 5 年,有的严重腐蚀使用 1 年就报废,例如大庆某油田油罐,仅 1986 年一年就有 1/3 的油罐呈现穿孔现象,使油品泄漏,造成污染,火灾和爆炸等危险及影响油品使用性。

9.2.2.1 造成腐蚀的原因

轻质油罐较重油罐腐蚀重;地下油罐较地面油罐腐蚀重,受地下水及油品杂质影响,个别穿孔孔径达 10~20mm。

腐蚀严重的油罐及部位有:

1) 原油罐、污油罐、润滑油罐底部,水油界面部位,油、汽界面,油底水相部分。

产生腐蚀的原因是:原油中含有环烷酸、无机盐、硫化物以及微生物等。

产生腐蚀的形式有:均匀腐蚀、电化学腐蚀、罐底无氧条件可引起针状或丝状细菌腐蚀。

腐蚀速度:仅三四年罐底和加热管即被腐蚀穿孔破坏。

2）轻质油罐如汽油罐、煤油罐、石脑油罐、柴油罐等腐蚀因介质而异，汽油中的四乙基铅，轻油中的硫化氢均有腐蚀作用，特别是汽油罐顶部和汽液面腐蚀严重，柴油腐蚀较轻。

重质油或轻质油，其油罐顶部腐蚀的主要原因是由水蒸气、空气中的氧及油口中的硫化氢造成电化学腐蚀；罐壁气、液交替部位，主要是氧的浓差电池引起的，氧浓度高的部位为阴极，浓度低的部位为阳极。罐底腐蚀主要由于原油析水中含有大量无机盐，造成最严重腐蚀。

9.2.2.2 油罐防腐蚀举例

轻质油罐内壁采用无机富锌涂料进行防腐，在同样环境下对钢铁保护效果比环氧涂料好，可以提高汽油罐使用寿命 1 倍以上。

蜡产品罐，内装液蜡，由于原料蜡中含有硫、磷等杂质，经加氢精制产生 H_2S、SO_2 和水，使用 1 年余，罐顶、壁腐蚀严重，罐底尚可。

防腐蚀方案：底漆用环氧富锌涂料，面漆选用环氧玻璃鳞片导静电涂料，构成重防腐配套体系，其优点是抗蚀性能特别强，收缩应力小，抗裂性、耐蚀抗冲击性好，粘结力强。工艺要求，表面喷砂 Sa2.5 级，粗糙度 30～40，一底两面，每层厚 1mm。

9.2.2.3 液化石油气球罐防腐蚀举例

构成复合涂层：表面喷砂 Sa2.5 级＋热喷铝＋WRF8401 封闭涂层，厚度 150～200μm，保护期超过十年，对钢质球罐内壁全部喷铝保护，可替代铝制卧罐使用，但涂层不能起皮、脱落，油罐内壁防腐方案见表 9-22。

油罐内壁防护实例 表 9-22

厂　名	油罐名称	防护方案	使用情况
洛阳炼油厂	原油罐、材质 SM52B 5000mm³×3	弹性聚氨酯涂料和阴极保护联合防腐	良好
	汽油罐、航煤罐、轻污油罐（内浮顶罐、拱顶罐） 材质：A3F	涂弹性聚氨酯涂料	良好
独山子炼油厂	成品汽油罐，浮顶罐 A3F（罐壁 2m 以下，及底）（拱顶罐、浮顶罐）A3F	涂刷环氧涂料	良好
镇海石化总厂	柴油罐、汽油罐、原油罐（拱顶罐、浮顶罐）A3F	涂 H99-1 环氧导静电涂料	1982 年投入使用良好
上海石化总厂	石脑油罐、调和汽油罐、柴油罐（0 号柴油）、苯罐、航煤罐、汽油罐加氢汽油（拱顶罐、内浮顶罐）A3F	涂 7110 聚氨酯涂料	良好
安庆炼油厂	汽油罐、石脑油罐 A3F 污油罐（拱顶罐）A3F	涂环氧导静电涂料	良好
锦州炼油厂	航煤罐、汽油罐（拱顶罐） 汽油罐（内浮顶罐）A3F 原油罐（外浮顶罐）A3F	涂环氧富锌底漆、面漆，SY-92 环氧导静电涂漆	使用 6～7 年 良好
洛阳石化工程公司炼油实验厂	原油罐（拱顶罐） 污水处理罐 石蜡罐、材质碳钢	涂 HF-52-5 耐油导静电涂料	良好

9.2.2.4 储罐外壁隔热防腐要求

（1）夏天降温、冬天保温，防腐蚀性能好，对大气具有良好的稳定性、面漆耐久性，防紫外线照射，涂层的耐候性好，抵抗日晒雨淋能力较强。且有一定的装饰性。

（2）按 GB 11174—89 规定，液化气球罐，在夏天球罐表面不超过 50℃，东北地区不超过 45℃，液化气体性质（闪点＜66℃，沸点约 42℃，自燃点 495～510℃，爆炸极限 1.5%～11%，储运压力 0.8～1.2MPa，储运温度应低于 32℃）决定了液化汽球罐必须密闭，要求防腐降温，涂刷隔热涂料贮罐降温 7～8℃，夏天球罐表面温度 38～42℃，达到国家球罐操作温度 30～45℃的要求，因而取消喷淋水冷却装置。

9.2.2.5 储罐外腐蚀及防护措施

（1）大气腐蚀

（2）土壤腐蚀

大部分储罐基础是以砂层和沥青砂为主要构造，罐底板坐落在沥青砂面上，由于罐中满载和空载交替，冬季和夏季温度和地下水的影响，使得沥青砂层上出现断裂缝，致使地下水上升接近罐底板造成腐蚀，若油罐温度较高，造成罐底板周围地下水蒸发，加剧了储罐底部的腐蚀性。

（3）氧浓差电池作用造成腐蚀，罐底中心部位成为阳极而被腐蚀。

（4）杂散电流腐蚀。地域直流用电设备可能产生杂散电流。

（5）接地极引起电耦腐蚀。为避雷和消除静电，油罐须接地，当接地材料和罐底板的材质不同时就会形成电耦造成腐蚀。

防蚀措施：

① 热喷锌（按 GB 9793—1997）

② 热喷铝（按 GB 9795—1997）

9.2.2.6 煤气柜防腐蚀涂装实例

煤气柜涂装防腐技术已趋成熟，采用的防腐措施是"涂料＋缓蚀剂＋阴极保护"联合防腐。其涂料要求：耐煤气、耐含硫化氢的酸性水、耐霉菌、耐工业大气和抗紫外线及防老化等。气柜外壁涂料要求耐水性、耐候性、漆膜附着力、表面强度、硬度、抗老化性好；内壁长期不受阳光照射，内壁涂料要求耐水。

（1）煤气柜典型涂装（表 9-23）

煤气柜防腐蚀涂装配套体系 　　　　　　　　　　　　　　表 9-23

方案	预处理及涂料来源	内　　容	外　　壁	水 槽 底
1	喷砂处理：涂料由天津油漆厂生产	底漆：环氧云铁底漆一道 面漆：H53-31 环氧沥青涂料 3～4 道	底漆：环氧云铁底漆 1 道 中间漆：H53-31 环氧沥青涂料 3～4 道 面漆：651 铝粉氯化橡胶面漆或云铁氯化橡胶桥梁面漆 1～2 道	底漆：环氧云铁底漆 1 道 面漆：H53-31 环氧沥青涂料 3～4 道 面层：热沥青一层厚 8mm
2	喷砂处理：涂料由天津油漆厂生产	底漆：L44-81 铝粉沥青涂料 1～2 道 面漆：L44-82 沥青涂料 3～4 道	底漆：L44-81 铝粉沥青涂料 1～2 道 中间漆：L44-82 沥青涂料 3～4 道 面漆：651 铝粉氯化橡胶面漆或云铁氯化橡胶桥梁面漆 1～2 道	底漆：L44-81 铝粉沥青涂料 1～2 道 面漆：H53-34 环氧沥青涂料 1～2 道 面层：热沥青 1 层厚度 8mm

方案	预处理及涂料来源	内 容	外 壁	水 槽 底
3	喷砂处理；涂料由上海开林造漆厂生产	底漆：H06-4 环氧富锌底漆 1 道 中间漆：HL-901 或 846-1 环氧沥青涂料 1 道 面漆：HL-902 环氧沥青涂料或 846-2 环氧沥青涂料 1 道	底漆：H06-4 环氧富锌底漆 1 道 中间漆：云铁氯化橡胶道涂料 2 道 面漆：651 铝粉氯化橡胶 1 道或云铁氯化橡胶桥梁面漆 1~2 道	底漆：H06-4 环氧富锌底漆 面漆：H53-34 环氧沥青涂料 1~2 道 面层：热沥青 1 层厚度 8mm
4	喷砂处理；涂料由天津油漆厂生产	底漆：X06-1 磷化底漆 1 道 G06-4 过氯乙烯漆过渡层 G06-4/G52-31(1∶1)1 道 面漆：G52-2 清涂料 4 道	底漆：X06-1 磷化底漆 1 道 G06-4 过氯乙烯漆过渡层 面漆：G52-33 铝粉漆 4 道	底漆：L44-81 铝粉沥青涂料 1~2 道 面漆：H53-34 环氧沥青涂料 1~2 道 面层：热沥青 1 层厚度 8mm
5	喷砂处理；EPH 型涂料，耐候专用涂料，哈尔滨江北油漆厂生产	底漆：X06-1 磷化底漆 1 道，环氧铁红底漆 2 道 中间漆：环氧磁漆 2 道 面漆：环氧煤沥青玻璃鳞片涂料 3 道 总涂层厚度在 300μm 以上	底漆：磷化底漆 1 道、EPH 环氧改性氯磺化聚乙烯漆 2 道 中间漆：EPH 环氧改性氯磺化聚乙烯中间漆 3 道 面漆：EPH 环氧改性氯磺化聚乙烯面漆 2 道	底漆：X06-1 磷化底漆 1 道、环氧铁红底漆 2 道 中间漆：环氧磁漆 2 道 面漆：环氧煤沥青玻璃鳞片涂料 3 道 总涂层厚度 300μm 以上

(2) 阴极保护技术

1) 内壁阴极保护技术

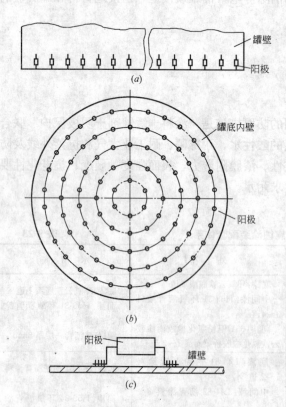

图 9-3　罐内牺牲阳极安装示意图

(a) 壁板上；(b) 罐底板上；(c) 焊接方法

由于内壁底部有一层积水层，以采用牺牲阳极保护为宜，保护范围是罐壁下部 1m，罐底板全部。考虑到温度影响不宜选用锌阳极，从安全因素出发，不宜选用镁阳极，多选用铝合金牺牲阳极。

2) 罐底板外壁阴极保护

① 牺牲阳极法

对于底板面积较小，罐体施工质量有保证的储罐，当周围土壤电阻率较低时（＜60Ωm）可选用牺牲阳极保护，通常选用镁阳极，阳极力求均匀分布。（图 9-3）

② 强制电流法

对于所需阴极保护，电流较大的罐底，适宜采用强制电流法，电流、电压可根据需要任意调节，辅助阳极布置对罐底板中间部位的保护水平起一定作用。阳极埋设方式如图 9-4 所示，有直立式、水平式、深井式和罐底斜角式。当保护的对象不是一座罐

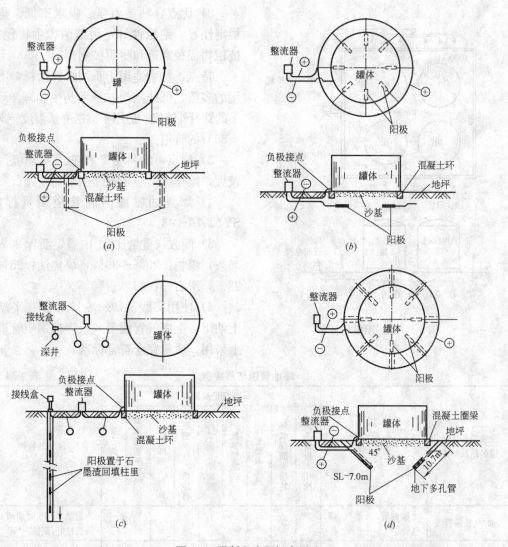

图 9-4　强制电流阳极布置法
(a) 罐周立式阳极埋设；(b) 罐底水平式阳极埋设；(c) 罐旁深井阳极埋设；(d) 罐底斜角式阳极埋设

而是几座罐时，可以将几座罐当作一个联合体共同保护，见图 9-5 罐群阳极的分布。

9.2.3　埋地钢质管道防腐蚀实例

产生腐蚀原因：遭受土壤、细菌、杂散电流和输送介质的腐蚀。土壤酸碱度、氧化还原电位、电阻率、含水量、含盐量、密实度、透气性及微生物等诸种因素会造成地下管道腐蚀。土壤中含有硫酸盐还原菌（厌氧菌），将可溶的硫酸盐转化为 H_2S，使土壤中 H^+ 浓度增大，加速了腐蚀。

9.2.3.1　涂装防腐

(1) 防腐蚀实例（表 9-24）

(2) 煤焦油磁漆涂装

1) 研制单位：中国石油天然气总公司管道科学院

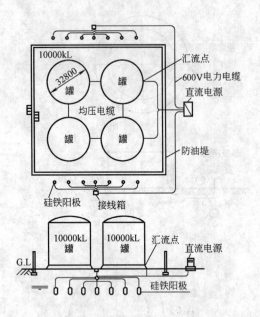

图 9-5 罐群阳极的分布

2）优点：粘接力强、吸水率低、化学稳定性好、绝缘性好，耐细菌微生物侵蚀，抗植物根径穿透和耐阴极剥离。

特点：特别适用于石油沥青涂料，不适用的多菌、低洼潮湿、芦苇丛生和海洋环境下的管道外防腐。适用于输送介质温度－30～＋80℃的管道。

3）缺点：涂料生产和施工对环境污染较大，操作人员应采取适当防护措施。

4）煤焦油磁漆防腐管道质量标准：SY/T 79—93。

5）配方（重量比）：中温煤沥青 20％～35％，煤粉：20％～30％，煤焦油：25％～35％，滑石粉：25％～40％。

6）使用实践：1993～1998 年在平湖海上油田、上海气管线等 8 条埋地钢质管道线上采用，质量完全符合标准。

埋地管道防腐实例　　　　　　　　　　　　　表 9-24

涂装的石化管道名称及部位	管道用途	常用防腐涂料									涂料的特性
		聚乙烯粉末喷涂	环氧煤沥青涂料	环氧粉末涂料	聚氨酯涂料	环氧聚氨酯涂料	聚氨酯酚改性乙烯涂料	环氧酚醛涂料	聚乙烯塑料粉喷漆	聚乙烯包覆层	
油、气长输管线	输油管、天然气、煤气管		√	√		√		√		√	耐油、不污染油质，抗渗透性好，耐蚀
管道外壁			√	√	√					√	耐土壤、盐、碱水等腐蚀、耐工业大气腐蚀
化工管道内壁	输送液体反应物件（如酸、碱、氨液氯、溶剂等）		√	√		√		√	√		耐化学药品腐蚀、耐酸碱、耐温度、耐水、耐溶剂
水管、海水管、水电站管道		√	√						√		耐海水、淡水、冲击、耐盐雾、耐湿热
泥浆管道及输送粉末管道					√	√					耐摩擦、摩擦系数小、耐腐蚀

注：1. 当今世界上大型管道广泛应用环氧煤沥青、沥青煤焦油磁漆、环氧粉末喷涂，其优点：耐温、耐热、耐腐蚀、耐磨损及机械强度高。美国大口径地下管道有将近一半采用环氧粉末静电喷漆，这种涂装方法适用于 150℃介质；在寒冷炎热地带均适用。

2. 环氧煤沥青涂料防腐层可用于与原油、重质油品（柴油、润滑油、渣油等）、污水、煤气（温度≯110℃）相接触的场合。不能用于饮用水和轻质油（汽油、航煤油、煤油）管道。环氧煤沥青涂料较多用于埋地管道外防腐。

9.2.3.2 埋地钢管的强制电流阴极保护

第 7 章中已谈到外加电流阴极保护。现介绍在埋地管道上的具体应用，其保护系统如

图 9-6 所示，由极化电源、辅助阳极、被保护的阴极组成。电源设备是阴极保护的心脏，这是可靠性的首要问题，电流电压应连续可调，要适应当地工作环境（温度、湿度、日照、风沙），有富裕的电容量；输出阻抗与管道—阳极地床回路电阻相匹配。

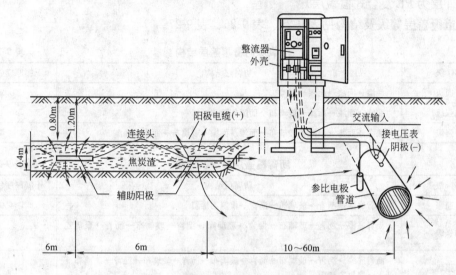

图 9-6　管道的强制电流阴级保护系统

施加阴极保护的管道必须满足下列三个条件：

① 管纵向连续导电；

② 具有足够的电阻管道覆盖层；

③ 管道和其他低电阻接地装置的电绝缘。

通常钢质管道均焊接连接，完全满足管纵向连续导电。若用法兰、丝扣连接必须采用电缆跨接方式，确保管道的连续性，电缆和管道连接可采用铝热焊接方式。

（1）管道覆盖层

覆盖层通常采用电绝缘材料，如沥青、环氧粉末、煤焦油瓷漆、环氧煤沥青等。

埋在土壤中的钢管是由于无数个腐蚀电池、电化学作用产生腐蚀。管道的覆盖层就是把存在着许多不同电极电位微区的管道同电解质（土壤介质）隔离开，使得腐蚀电流强度趋于零而减轻腐蚀。

$$腐蚀电流 \ I = \frac{E_a - E_c}{R}$$

式中　E_a——阳极电位；

　　　E_c——阴极电位；

　　　R——电解质过渡电阻，$R \rightarrow \infty$，$I \rightarrow 0$。

覆盖层把金属表面与腐蚀介质隔离开，对防止电化学腐蚀是行之有效的，因为它们与介质之间没有接触机会，也就不发生化学反应了。但理想状态的覆盖层无法实现，上面有针孔或破损，就会形成大阴极（覆盖面）、小阳极（破损处）的腐蚀电池。由于此电池作用，使腐蚀集中在破损或针孔局部，比不用覆盖层还严重。当今国际公认：埋地管道防蚀技术是覆盖层与阴极保护相结合的作用。

我国管道用的覆盖层基本上以石油沥青为主，20世纪70年代开始就用PE夹克和胶带，20世纪90年代煤焦油瓷漆及环氧粉末，90年代后期，国际上最为先进的三层PE结构，也在我国陕京等管线上应用（所谓三层结构系指：底层为FBE，中间层为聚合物胶粘剂，外层为PE复合式覆盖层）。

管道覆盖层等级及结构见表9-25、表9-26、表9-27。

环氧煤沥青覆盖层结构 表9-25

等　级	防腐层结构	干膜厚度(mm)
普通级	底漆→面漆→面漆→面漆	≥0.3
加强级	底漆→面漆→面漆→玻璃布→面漆→面漆	≥0.4
特强级	底漆→面漆→面漆→玻璃布→面漆→面漆→玻璃布→面漆→面漆	≥0.6

沥青覆盖层等级及结构 表9-26

等　级	防腐层结构	干膜厚度(mm)
普通级	沥青底漆→沥青→玻璃布→沥青→聚氯乙烯膜	≥4.0
加强级	沥青底漆→沥青→玻璃布→沥青→玻璃布→沥青→玻璃布→沥青→聚氯乙烯膜	≥5.5
特强级	沥青底漆→沥青→玻璃布→沥青→玻璃布→沥青→玻璃布→沥青→玻璃布→沥青→聚氯乙烯膜	≥7.0

聚乙烯胶带防腐层等级与结构 表9-27

等　级	防腐层结构	防腐层总厚(mm)
普通级	一层底漆→一层内带→一层外带	≥0.7
加强级	一层底漆→一层内带→一层外带	≥1.0
特强级	一层底漆→一层内带→一层外带	≥1.4

注：1. 胶带搭接宽度，按胶带宽度≤75mm、100mm、≥230mm，分别为10mm、15mm、20mm。加强级内带搭接宽度为50%～55%胶带宽度，特强级内、外搭接宽度为50%～55%胶带宽度。

2. 绕带。当底漆表干即可绕带，始、末端搭接长度不小于1/4周长，且不小于100mm，缠绕各圈间应平行，不得扭曲、翘曲，管沟底部应铺盖100mm松土，不得有砖头及损坏防腐层的物件。下沟后，软土回填应超过管顶100mm以上，方可二次大回填。

（2）高硅铸铁阳极

高硅铸铁（HSI）是指含Si 14～18％的铁合金，耐酸蚀性很好，其表面含有大面积水化SiO_2保护膜，膜在碱性中是可溶的，形成硅酸盐，化学稳定性不好。

高硅铸铁硬而脆，很难进行机械加工，所以阳极体多为形状简单的回旋体，用铸铁法生产，有多种形式（见表9-28），棒形适用于土壤、海泥；扣状适用于水介质；悬挂式用于水环境。

YJ系列高硅铸铁阳极代号

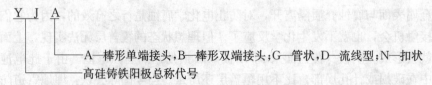

Y J A

A—棒形单端接头，B—棒形双端接头；G—管状，D—流线型；N—扣状

高硅铸铁阳极总称代号

XG—悬挂式，第三位符号右下角注：1—斜销装置连接；2—熔铅连接；3—螺栓连接

型　号	规格(mm×mm×mm)	表面积(m²)	重量(kg)	草图及说明
YJA YJB SiFe 阳极	A×B×C×D:25×320×50×90	0.03	2.5	
	A×B×C×D:25×900×50×90	0.08	7	
	A×B×C×D:25×1200×50×90	0.11	8	
	A×B×C×D:25×1500×50×90	0.13	10	
	A×B×C×D:38×900×63×90	0.12	7.5	
	A×B×C×D:38×1200×63×90	0.16	10	
	A×B×C×D:38×1500×63×90	0.20	13	
	A×B×C×D:50×900×75×90	0.16	13.5	注:1. 重量为铸件毛重;
	A×B×C×D:50×1200×75×90	0.20	16.5	2. 重量及表面积为 YJA 参数;
	A×B×C×D:50×1500×75×90	0.25	20.5	3. YJA—单端接头,
	A×B×C×D:65×900×90×100	0.22	20	YJB—双端接头
	A×B×C×D:65×1200×90×100	0.27	27	
	A×B×C×D:65×1500×90×100	0.33	34	
	A×B×C×D:75×1200×100×100	0.30	36	
	A×B×C×D:75×1500×100×100	0.38	45.5	
	A×B×C×D:115×1500×140×125	0.55	100	
YJDSiCr-75	Φ75×160	0.046	5.4	流线型:柄长 267mm,螺栓连接
YJNSiCr-75	Φ75×75	0.023	2.7	
YJNSiCr-150	Φ150×65	0.046	7.0	
YJNSiCr-300	Φ300×85	0.092	24	
YJNSiCr-150A	Φ150×75	0.046	8.2	
YJNSiCr-150B	Φ150×75	0.046	8.2	扣状 SiFe 阳极
YJG-60	60(外径)×10(壁厚)×2000(长度)	0.38	23	
YJG-70	70×10×2000	0.44	30	
YJG-100	100×10×2000	0.63	45	
YJG-120	120×10×2000	0.75	50	管状 SiFe 阳极
YJG-120	120×20×2000	0.75	100	
YJG-75	75×10×15000	0.35	24	
悬挂式	Φ330×750			顶部有悬挂钢管(内有电缆),阳极上座

（3）柔性阳极

柔性阳极用于埋地管道和储罐底部，应用很广，深受欢迎，柔性阳极是用导电塑料包覆在铜芯上，结构和外形与电缆相似，所以又称缆形阳极，使用时要用焦炭粉填包（图9-7）。

柔性阳极性能参数列于表 9-29。柔性阳极敷设时，先挖一条与管道平行的阳极沟，在沟内填一半焦炭粉，把柔性阳极就位，再覆盖一半焦炭粉，然后用原土（应是细土）盖实，于是可大量回填。

（4）埋入土壤环境中的牺牲阳极

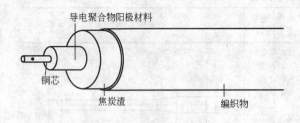

图 9-7　新型柔性阳极结构

柔性阳极性能参数　　表 9-29

土壤中最大工作电流(无焦炭)	mA/m	52
土壤中最大工作电流(有焦炭)	mA/m	82
水中最大工作电流	mA/m	10
最低施工温度	℃	18
最小弯曲半径	mm	150
按 ASTMD-543 在室温下浸泡 7d 后的重量增加率	3%NaCl	<1%
	3%Na$_2$SO$_4$	<1%
	10%NaOH	<1%

土壤环境中常用棒形阳极（截面梯形或 D 形），阳极长度决定了接地电阻及输出功率；截面大小决定了阳极使用寿命。带状阳极主要应用于高电阻率土壤中。

阳极填包料：

牺牲阳极在土壤中性能稳定，必须在阳极四周填充适当的化学填包料，目的是使阳极与填料相邻，从而改善阳极的工作环境，降低阳极接地电阻，增加阳极输出电流；填料的化学成分应不结痂，有利于减少阳极产物的溶解和不必要的阳极极化，促使阳极地床长期润湿。对化学填包料的基本要求：电阻率低，渗透性好，不流失，保湿性好。

阳极填包料的方法：①袋装。袋子必须是天然纤维织品，严禁使用化学纤维织品。②现场钻孔，效果好，填料用量要大。填包料厚度应各个方向均保持 5~10cm。目前常使用的化学填包料配方见表 9-30。

牺牲阳极填包料配方表　　　　　　　　　　　　　　　　　表 9-30

阳极材料	填包料配方,质量分数%				适用条件
	石膏粉 CaSO$_4$·2H$_2$O	工业硫酸纳	工业硫酸镁	膨润土	
镁阳极	50	0	0	50	≤20Ωm
	25	0	25	50	≤20Ωm
	75	5	0	20	>20Ωm
	15	15	20	50	>20Ωm
	15	0	35	50	>20Ωm
锌阳极	50	5	0	45	
	75	5	0	20	

（5）牺牲阳极布置

阳极布置有立式、水平式两种，埋设方向有轴向和径向。牺牲阳极布置见图 9-8 的阳极地床。在北方地区，必须在冻土层以下，成组埋设时，阳极间距以 2~3m 为宜；在地下水位低于 3m 的干燥地带，牺牲阳极应当加深埋设；当经过河流湖泊时，牺牲阳极尽可能埋设在河床或湖底的安全部位，防止洪水或挖泥时损坏，牺牲阳极用于城市管网区，必须特别注意阳极与管道之间不应有电缆和其他金属构件；牺牲阳极在管道上的

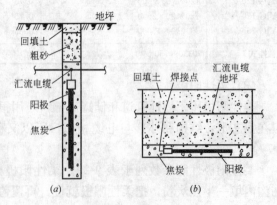

图 9-8　浅埋式阳极地床
(a) 立式；(b) 水平式

间距，对于长输管道为每公里 1～2 组，对于城市管道及站内管网，以 200～300m 一组为宜。

9.2.4 钢桥涂装防护

钢桥不仅受工业大气腐蚀介质的侵蚀，滨海钢桥还遭受海洋大气盐雾的侵蚀和带盐份海浪的冲击，防腐蚀要求特别高，国际上通常认为，临海区钢桥涂层使用寿命应达到 15 年，而内陆地区则要求达到 20 年，根据这些情况再考虑所用涂料、涂料配套与各涂层厚度和总的涂层厚度。

为了提高钢桥防护涂层的使用年限，国外钢桥多采用喷锌、喷铝涂层加有机防腐涂层进行封闭，构成长效防腐结构，使用寿命可达 20～30 年。例如日本关门桥，在构件表面喷锌，然后再涂磷化底漆（WP-1）75μm，酚醛锌黄底漆 2 道 10μm，酚醛云母漆 2 道 40μm（以上为车间涂装），然后再在现场涂装氯化橡胶中间漆、面漆 120μm。茅草街大桥钢构表面热喷铝 180μm、环氧云铁封闭漆二道 80μm，丙烯聚氨酯面漆 2 道共 60μm，设计涂层寿命 30 年。

在我国，新型涂料高科牌 LS 系列水性无机富锌底漆已用于公路及跨海大桥钢结构；比利时锌加公司的锌加镀锌系统用于英国伦敦大桥，加拿大 Overlamder 大桥。

9.2.4.1 钢桥喷涂

钢桥工地涂装的涂料品种和技术要求应按设计文件规定，防腐蚀涂料应具有良好的耐蚀性、附着性并具有出厂合格证（质保书）。

（1）钢桥工地喷涂（摘自《海港工程钢结构技术规定》JTJ 230—89）中关于喷涂的条文，供使用时参考。

喷涂金属系统保护：

1）一般要求

① 喷涂金属系统一般包括喷涂金属层和封闭涂层；

② 喷涂金属所用的金属材料一般为铝、锌或锌—铝合金；

③ 海港工程结构喷涂金属工艺，一般采用气喷涂法，亦可采用电喷涂法。

2）喷涂金属材料

① 气喷涂法所用金属材料应光洁、无锈、无油、无折痕，一般采用直径为 2.0～3.0mm 的金属丝。

② 金属丝的纯度应符合下列要求：铝丝含铝 99.5％以上；锌丝含锌 99.7％以上。锌铝合金丝的金属组成，锌为 95％～70％，铝为 5％～30％。

3）喷涂金属系统

① 喷涂金属系统的封闭涂层，其底漆应具有良好的封孔性能，一般采用磷化底漆以及环氧、环氧酯、聚氨酯、乙烯树酯、氯化橡胶等底漆。

② 大气区和浪溅区、水位变动区喷涂金属系统的厚度应根据设计使用年限可参考表 9-31 和表 9-32。

4）喷涂金属施工

① 喷涂金属的表面处理最低等级为 Sa2½。选用磨料应满足钢结构处理后表面粗糙度

大气区喷涂金属系统　　　　　　　表 9-31

设计使用年限 T/年	喷涂金属层厚度(μm)		封闭涂层厚度(μm)
$T \geqslant 20$	锌 250		30～60
	铝 200		
$10 \leqslant T < 20$	锌 150		30～60
	铝 100		

注：表中喷锌、喷铝可任选一种。

浪溅区和水位变动区喷涂金属系统　　　　表 9-32

设计使用年限 T/年	喷涂金属层厚度(μm)		封闭涂层厚度(μm)
$T \geqslant 20$	锌 300		60～100
	铝 250		
$10 \leqslant T < 20$	锌 150		60～100
	铝 150		

不小于 60～80μm 的要求。

② 钢结构表面处理后应尽快喷涂金属，其间隔时间不应超过 4h（阴湿天气不应超过 1.5h），当相对湿度大于 85％时，不应进行喷涂金属作业。

③ 喷涂金属层厚度应尽量均匀。喷涂时，同一层内每一喷涂带宜与前一喷涂带重叠 1/3 宽度，相邻层的喷涂带宜互相垂直、交叉覆盖。

④ 喷涂金属后应尽快进行封闭涂层的涂装作业。

5）维护管理

① 在使用过程中应对涂膜进行定期检查，发现有损坏时应及时进行修补。修补用涂料应尽量与原涂料配套。

② 对防腐蚀涂层系统应建立涂装及涂层检查记录。

（2）钢桥工地涂装

1）喷涂金属系统的封闭涂层，其底漆应具有良好的封孔性能。

2）防腐蚀涂料设计使用年限，参考取值见表 9-33。

涂层系统　　　　　　　　　　　表 9-33

设计使用年限（年）	配套涂层系统			平均涂层厚度(μm)	
				(1)	(2)
10～20	底层		富锌漆（无机或有机富锌漆）	40	75
	面层	Ⅰ	氧化橡胶漆	280	250
		Ⅱ	聚胺酯漆		
		Ⅲ	丙烯酸树脂漆		
		Ⅳ	乙烯树脂漆		
5～10	底层		富锌漆（无机或有机富锌漆）	40	
	同品种底面层配套	Ⅰ	氧化橡胶漆	100	
		Ⅱ	聚胺酯漆		
		Ⅲ	乙烯树脂漆		
		第一类 Ⅰ	橡胶树脂漆（氧化橡胶漆或氧碳化聚乙漆）	180～220	
		Ⅱ	乙烯树脂漆		
		Ⅲ	丙烯酸树脂漆		

设计使用年限(年)	配套涂层系统				平均涂层厚度(μm)	
					(1)	(2)
5~10	同品种底面层配套	第二类	Ⅰ	油性漆	190~230	
			Ⅱ	酚醛树脂漆		
			Ⅲ	醇酸树脂漆		
			Ⅳ	环氧树脂漆		
		第三类		聚胺酯漆	220~240	
		第四类		环氧树酯漆	240~260	
<5	同品种底面层配套		Ⅰ	油性漆	170~190	
			Ⅱ	酚醛树脂漆		
			Ⅲ	醇酸树脂漆		
			Ⅳ	环氧树脂漆		
	其他				200	

注：1. 涂层厚度可按《漆膜厚度测定法》(GB 1764—1979)测定。
　　2. 表列Ⅰ、Ⅱ、Ⅲ、Ⅳ配套涂料及平均涂层厚度(1)、(2)可任选其中一种。
　　3. 表列各种涂料，系指该涂料系列中的防锈漆和防腐蚀漆。

3) 不同涂料表面处理的最低等级，参考值见表9-34。

不同涂料表面处理的最低等级　　　　　　　　表 9-34

涂料品种		表面处理最低等级	
		喷射或抛射除锈	手工和动力工具除锈
非油性漆	无机富锌漆	Sa2.5	不允许
	酚醛树脂漆、氧化沥青等	Sa2	St3
	醇酸树脂漆		St2
	其他漆类		不允许
油性漆		Sa2	St2

（3）技术要求

1) 钢梁在全部组拼高强螺栓栓合妥当，经过检验、洗刷、除锈并干燥后，先将一切未经涂底漆或涂过的中分剥落处涂补底漆，底漆干燥后，再进行全部涂漆工作。

2) 涂料质量应符合致密、不透水、不粉化龟裂、耐磨及防锈性能、附着力、粘结力良好的要求和不含腐蚀钢材的化学成分。

3) 当大风、雨天、浓雾及气温在5℃以下或35℃以上，相对湿度在80%以上时，除有确保质量措施外，均不得施工。

4) 钢桥涂层数和漆膜厚度，按设计文件办理。如设计文件无规定时，可参照表9-35施工。如按规定层数达不到最小漆膜总厚度时，应增加涂装层数达到其厚度。应等第一层漆干透后，方可涂次一层漆。

钢桥涂装的层数和涂膜厚度　　　　　　　　表 9-35

部　位	最小干膜总厚度(μm)	涂装层数	
		底漆	面漆
板梁、条梁上盖板和桁梁桥面系上盖板	240	3	4
其他部位	180	2	3

5）未经防锈处理的高强螺栓应先清除油污，再涂底漆和面漆。已经防锈处理的高强螺栓，可在擦洗干净后，直接涂装面漆。

6）钢桥涂装完成后应表面有光泽、颜色均匀。不允许有漏底、漏涂、涂层剥落、涂层破裂、起泡、划伤及咬底等缺陷。手工涂刷的不得有明显划痕。涂料屑料和尘土微粒所占涂装面积均不得超过 10%。翘皮、起皱、针孔和流挂在任一平方米面积内，不得大于 $30cm^2$，其缺陷不得超过两处。小的凸凹不平在 $1m^2$ 内不得超过 4 处。

（4）工地涂装质量检验

1）涂层系统

① 涂装前应进行表面处理的质量检查，合格后方可进行涂装。

② 涂装时，涂层遍数和漆膜厚度应符合设计要求，应及时测定湿膜厚度；保证干膜厚度。

③ 涂层干膜厚度大于或等于设计厚度值的点数占总测点数的 90% 以上，其他测点的干膜厚度不应低于 90% 的设计厚度值。当不符合上述要求时，应进行修补。

④ 厚膜涂层应进行针孔检测，针孔数不应超过测点总数的 20%，当不符合要求时，应进行修补。

2）喷涂金属系统

① 可目视或用 5～10 倍放大镜观察，喷涂金属层应颗粒细密、厚薄均匀，并不得有固体杂质、气泡等裂缝等缺陷。

② 喷涂厚度达不到要求时，应进行补喷或重喷。

③ 孔隙率检测，检测面积宜占面积的 5%，当不合格时，应进行补喷或重喷。

④ 对喷涂金属层与钢结构的结合性能，可采用敲击或刀刮进行检测，当不合格时，应进行补喷或重喷。

3）封闭涂层质量可按涂层质量检查的有关规定进行。

根据涂装质量检验，介绍一种漆膜厚度测定法供参考：漆膜厚度测定方法（GB 1764—79）适用于漆膜厚度的测定，采用杠杆千分尺或磁性测厚仪测定，以 μm 表示。

（A）一般规定

杠杆千分尺：精确度为 $2\mu m$；

磁性测厚仪：精确度为 $2\mu m$。

（B）测定方法

A）甲法：杠杆千分尺法

（a）杠杆千分尺的“0”位校对

首先用绸布擦净两个测量面，旋转微分筒，使两测量面轻轻地相互接触，当指针与表盘的“0”线重合后，就停止旋转微分筒，这时微分筒上的“0”线也应与固定套筒上的轴向刻线重合，微分筒边缘是固定套筒的“0”线的左边缘恰好相切，这样算“0”位正确。如果“0”位不准，就必须调整。调整方法是先使指针与表盘的“0”线重合，用止动器反活动测杆固定住，松开后盖，再调整微分筒上的“0”线与固定套筒上的轴向刻线重合，微分筒边缘与固定套筒的“0”线的左边缘恰好相切，然后拧紧后盖，松开止动器，看表盘指针是否对“0”，如不对应，重复上述步骤，重新调零。

（b）测量

取距边缘不小于 1cm 的上、中、下三个位置进行测量。先将未涂漆底板放于微动测杆与活动测杆之间，慢慢旋转微分筒，使指针在两公差带指针之间，然后调整微分筒上的某一条线与固定套筒上的轴向刻线重合，为了消除测量误差，可在原处多测几次，读数时，把固定套筒、微分筒和表盘上所读得的数字加起来，即为测得厚度值，然后涂上漆样，按规定时间干燥后，再按此法在相同位置测量，两者之差即为漆膜厚度。也可先测量已涂漆样板的厚度，再用合适的方法除去测量点的漆膜，然后测出底板的厚度，两者之差即为漆膜厚度，取各点厚度的算术平均值即为漆膜的平均厚度值。

B）乙法：磁性测厚仪法

（a）调零

取出探头，插入仪器的插座。将已打磨未涂漆的底板（与补测漆膜底材相同）擦洗干净，把探头放在底板上按下电钮，再按下磁芯，当磁芯跳开时，如指针不在零位，应旋动调零电位器，使指针回到零位，需重复数次，如无法调零，需更换新电池。

（b）校正

取标准厚度片放在调零用的底板上，再将探头放在标准厚度片上，按下电针，再按下磁芯，待磁芯跳开后旋转标准钮，使指针回到标准片厚度值上，需重复数次。

（c）测量

取距样板边缘不小于 1cm 的上、中、下三个位置进行测量。将探头放在样板上，按下电针，再按下磁芯，使这与被测漆膜完全吸合，此时指针缓慢下降，等磁芯跳开、表针稳定时，即可读出漆膜厚度值。取各点厚度的算术平均值为漆膜的平均厚度值。

9.2.4.2 钢桥防腐蚀实例

（1）钢桥腐蚀与所在地区有关。以受海洋大气盐雾腐蚀的海滨钢桥、受酸性气体影响的工业大气腐蚀的工业区钢桥腐蚀最为严重，远离工业城市的山区钢桥腐蚀程度相对较轻。

（2）钢桥涂装的间隔时间是由涂料耐久性而定的，如漆膜的老化状况（粉化、吐锈、失光和变色）和开裂程度等因素。

（3）日本不同地区钢桥涂装周期如表 9-36 所示。

日本不同地区钢桥的重涂周期   表 9-36

地 区	重涂周期（年）	地 区	重涂周期（年）
工业区	6.0	田园	6.9
海滨	3.0	山区	7.8

（4）日本钢桥涂装标准如表 9-37 所示。

（5）铁路钢桥涂装体系

我国标准：TB/T 1527—1995《铁路钢桥保护涂装》

　　　　　TB/T 2772—1997《铁路钢梁用防锈底漆供货技术条件》

　　　　　TB/T 2773—1997《铁路钢桥面漆、中间漆供货技术条件》

　　　　　TB/T 2486—1994《铁路钢桥涂膜劣化评定》

我国铁路钢桥涂装体系是铁路行业标准规定的四个体系，具体内容见表 9-38 所示。

日本钢桥涂装标准 表 9-37

类别	工 厂 涂 装				现 场 涂 装		
一般外侧	磷化底漆(15μm)	油性防锈漆(35μm)	油性防锈漆(35μm)		长油醇酸中间漆(30μm)	长油醇酸面漆(25μm)	
	磷化底漆(15μm)	油性防锈漆(35μm)	油性防锈漆(35μm)		油性防锈漆(35μm)	长油醇酸中间漆(30μm)	长油醇酸面漆(25μm)
一般、海滨、工业区外侧	磷化底漆(15μm)	油性防锈漆(35μm)	油性防锈漆(35μm)	酚醛云铁漆(40μm)	氯化橡胶中间漆(35μm)	氯化橡胶面漆(30μm)	
	富锌底漆(15μm)	氯化橡胶中间漆(35μm)	氯化橡胶中间漆(35μm)		氯化橡胶中间漆(35μm)	氯化橡胶面漆(30μm)	
	厚膜富锌底漆(75μm)	氯化橡胶中间漆(35μm)	氯化橡胶中间漆(35μm)		氯化橡胶中间漆(35μm)	氯化橡胶面漆(30μm)	
	富锌底漆(15μm)	环氧底漆(60μm)	环氧底漆(60μm)		聚氨酯中间漆(35μm)	聚氨酯面漆(30μm)	
	厚膜富锌底漆(75μm)	环氧底漆(60μm)	环氧底漆(60μm)		聚氨酯中间漆(35μm)	聚氨酯面漆(30μm)	
	厚膜富锌底漆(75μm)	厚膜乙烯树脂底漆(200μm)	乙烯树脂面漆(25μm)				
	厚膜富锌底漆(75μm)	厚膜乙烯树脂底漆(200μm)			乙烯树脂面漆(25μm)		
箱桁架内侧	磷化底漆(15μm)	焦油环氧漆(70μm)	焦油环氧漆(70μm)	焦油环氧漆(70μm)			

注：1. 括号内数字为规定要求的漆厚度。
2. 箱桁架（梁）内侧重涂困难，不受气候影响，因此要求用涂装耐水、耐锈性能好的焦油环氧漆。

我国铁路钢桥涂装体系 表 9-38

涂装体系	涂 料 名 称	涂装道数	每道干膜最小厚度(μm)	干膜最小厚度(μm)		
				干燥地区	潮湿地区	恶劣地区
Ⅰ	特制红丹酚醛底漆	2~3	35	70	70	105
	灰铝锌醇酸面漆	2~3	35	70	105	105
Ⅱ	特制红丹酚醛底漆	2~3	35	70	70	105
	灰云铁醇酸面漆	2~3	40	80	120	120
Ⅲ	环氧富锌底漆	2~3	30			80
	灰云铁氯化橡胶面漆	4	35			140
Ⅳ	特制环氧富锌底漆	2	40		80	80
	环氧云铁中间层	1	40		40	40
	灰铝粉石墨醇酸面漆	2~3	35		70	105

注：1. 按 GB 4791.1 附录 A 中我国户外气候类型的区域分布图，其寒冷、寒温、暖温、干热区域的内陆地区为干燥地区，其亚湿热、湿热区域为潮湿地区。
2. 含有盐雾的沿海地区、含有二氧化硫的大气污染地区或风沙地区为恶劣地区。
3. 每道干膜厚度不能达到要求时，应增加涂装道数。钢梁初始涂装时，钢制造厂应完成底漆和第一道面漆的涂装工作，安装后继续涂装，并对损伤漆膜进行补涂。
4. 非密封的箱形梁内表面涂装环氧沥青涂料 4 道，每道干膜最小厚度为 60μm。也可涂装环氧沥青厚浆涂料 2 道，每道干膜最小厚度为 120μm。
5. 纵梁、上承板梁、箱形梁上盖板顶面 要求涂层耐磨，涂装棕黄聚氨酯盖板底漆 2 道（每道干膜最小厚度 5μm）和灰聚氨酯盖板面漆 4 道（每道干膜最小厚度 40μm）。
6. 第Ⅳ涂装系工艺操作程序见表 9-39。

序号	名　称	涂　装　工　序		操　作　要　领	技术要求
1	表面处理	喷砂(丸)除锈		除锈后的表面均应无锈、无油、无旧漆、无氧化皮	必须达到 2.5 级
2	喷涂底漆	除锈完毕后,可立即喷涂特制环氧富锌底漆(第一道)		必须在 4h 内完成,防止钢板表面再次生锈	干膜厚度 40μm
3		喷第二道特制环氧富锌底漆		第一道底漆完工后 5h,可喷涂第二道底漆	干膜厚度 40μm
4	回检	检查底漆干膜厚度		用指甲刮擦漆膜,检查是否有疏松、多孔,附着力低等缺陷,若存在缺陷,应重涂	2 层油漆,干膜总厚度 80μm
5	喷涂中间漆	环氧云铁中间漆 1 道		第二道底漆完工后 24h,可喷涂中间漆	1 层油漆厚度 40μm
6	喷涂面漆	涂灰铝粉石墨醇酸面漆	第一道	中间漆完工后,24h 可喷面漆	干膜厚 35μm
7			第二道	第一道面漆完工后,5h 可喷涂第二道面漆	干膜厚 35μm
8	回检(终检)	1. 第 2 道面漆完工后进行检查; 2. 每道干膜厚度允许有 10μm 误差; 3. 总干膜厚度应达到工艺要求; 4. 漆膜应为钢灰色,基本无流挂、无刷痕、无漏刷、无气孔、无起皱现象			干膜厚度 190μm

（6）斜拉索桥和悬索桥的钢缆防护。国内外采用的方法有：

1）套钢管或塑料管，待应力调整后，压注灰浆；

2）预制混凝土索套，待应力调整后，压注水泥砂浆；

3）用环氧沥青系、聚氨酯系、橡胶等有机涂料，对钢缆进行浸涂或刷涂，然后缠包；

4）个别桥使用封闭索，采用镀锌保护；

5）我国红水河斜拉桥的缆索采用环氧沥青铝粉底漆—环氧玻璃布缠包—银白色醇酸铝粉面漆的防护方法。

9.2.5　海上固定平台钢结构涂装防护

海上石油钻探井架、甲板室及平台（图 9-9），经受海洋大气腐蚀，甲板室底部潮湿并有足够氧气因而遭受严重腐蚀，垂直而插在海底的井架，其腐蚀环境各异，在受潮差的飞溅区，干湿相间，腐蚀十分严重，该处结构加放腐蚀余量，加粗钢结构。海上平台涂装常用的涂料配套方案见表 9-40。

9.2.6　码头钢柱涂装防护

码头钢柱（桩）涂装涂料配套方案见表 9-41。

9.2.7　港口机械涂装防护

9.2.7.1　港口机械涂装（见表 9-42）

9.2.7.2　港口设施阴极保护

海洋港工设施阴极保护原理已在第七章作了介绍，浸泡在海水中的钢结构是否采用阴

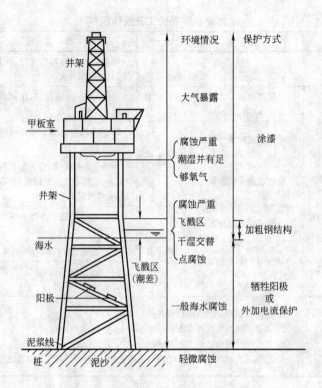

图 9-9 海上固定平台钢结构腐蚀分区图

海上平台常用涂料配套方案表   表 9-40

部位	涂料品种	涂 料 名 称	涂装道数	干膜总厚度(μm)	使用年限(年)
大气腐蚀区域	车间底漆	环氧富锌车间底漆或环氧铁红车间底漆或无机富锌底漆	1	20	0.5
	防锈漆	环氧厚涂底漆	2	120	5
		或无机富锌底漆	2	75~125	5
		或环氧沥青防锈底漆	2	120	5
	面漆	氯化橡胶面漆	2	70	2
		或聚氨酯面漆	2	140	3~4
		或丙烯酸面漆	2	70	1~2
		或高氯乙烯面漆	2~3	80	2
潮差飞溅区	车间底漆	环氧富锌车间底漆	1	20	0.5
		或环氧铁红车间底漆			
		或无机富锌底漆			
	防锈漆	环氧厚浆底漆	3	200	5
		或无机富锌底漆	2	150	5
		或环氧沥青防锈底漆	2	200	5
	面漆	玻璃纤维氧酚醛	2	400	3
		或厚浆型环氧涂料	2	200	3
		或玻璃鳞片聚氨酯	2	500	3~4
		或环氧沥青涂料	2~3	200	2~3
水下区域	车间底漆	环氧富锌车间底漆	2	40	0.5
		或无机富锌车间底漆			

134

部位	涂料品种	涂料名称	涂装道数	干膜总厚度(μm)	使用年限(年)
水下区域	防锈漆	环氧厚涂底漆	3～4	400	5
		或乙烯沥青防锈漆	4～5	400	5
		或环氧沥青防锈底漆	1～4	400	3～5
		或玻璃鳞片环氧防锈漆	2	500	5
	牺牲阳极或外界电流(强制电流)保护,效果颇佳				

码头钢柱（桩）常用涂料配套方案　　　　　　　　　　表 9-41

部位	方案	涂料品种	道数	干膜厚度(μm)
重点保护区	方案一	无机锌底漆	2	50
		环氧煤焦沥青厚浆漆	2	400
	方案二	环氧富锌底漆	2	70
		环氧云母氧化铁底漆	2	200
		环氧煤焦沥青厚浆型漆	1	125
全浸区	方案一	无机锌底漆	1	25
		环氧煤焦沥青厚浆型漆	1	200
	方案二	环氧富锌底漆	1	35
		环氧云母氧化铁底漆	1	100
		环氧煤焦沥青厚浆型漆	1	100
	方案三	在进行上述涂装外,再用牺牲阳极或外加电流防护		
土中	涂煤焦沥青液,外加牺牲阳极或外加电流防止杂散电流腐蚀			

港口机械涂装常用涂料配套方案　　　　　　　　　　表 9-42

方案	在制作厂涂装	在现场涂装
1	环氧富锌底漆 2 道 70μm 环氧云母氧化铁底漆 1 道 100μm 氯化橡浆厚浆型漆 1 道 50μm	氯化橡胶厚浆型漆,1 道 30μm
2	环氧低锌底漆 1 道 25μm 锌黄醇酸防锈漆 1 道 80μm 酚醛云母氧化铁漆 1 道 80μm 醇酸中间底漆 1 道 40μm	醇酸船壳漆 1 道 30μm
3	环氧富锌底漆 1 道 80μm 环氧云铁底漆 1 道 100μm	环氧面漆 1 道 120μm

注：所注漆膜厚度,均为干膜厚度。

极保护,使用年限大不一样,举两个实例：美国 20 世纪 40 年代设计一个钢构部件,使用介质海水,精心作了阴极防护,使用 30 年后,壳体仍完好,继续使用；我国 70 年代设计一个工况相当的部件,500 根铜管与钢壳处于同一体,设计时没作阴极防护,钢壳起到了牺牲阳极作用,腐蚀十分严重,使用不到一年,壳体烂穿报废,使用寿命相距 50 余倍。

海洋钢结构工程中,船舶是应用阴极保护最早的工程,20 世纪 60 年代已应用外加电流防护,近 20 年已推广到海洋平台、海岸钢桩、港口工程设施。

（1）港口码头阴极保护

从保护系统的可靠性,对相邻结构的影响和复杂结构因素来看,应首选牺牲阳极阴极保护；大型钢结构需要较大保护电流,应首选外加电流阴极保护,对于小型结构,首选牺牲阳极保护。在实施外加电流阴极保护时，尤其应注意阳极电缆的损伤、阳极与电缆接头处的密封，确保使用寿命，阴极保护系统寿命应与结构设计使用寿命相同。钢质港口码头设施的阴极保护电位见表 9-43。

钢质港口码头设施的阴极保护电位 表 9-43

环　境	保护电位/V(Ag/Ag/海水)
富氧环境、低 SRB 活性和低硫化物环境	$-0.80\sim-1.05$
贫氧环境、高 SRB 活性和高硫化物环境	$-0.90\sim-1.05$

目前，阴极保护电流密度仍然主要依靠经验数据，也可以利用所处环境的腐蚀率来估算结构所需平均保护电流密度，其关系式为：

$$i_p = \frac{V}{1.17} \times 10^3 \tag{9-1}$$

式中　i_p——阴极保护电流密度，mA/m^2；

V——结构物所处环境下金属合金的腐蚀速率，$mm/$年。

对于有涂覆层钢结构，可采用涂覆层部分保护电流和裸露部分保护电流的和来计算所需总电流（见表 9-44）。

涂覆层破损率与时间的关系 表 9-44

使用时间	破损率(%)			使用时间	破损率(%)		
年	起始	平均	最终	年	起始	平均	最终
10	2	7	10	30	2	25	60
20	2	15	30	10	2	40	90

在我国所使用的保护电流密度见表 9-45。

钢质港口码头设施的保护电流密度 表 9-45

设施种类	表面状态	介　质	保护电流密度(mA/m²)
钢桩码头	裸露	海水	70～100
	裸露		15～30
钢趸船	涂漆		30～50
水鼓	涂漆		40～80
舰船洞库防护门	水泥包覆		20～25

注：北海（北部，北纬 $57°\sim62°$）起始电流密度 $180mA/m^2$，北海（南部，北纬 $57°$ 以南）起始电流密度 $150mA/m^2$，平均电流密度 $20mA/m^2$。

（2）牺牲阳极阴极保护设计计算（摘自 GJB 156—86）

1）计算保护面积

港工设施保护面积包括浸水面积和入土面积。

① 钢板桩浸水面积按式（9-2）计算。

$$S_{b1} = n \cdot L_b \cdot H_{b1} \tag{9-2}$$

式中　S_{b1}——钢板桩浸水面积，m^2；

n——钢板桩周边系数；

L_b——钢板桩沿岸长度，m；

H_{b1}——平均潮位至海底面深度，m。

当潮差区面积大于或等于 S_{b1} 的 10% 时，H_{b1} 应为平均高潮位至海底面深度。

② 钢板桩入土面积按式（9-3）计算。

$$S_{b2} = n \cdot L_b \cdot H_{b2} \tag{9-3}$$

式中　S_{b2}——钢板桩入土面积，m^2；

　　　　H_{b2}——钢板桩入土深度，m。

③ 钢管桩浸水面积按式（9-4）计算。

$$S_{g1} = \pi D \cdot H_{g1} \tag{9-4}$$

式中　S_{g1}——钢管桩浸水面积，m^2；

　　　　D——钢管桩外径，m；

　　　　H_{g1}——平均潮位至海底面深度，m。

④ 钢管桩入土面积按式（9-5）计算。

$$S_{g2} = \pi D \cdot H_{g2} \tag{9-5}$$

式中　S_{g2}——钢管桩入土面积，m^2；

　　　　H_{g2}——钢管桩入土深度，m。

⑤ 有些港口码头设施保护面积包括浸水面积和水泥包覆面积（如挡潮闸门、混凝土桥墩等），其面积按实际几何形状计算。

2）选用保护电流密度及计算保护电流

根据结构设施的腐蚀情况、表面状况、环境条件等按式（9-6）估算，取保护电流密度 i_p（初始极化电流密度），然后计算保护电流。

$$I = i_p \cdot S \tag{9-6}$$

式中　I——保护电流，mA；

　　　　i_p——保护电流密度，mA/m^2；

　　　　S——保护面积，m^2。

部分常用阳极的型号规格见表9-46、表9-47。

港工和海洋工程设施用铝合金牺牲阳极（1）　表 9-46

型号	规格：长×(上底＋下底)×高(mm×mm×mm)	重量(kg)	发生电流(mA)	应用领域
AI-1	2300×(220＋240)×230	275	4596	海洋工程
AI-2	1600×(220＋210)×220	165	3515	海洋工程
AI-3	1500×(170＋200)×180	144	3200	海洋工程
AI-4	800×(200＋280)×150	80	2232	港工设施
AI-5	1250×(115＋135)×130	56	2515	港工设施
AI-6	900×(150＋170)×160	53	2203	港工设施
AI-7	1000×(115＋135)×130	45	2167	港工设施
AI-8	750×(115＋135)×130	34	1805	海洋工程
AI-9	420×(160＋180)×170	32	1514	海洋工程
AI-10	500×(115＋135)×130	23	1424	港工设施

港工和海洋工程设施用锌合金牺牲阳极（2）　表 9-47

型号	规格(mm×mm×mm) A×(B₁＋B₂)×C	螺纹钢铁脚尺寸(mm)			扁钢铁脚尺寸(mm)				净重(kg)	发生电流(mA)
		D	F	G	D	E	F	G		
ZI-1	1000×(115＋135)×130	1250	18	45	1250	40	8	45	111.6	2167
ZI-2	750×(115＋135)×130	1000	16	45	1000	40	8	45	83.0	1444
ZI-3	500×(115＋135)×130	750	16	45	750	10	6	45	55.0	1139
ZI-4	500×(105＋135)×100	750	16	35	750	40	6	35	38.6	—

若选用表 9-46、表 9-47 中所列阳极，可直接得到发生电流 I_i 或按下式计算：

$$I_i = \frac{\Delta E}{R} \times 1000 \tag{9-7}$$

式中　I_i——每块牺牲阳极发生电流，mA。

ΔE——驱动电位（V），选用锌合金阳极时，$\Delta E = 0.2V$；选用铝合金阳极时，$\Delta E = 0.25V$。

R——牺牲阳极的接水电阻，R 可按表 9-48 给出的公式计算。

阳极接水电阻公式　　　　　　　　　　　表 9-48

阳 极 形 状	电 阻 公 式
长条阳极，与被保护结构表面距离≥30cm	$R = \frac{\rho}{2\pi L}\left(\ln\frac{4L}{r} - 1\right)$
板状阳极	$R = \frac{\rho}{L+b}$
其他形状	$R = 0.315\rho/\sqrt{A}$

注：ρ—介质电阻率；L—阳极长度；r—阳极等效半径，对非圆柱状阳极，$r = C/(2\pi)$，C—阳极截面周长；b—阳极宽度；A—阳极工作表面积。

3）计算牺牲阳极用量

① 浸入海水或海土中所需牺牲阳极的块数，按下式计算：

$$N_i = \frac{I_i \cdot S_i}{I_f} \tag{9-8}$$

式中　N_i——浸入海水中（或海土中）被保护部位所需的牺牲阳极块数，块；

I_i——保护电流密度，mA/m^2；

S_i——被保护设施浸入海水中（或海土中）的面积，m^2；

I_f——每块牺牲阳极发生电流量，mA。

② 港工设施所需牺牲阳极总块数按下式计算：

$$N = \sum N_i$$

式中　N——被保护设施所需牺牲阳极总块数，块。

4）牺牲阳极的布置与安装

牺牲阳极的安装有两方面的要求，即：①保证有足够的强度；②保证牺牲阳极与被保护体的接触电阻≤0.005Ω。

牺牲阳极可采用焊接法或螺栓固定法安装，图 9-10～图 9-13 示出了几种典型的阳极安装方法。

9.2.8　氯磺化聚乙烯（CSM）涂料在化工钢结构工程的应用实例

氯磺化聚乙烯涂料具有弹性、附着力良好、对高温熔液尿素具有耐热、耐磨、耐腐蚀和优良的耐候性。

氯磺化聚乙烯涂料是由氯磺化聚乙烯胶乳、水性环氧树脂、钛白粉、滑石粉及适量的助剂和水组成的水性涂料，贮存稳定，具有优良的防腐蚀性能。其配方如下：

氯磺化聚乙烯　　　　　胶乳 100～200g

水性环氧树脂　　　　　　　15～40g

钛白粉	10~15g
滑石粉	10~15g
助剂	1~2g
去离子水	适量

配成固体分为 50％±2％ 的 CSM 涂料，性能指标如表 9-49。

CSM 涂料性能指标 表 9-49

性　能	参　数	性　能	参　数
固体含量	50％±2％	干燥时间(20℃)	表干 1h,实干 24h
冲击功	4.9N·m	柔韧性	1mm
附着力(划格法)	100％	耐洗刷性	10000 次
最低成膜温度	8℃	透湿性	<0.3g/(m²·h)
黏度	0.01~0.03Pa·s		

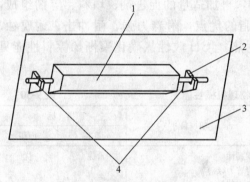

图 9-10　挂板固定法
1—牺牲阳极；2—钢质挂板；3—钢桩；4—焊缝

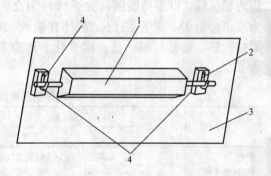

图 9-11　挂钩固定法
1—牺牲阳极；2—钢质挂钩；3—钢桩；4—焊缝

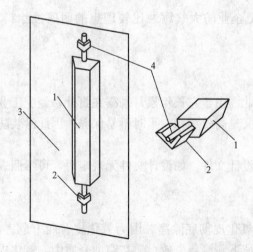

图 9-12　角钢固定法
1—牺牲阳极；2—角钢；3—钢桩；4—焊缝

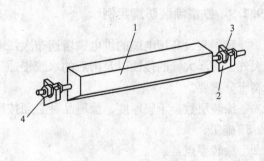

图 9-13　螺栓固定法
1—牺牲阳极；2—钢质挂板；3—垫片；4—螺母

使用方法：与一般水性防腐涂料相同。

EPH型防腐涂料是以氯磺化聚乙烯树脂为主，加入一定量的环氧树脂进行改性而得到的涂料，漆膜性能介于环氧树脂和橡胶之间，强度和粘结力有较大提高。EPH型防腐涂料有如下特点。

（1）漆膜韧性、硬度、抗老化性能、耐寒性、抗裂性优于一般氯磺化聚乙烯涂料。

（2）耐酸、碱、盐及化工大气腐蚀，使用寿命长，为重防腐涂料。作为面漆可与环氧富锌底漆、环氧云母中间漆配套使用。

（3）耐腐蚀性能比一般氯磺化聚乙烯涂料大有提高，漆膜光亮、色泽鲜艳、附着力强，价格适中，应用的综合效益好。

用途：EPH型防腐蚀涂料主要用于化工大气中，防止石油、化工设备、框架的腐蚀。混凝土表面涂刷3道EPH，2年多使用不失光、不老化、不龟裂、不脱落。钢结构及设备、涂刷一道EPH铁红底漆、涂刷3道EPH面漆，使用2年多后仍良好。

JGH改性氯磺化聚乙烯防腐涂料是以氯磺化聚乙烯橡胶为主基料，以其他橡胶与树脂为辅基料，以多功能团高分子材料为交联剂，再加适量的促进剂、填料、溶剂组成，为双组分涂料，常温固化。它具有橡胶和树脂的优点，附着力强、耐冲击、耐腐蚀、柔韧性好、耐酸、碱、盐、耐老化、耐寒和耐热。JGH改性氯磺化聚烯烃涂料性能见表9-50。

JGH涂料及涂层的物理机械性能　　　　　　　表9-50

项　目	指　标		项　目	指　标	
	底漆	面漆		底漆	面漆
颜色	红棕色	绿、灰、白	柔韧性	优	优
黏度(涂-4杯)(s)	40～50	50～60	附着力(级)	1	1
固体含量(%)	≥30	≥35	耐磨性[g/(500r/500g)]	0.048	1.0048
表干(h)	0.5	0.5	冲击功(N·m)	23.5	23.5
实干(h)	24	24	击穿强度(kV/mm)	48	48.0

JGH改性氯磺化聚乙烯涂料，是用于化肥企业防大气腐蚀比较理想的耐腐蚀涂料，一般二底二面，防腐寿命可达3年。

9.2.9　铁塔涂装防腐实例

我国架设高压电缆的供电铁塔遍布大江南北。由于它长年累月暴露在野外，经受工业大气、海洋大气的侵蚀以及雨后的水膜侵蚀。又是高耸结构，平时不易保养，因此涂装防腐十分重要。

涂装层数、干膜厚度、涂料品种必须按照设计文件，如设计文件无规定时，可参照表9-51施工。

涂装要点：

（1）钢架及肘板除锈时必须将钢材表面的氧化皮彻底除净。因为氧化皮有两个危害：①氧化皮日后容易疏松脱落，连防腐油漆一起掉下，涂装失效；②在腐蚀介质中，氧化皮是"阳极"，容易形成电化学腐蚀，当水膜、酸雨粘附在铁塔构件表面时，就形成微电池而产生腐蚀。

序 号	工 序 名 称	施 工 方 法	质 量 要 求
1	表面处理	手工或机械除锈,或喷丸、喷砂	无锈、无氧化皮
2	涂磷化底漆	喷涂	均无漏涂
3	涂第一道底漆	磷化底漆涂完后 24h,可喷涂红丹漆(一层)	干膜厚 40μm
4	涂第二道底漆	第一道底漆涂完后 24h,可喷涂第二道红丹漆(一层)	干膜厚 40μm
5	涂面漆	喷涂或刷涂,每隔 24h 涂一遍,共涂二层	干膜厚 70μm
6	接近地面部位涂防腐漆	按规定,在涂防腐涂料中加入固化剂并调和均匀,用刷子刷涂	涂于塔架接近地面部位约 1m 处,漆膜必须均匀,无漏涂

注：1. 当设计无要求时,干膜厚度可参照表列参数,此数据摘自《钢结构工程施工质量验收规范》(GB 50205—2001) 14.2.2 条规定:"涂层干漆膜厚度:室外应为 150μm,室内应为 125μm,其允许偏差为 −25μm。"

2. 若进行热镀锌,按电力铁塔标准要求,热镀锌层厚度为 65～86μm,当然如果单从防腐蚀角度讲,镀锌层越厚越好,相对耐蚀年限也越长。但超厚的镀层会使它的附着强度及弯曲性能下降,镀层易脱层和起皱。

(2) 防止"水袋"。腐蚀的根源是水和氧气,广而言之还有腐蚀气体、酸和盐雾等。铁塔钢架构件连接处的缝隙必须在第一道防锈底漆干燥后,用腻子填实刮平,消除"水袋"防止腐蚀。

9.2.10 工业烟囱防腐蚀实例

从工厂烟囱使用实践证明,当烟囱进口温度低于 70℃时,且烟气流速较慢时,烟囱内壁会遭受腐蚀;若遇无风或湿度较大的气候,烟气中的 SO_2 会在烟囱出口周围沉降,形成酸雨(稀硫酸)腐蚀外壁,还会使碳钢脱碳、疏松,最后形成脆性为裂。

烟囱按结构有砖烟囱、钢筋混凝土烟囱、钢烟囱等,排放烟气中含有 SO_2、H_2S、CO、NO_x、氮气等腐蚀性气体和尘埃,当烟气温度低于 30℃时,湿热水汽容易凝露,粘附于烟囱内壁,并形成酸雨,对烟囱有极强的腐蚀破坏作用。应该采取防腐措施,否则会出现折断倒塌事故。例如有的炼油厂钢制硫磺尾气回收烟囱没采取有效防腐蚀措施,在烟囱出口以下 5～7m 部位腐蚀相当严重,不到几年就在该处折断;又如某氮肥厂以煤为原料的煤气发生炉钢烟囱,虽然壁厚 10mm,却经不起腐蚀,使用 2～3 年后,出口以下 5～8m 处重腐蚀折断,都是酸雨惹的祸以及没有经过防腐措施的结果。由此可见,排放浓度较高酸性气体的烟囱,必须进行防腐,砌砖及钢筋混凝土烟囱也不例外,同样会受到稀硫酸腐蚀,截面减少、强度降低,使钢筋混凝失去应有功能。烟囱防腐蚀涂料品种及应用实例(表 9-52)。

9.2.11 公共管廊钢结构涂装工程实例

9.2.11.1 工程概况

上海化学工业区公共管廊普工路和联合路段长 3.2km,钢结构制作安装总量 2800t。公共管廊是为上海化学工业区配套服务的公用设施,对钢结构涂装要求较高,为此钢结构涂装工程是本工程的重点内容之一,为了做好本次涂装工程,开工前进行了认真策划,选择了以下施工工艺。

烟囱名称及结构要素	涂料品种及应用部位	涂料特点	备　注
宝钢烧结厂 200m 钢烟囱 贵溪冶炼厂 120m 混凝土结构烟囱 唐山化纤厂烟囱	上部结构采用氯化橡胶—丙烯酸涂料； 下部结构采用氯磺化聚乙烯—氯化橡胶涂料	氯化橡胶—丙烯酸涂料兼有氯化橡胶耐腐蚀性和丙烯酸耐候、耐老化的优点	使用效果良好
锦州石化公司炼油厂硫磺尾气回收钢烟囱(碳钢)Φ500mm,高 102m	内防腐：W61-32 酚醛改性有机硅铝粉涂料； 外防腐：W8705 黑色有机硅烟囱涂料	耐 300～400℃ 高温，耐酸碱、耐工业大气，附着力强，常温干燥，施工方便	原来未防腐,用了几年,上部 7～8m 处折断；换新后,采用左侧防腐方法,效果颇佳,已用 6～7 年
电站钢结构烟囱,底部高 35.5m,以旧砖烟囱作基础,上部 30.8m 高为钢管烟囱(底部 φ2.8m、顶部 φ1.5m),烟囱内烟气及水气生成 H_2S、亚硫酸或 H_2SO_4,形成严重腐蚀	内表面喷铝、涂刷酚醛清漆、衬玻璃钢外表面主要涂醇酸磁漆。喷铝是达到牺牲阳极作用,增加涂层粘结力,提高抗冲蚀性能,延长使用年限		1994 年投入使用后,至今效果良好,现仍在用

选用适用的标准：

1）GB 7692—87《涂装作业安全规程》

2）GB 8923—88《涂装前钢材表面锈蚀等级和除锈等级》

3）HGJ 229—91《工业设备、管道防腐蚀工程施工及验收规范》

4）YB/T 9256—96《钢结构、管道涂装技术规程》

5）SH 3507—1999《石油化工特殊钢结构工程施工及验收规范》

9.2.11.2　编制钢构件涂装计划

（1）选择作业方法

在工厂进行底漆、中漆和面漆（第一道）施工，在现场对焊接点和连接处进行除锈后补漆，并刷第二道面漆。

（2）选择适用的涂料

1）底漆采用：环氧富锌底漆（固体锌含量不得低于 80%）二道（2×50μm），喷砂达到标准后的钢结构构件，必须在 4h 内，涂刷完第一道防腐油漆。

2）中间漆采用：环氧云铁中间漆二道（2×50μm）。

3）面漆采用：可复涂聚氨酯面漆二道（2×50μm）。

9.2.11.3　钢构件基层表面处理

（1）抛丸机除锈

基层表面进行抛丸处理的目的是除去钢材的表面上粘附锈斑、毛刺、焊渣、飞溅物、氧化铁皮、油脂和污垢等，使其产生一定的粗糙度，以提高漆膜的附着性，其次释放部分原材料轧制过程中未消除的内应力。

抛丸使用的磨料为铁丸，铁丸直径为 1.6～0.63mm，压缩空气压力为 0.5～0.6MPa。处理后的钢材表面无油脂、污垢、氧化皮、锈蚀等附着物，含水率小于 1%，喷砂除锈标准达到 Sa2.5 级。

抛丸除锈时，施工现场环境湿度大于 80%，或钢材表面温度低于空气露点温度 3℃时，禁止施工。

在钢材喷丸后 4h 内，必须进行第一次底漆的喷涂，喷涂厚度 50μm。

（2）人工除锈

对于不能使用抛丸机除锈的弧形缺口部位及狭窄场所，使用钢丝刷或刮刀进行人工除锈，然后用扫帚或麻袋布等清扫基层表面后进行涂装。

（3）焊接处的处理

在现场对焊接点和连接处进行除锈处理，然后用扫帚或麻袋布等清扫基层表面，并在当班涂完底漆。

9.2.11.4　涂装施工

（1）涂装的一般规定

1）涂装前可按钢结构制作或安装工程检验批的划分原则划分成一个或若干个检验批。

2）涂装工程在钢结构构件组装、预拼装或钢结构安装工程检验批的施工质量验收合格后进行。

3）涂装前技术资料完整，对操作人员技术培训。

4）环境温度宜为 10～30℃；环境相对湿度不宜大于 80%，或钢材表面温度低于空气露点温度 3℃。

5）在有雨、雾、雪、风沙和较大灰尘时，禁止在户外施工。

6）涂料的确认和贮存

① 涂装的确认

涂装之前，检查贴在涂料罐上标签注明的质量标准，确认品名、规格、颜色和生产日期，确认是否与设计规定相符。

② 涂装的贮存

A. 涂料及辅助材料，贮存在通风良好的阴凉库房内，温度控制在 5～35℃，按原包装密封保管。

B. 涂料及辅助材料属于易燃品，库房附近要杜绝火源，并设明显的"禁止烟火"标志牌和灭火工具。

7）涂料的搅拌与稀释

① 涂料开桶后，使用搅拌棒进行充分搅拌同时检查涂料的外观质量，不得有析出、结块等现象。

② 调整涂料"施工黏度"。涂料开桶搅匀后，测定黏度，如测得的黏度高于规定的"施工黏度"，加入适量的稀释剂，调整到规定的"施工黏度"，"施工黏度"由专人负责调整。

8）禁止涂漆的部位

① 地脚螺栓和底板；

② 高强螺栓摩擦接合面；

③ 与混凝土紧贴或埋入的部位；

④ 机械安装所需的加工面；

⑤ 密封的内表面；

⑥ 现场待焊接部位相邻两侧各 50～100mm 的区域；

⑦ 设计上注明不涂漆的部位。

9）对禁止涂漆的部位，在涂装前采取措施遮掩保护。

10）构件编号，涂漆时用胶纸保护。

（2）涂装施工方法

1）本工程施工采用高压无气喷涂法。

2）喷涂时按以下要点操作：

① 由专人调制好涂料的施工黏度；

② 喷嘴与物面的距离 32～38cm；

③ 喷流的喷射角度 30°～60°；

④ 喷流的幅度

（A）喷射大面积物件为 30～40cm；

（B）喷射较大面积物件为 20～30cm；

（C）喷射较小面积物件为 15～25cm；

⑤ 喷枪的移动速度 60～100cm/s，喷出压力：15MPa；

⑥ 每行涂层的搭接边为涂层幅度的 1/6～1/5；

⑦ 喷涂完毕后，立即用溶剂清洗设备，同时排出喷枪内的剩余涂料，吸入溶剂作彻底的循环清洗，拆下高压软管，用压缩空气吹净管内溶剂。

3）喷涂间隔时间

① 环氧富锌底漆

（A）环境相对湿度不宜大于 85%，喷涂间隔时间如表 9-53 所示。

环氧富锌底漆喷涂间隔时间　　　　　　　　　　　　　　　表 9-53

温度	5℃	20℃	30℃
最短	48h	24h	16h
最长	数月（漆膜表面未形成锌盐时）		

（B）环氧富锌底漆的施工条件：

（a）底材温度需高于露点温度 3℃以上；

（b）在室外施工温度低于 5℃时，环氧与固化剂的反应停止，不宜施工；

（c）环境相对湿度不宜大于 85%。

② 环氧云铁中间漆

（A）环境相对湿度不宜大于 85%，喷涂间隔时间如表 9-54 所示。

环氧云铁中间漆喷涂间隔时间　　　　　　　　　　　　　　　表 9-54

温度	5℃	20℃	30℃
最短	48h	24h	16h
最长	无限制		

（B）环氧云铁中间漆的施工条件

（a）底材温度需高于露点温度 3℃以上；

（b）在室外施工温度低于 5℃时，选用冬用型环氧云铁防锈漆；

（c）环境相对湿度不宜大于 85%。

③ 可复涂聚氨酯面漆

（A）环境相对湿度不宜大于 85%，环境施工温度在 20℃时，喷涂间隔时间最短为 16h，最长无限制。

（B）可复涂聚氨酯面漆的施工条件

（a）底材温度需高于露点温度3℃以上；

（b）温度低于0℃时，不宜在室外施工；

（c）环境相对湿度不宜大于75%。

4）漆膜在干燥的过程中，周围环境要保护清洁，防止被灰尘、雨、水、雪等物污染。

（3）第二道面漆和补漆处理

1）构件运至现场后，在现场涂装前，彻底清除构件上的油、泥、灰尘等污物。

2）第二道面漆涂装前，对以下有缺陷的部件进行修补。

① 接合部的外露部位和紧固件等；

② 安装时焊接及烧损的部位；

③ 组装接合和漏涂的部位；

④ 运输和安装时受损的部位。

9.2.11.5 安全技术

（1）涂装人员应按规定进行安全技术教育和培训，经考试合格者，方可上岗操作；

（2）施工现场不得堆放易燃、易爆和有毒物品；

（3）施工现场及材料仓库，应备有充足的消防水源和器材，消防道路畅通；

（4）电气设备符合规范要求；

（5）高空作业，应佩戴合格的安全带，使用符合规范要求的脚手架和吊篮；

（6）室内作业应有通风排气设备，空气中有害气体和粉尘的含量，不得超过规范要求；

（7）涂装人员在施工时，必须穿戴防护用品。

9.2.11.6 质量检查和验收

（1）质量检查

1）涂装前的检查

① 除锈质量必须达到设计规定的除锈等级，并在规定的时间内涂完底漆；

② 涂料的产品合格证和复检资料；

2）涂装过程的检查

① 在每道涂漆过程中，应用湿膜厚度计测定湿膜厚度，以控制干膜厚度；

② 每道涂层不允许有咬底、剥落、漏涂、分层、气泡等缺陷；

③ 在施工过程中，涂料的施工粘度不能超过规定范围，如果超过，应由专人调整；

3）涂装后的检查

① 涂层外观应均匀、平整、丰满、有光泽，不允许有咬底、剥落、裂纹、针孔和漏涂等缺陷；

② 涂层厚度应达到设计规定的标准。

（2）竣工验收

1）涂装工程的观感质量符合《钢结构工程施工质量验收规范》。

2）合格涂装工程的质量应符合以下规定：

① 各分项工程质量均应合格；

② 质量控制资料和文件应完整；

③ 有关安全及功能的检验和见证检测结果应符合《钢结构工程施工质量验收规范》要求。

10 钢结构防火涂料的涂装

10.1 钢结构防火的重要性及防火涂料基本原理

10.1.1 钢结构防火的重要性

由于钢材是一种高温敏感材料，其强度和变形性能都会随温度的升高而发生急剧变化，普通建筑用钢在全负荷的情况下失去静态平衡稳定性的临界温度为500℃，一般在300～400℃时，钢材强度开始迅速下降。到500℃左右，其强度下降到40%～50%，钢材的力学性能，如屈服点、抗压强度、弹性模量以及荷载能力都会迅速下降，达到600℃时，主要力学性参数均接近于零，其承载力几乎完全丧失。一般裸露钢结构耐火极限只有10～20min，所以，若用没有防火涂层的普通建筑用钢作为建筑物的主体结构，一旦发生火灾，建筑物就会迅速坍塌，对人民的生命和财产安全造成严重的损失，后果不堪设想。

因此，进行钢结构防火处理是非常重要的，也是必要的。对钢结构采取防火保护措施不仅可以减轻钢结构在火灾中的破坏，避免钢结构在火灾中局部或整体倒塌造成人员伤亡，使人员能够及时疏散，还可以减少火灾后钢结构的修复费用，减少间接经济损失。

10.1.2 钢结构的耐火极限要求（表10-1）

建筑物的耐火等级

表 10-1

燃烧性能和耐火极限(h) 构件名称	耐火等级	单、多层建筑				高层建筑	
		一级	二级	三级	四级	一级	二级
柱	支承多层的柱	3.00	2.50	2.50	0.50	3.00	2.50
	支承单层的柱	2.50	2.00	2.00			
梁		2.00	1.50	1.00	0.50	2.00	1.50
楼板		1.50	1.00	0.50	0.25	1.50	1.00
屋顶承重构件		1.50	0.50				
疏散楼梯		1.50	1.00	1.00			

10.1.3 防火涂料基本原理

燃烧是放热的氧化反应，必须同时具备三个基本条件：①可燃物，②助燃剂（空气或氧气），③火源（火焰或高温）。只要缺少一个条件，燃烧便不可能发生或被阻止。燃烧会释放出大量热能，传导使周围可燃物发生热分解，形成燃烧蔓延。因此，防火涂料从以下6个方面实现防火阻燃作用：

（1）利用成炭或发泡剂形成的膨胀与碳化层来阻挡热量传导；

（2）利用熔融覆盖层来隔绝空气；

（3）利用吸热反应来降低受热温度（例如氢氧化铝在 200～300℃吸热脱水）；

（4）利用含卤素有机物来阻止燃烧的连锁反应；

（5）利用分解出的惰性气体（如 NH、H_2O、CO_2、HCL、HBr）来稀释可燃气体；

（6）改变热分解反应历程，阻止放热量大的完全燃烧反应的发生。

对于聚磷酸铵、有机磷酸酯及硼酸盐具有以上多种作用，是比较好的阻燃剂。

10.2 钢结构防火涂料的分类及技术性能

10.2.1 防火涂料分为膨胀型和非膨胀型两大类。有机型非膨胀防火涂料由自熄性树脂、磷酸酯及硼酸盐难燃剂、三氧化二锑阻燃剂等配制而成，为难燃性涂料；无机型非膨胀防火涂料由硅酸盐和耐火生填料组成，具有不燃性；膨胀型防火涂料属难燃性涂料，基料多采用水性树脂、三聚氰胺甲醛树脂及难燃性氯化树脂、聚磷酸铵、硼酸盐成炭催化剂、多元醇成炭剂、三聚氰胺等含氮物发泡剂和纤维增强剂组成。

10.2.2 产品分类

10.2.2.1 按使用场所可分为二种：

（1）室内钢结构防火涂料：主要用于建筑物室内或隐蔽工程的钢结构表面；

（2）室外钢结构防火涂料：用于建筑物室外或露天工程的钢结构表面。

10.2.2.2 钢结构防火涂料按使用厚度可分为三种：

（1）超薄型钢结构防火涂料：涂层厚度小于或等于 3mm；

（2）薄涂型钢结构防火涂料：涂层厚度大于 3mm 且小于或等于 7mm；

（3）厚涂型钢结构防火涂料：涂层厚度大于 7mm 且小于或等于 45mm。

10.2.3 钢结构防火涂料在技术性能上具有的共同要求

粘结强度、耐水性、耐冷热循环性、耐火性能等理化性能。

室外钢结构防火涂料需增加耐曝热性、耐湿热性、耐酸、耐碱及耐盐雾腐蚀性等技术性能。

10.2.4 目前我国钢结构防火涂料执行标准（表 10-2、表 10-3）

室内钢结构防火涂料技术性能　　　　　　　　　　表 10-2

序号	检验项目	技术指标			缺陷分类
		NCB	NB	NH	
1	在容器中的状态	经搅拌后呈均匀细腻状态，无结块	经搅拌后呈均匀液态或稠厚流体状态，无结块	经搅拌后呈均匀稠厚流体状态，无结块	C
2	干燥时间（表干）(h)	≤8	≤12	≤24	C
3	外观与颜色	涂层干燥后，外观与颜色同样品相比应无明显差别	涂层干燥后，外观与颜色同样品相比应无明显差别		C
4	初期干燥抗裂性	不应出现裂纹	允许出现 1～3 条裂纹，其宽度应≤0.5mm	允许出现 1～3 条裂纹，其宽度应≤1mm	C
5	粘结强度(MPa)	≥0.20	≥0.15	≥0.04	B

序号	检验项目		技　术　指　标			缺陷分类
			NCB	NB	NH	
6	抗压强度(MPa)				≥0.3	C
7	干密度(kg/m³)				≤500	C
8	耐水性		≥24h,涂层应无起层、剥落、起泡现象	≥24h,涂层应无起层、剥落、起泡现象	≥24h,涂层应无起层、剥落、起泡现象	B
9	耐冷热循环性		≥15 次,涂层应无起层、剥落、起泡现象	≥15 次,涂层应无起层、剥落、起泡现象	≥15 次,涂层应无起层、剥落、起泡现象	B
10	耐火性能	涂层厚度(不大于)(mm)	2.00±0.20	5.0±0.5	25±2	A
		耐火极限(不低于)(h)(以 I36b 或 I60b 标准工字钢梁作基材)	1.0	1.0	2.0	

注：裸露钢梁耐火极限为 15min（I36b、I40b 验证数据），作为表中 0mm 涂层厚度耐火极限基础数据。

室外钢结构防火涂料技术性能　　　　　　　　表 10-3

序号	检　验　项　目		技　术　指　标			缺陷分类
			WCB	WB	WH	
1	在容器中的状态		经搅拌后细腻状态,无结块	经搅拌后呈均匀液态或稠厚流体状态,无结块	经搅拌后呈均匀稠厚流体状态,无结块	C
2	干燥时间(表干)(h)		≤8	≤12	≤24	C
3	外观与颜色		涂层干燥后,外观与颜色同样品相比应无明显差别	涂层干燥后,外观与颜色同样品相比应无明显差别		C
4	初期干燥抗裂性		不应出现裂纹	允许出现 1~3 条裂纹,其宽度应≤0.5mm	允许出现 1~3 条裂纹,其宽度应≤1mm	C
5	粘结强度(MPa)		≥0.20	≥0.15	≥0.04	B
6	抗压强度(MPa)				≥0.5	C
7	干密度(kg/m³)				≤650	C
8	耐曝热性		≥720h,涂层应无起层、脱落、空鼓、开裂现象	≥720h,涂层应无起层、脱落、空鼓、开裂现象	≥720h,涂层应无起层、脱落、空鼓、开裂现象	B
9	耐湿热性		≥15h,涂层应无起层、剥落、起泡现象	≥15h,涂层应无起层、剥落、起泡现象	≥15h,涂层应无起层、剥落、起泡现象	B
10	耐冻融循环性		≥504 次,涂层应无起层、脱落现象	≥504 次,涂层应无起层、脱落现象	≥504 次,涂层应无起层、脱落现象	B
11	耐酸性		≥360h,涂层应无起层、脱落、开裂现象	≥360h,涂层应无起层、脱落、开裂现象	≥360h,涂层应无起层、脱落、开裂现象	B
12	耐碱性		≥360h,涂层应无起层、脱落、开裂现象	≥360h,涂层应无起层、脱落、开裂现象	≥360h,涂层应无起层、脱落、开裂现象	B
13	耐盐雾腐蚀性		≥30 次,涂层应无起泡、明显的变质、软化现象	≥30 次,涂层应无起泡、明显的变质、软化现象	≥30 次,涂层应无起泡、明显的变质、软化现象	B
14	耐火性能	涂层厚度(不大于)(mm)	2.00±0.20	5.0±0.5	25±2	A
		耐火极限(不低于)(h)(以 I36b 或 I60b 标准工字钢梁作基材)	1.0	1.0	2.0	

注：裸露钢梁耐火极限为 15min（I36b、I40b 验证数据），作为表中 0mm 涂层厚度耐火极限基础数据。耐久性项目（耐曝热性、耐湿热性、耐冻融循环性、耐酸性、耐碱性、耐盐雾腐蚀性）的技术要求除表中规定外，还应满足附加耐火性能的要求，方能判定该性能合格。耐酸性和耐碱性可仅进行其中一项测试。

148

10.3 钢结构防火涂料涂装工艺

10.3.1 钢结构防火涂料应符合下列规定。

(1) 防火涂料的品种应具有出厂合格证和有效证明文件。

(2) 防火涂料的品种、规格和主要性能等应符合设计要求,并附有品种名称、主要性能、生产厂家、生产批号、贮存期和使用说明。

(3) 对属于下列情况之一的钢结构防火涂料应进行抽样复验,其检验结果应符合现行国家产品标准和设计要求。

1) 采用钢结构的国家重点工程;

2) 在同一钢结构工程中,使用100吨及以上的超薄型钢结构防火涂料,使用250吨及以上的薄型钢结构防火涂料,使用800吨及以上的厚型钢结构防火涂料;

3) 设计中规定了应对钢结构防火涂料进行复验要求的钢结构防火工程;

4) 对质量有疑义的钢结构防火涂料。

(4) 防火涂料的型号、名称、颜色及有效期应与其质量证明文件相符。

(5) 防火涂料的粘结强度在施工过程中进行抽检,符合国家现行标准的规定,检验方法应符合国家标准《钢结构防火涂料》GB 14907 的规定。

10.3.2 钢结构防火涂料的施工应符合下列规定:

10.3.2.1 钢结构防火涂料的施工应符合以下一般规定:

(1) 防火涂料的施工应在钢结构构件组装或钢结构安装工程的施工质量验收合格后进行。

(2) 防火涂料施工前,应对钢结构表面进行除锈,并将表面清理干净,根据使用要求确定防锈处理,除锈和防锈处理应符合国家标准《钢结构工程施工质量验收规范》GB 50205 的有关规定并应验收合格。

(3) 钢结构表面连接处的缝隙应用防火涂料或其他的防火材料填补堵平后,方可施工。

(4) 防火涂料的施工环境温度宜在5~38℃之间,相对湿度不应大于85%,施工时钢构件表面不应有结露,刚施工的涂层应防止脏液污染和机械撞击。溶剂型钢结构防火涂料应在通风良好的环境条件下施工,现场严禁明火。

(5) 防火涂料涂层厚度应符合设计要求。

10.3.2.2 超薄型钢结构防火涂料的施工应符合下列规定:

(1) 防火涂料的施工可采用刷涂、喷涂和滚涂。

(2) 防火涂料涂层表面应平整光滑,不宜出现裂纹,如有个别裂纹,裂纹宽度不应大于0.1mm。

(3) 防火涂料不应有误涂、漏涂,涂层应闭合无脱层,空鼓、明显凹陷等外观缺陷。

(4) 防火涂料涂刷后应采取防止油污、灰尘和泥砂等污染的措施。

(5) 防火涂料的涂层厚度应符合设计要求。

10.3.2.3 薄型钢结构防火涂料的施工应符合下列要求:

(1) 防火涂料的底涂层(或主涂层)宜采用重力式喷枪喷涂(或斗式喷涂机),其压力均为 0.4MPa；局部修补和小面积施工，可用手工抹涂。面层装饰涂料可刷涂、喷涂或滚涂。

（2）双组分装的涂料，应按说明书规定在现场调配；单组份装的涂料（也）应充分搅拌。喷涂后，不应发生流淌和下坠。

（3）防火涂料涂层表面应平整，不宜出现裂纹，如有个别裂纹，裂纹宽度不应大于 0.5mm。

（4）防火涂料不应有漏涂，涂层应闭合无脱层，空鼓、明显凹陷和其他外观缺陷。

（5）防火涂料的涂层厚度应符合设计要求，底层一般喷涂 2～3 遍，每遍喷涂厚度不超过 2.5mm，应在前一遍干燥后，再喷涂一遍，喷涂时应确保涂层完全闭合，轮廓清晰。操作者要携带涂层测厚仪检测涂层厚度，并确保喷涂达到设计规定的厚度。当设计要求涂层表面平整光滑时，应对最后一遍涂层作抹平处理，面层一般涂 1～2 次，并应全部覆盖底层，面层应颜色均匀，涂层平整。

10.3.2.4 厚型钢结构防火涂料的施工应符合下列要求：

（1）防火涂料可采用喷涂或抹涂，喷涂时可采用空压式喷涂机或挤压式喷涂机等。

（2）喷涂的抹涂施工应分遍涂，每遍涂厚度为 5～8mm，喷涂和抹涂施工间隔应符合产品说明书的要求。施工中涂层的保护方式、涂的遍数与涂层厚度应符合设计要求。

（3）施工过程中，应采用涂层测厚仪检测涂层厚度，直到符合设计规定的厚度。喷涂厚的涂层，应剔除乳突，确保均匀平整。

（4）当防火涂层出现下列情况之一时，应重喷或补喷：

1）涂层干燥固化不好，粘结不牢或粉化、空鼓、脱落时；

2）钢结构的接头、转角处的涂层有明显凹陷时；

3）涂层表面有浮浆或裂缝宽度大于 1.0mm 时；

4）涂层厚度小于设计规定厚度的 85％时，或涂层厚度虽大于设计规定厚度的 85％，但未达到规定厚度的涂层连续面的长度超过 1m 时。

（5）防火涂料涂层表面不宜出现裂纹，如有个别裂纹，裂纹宽度不应大于 1mm。

（6）防火涂料不应有误涂、漏涂，涂层应闭合无脱层，空鼓、明显凹陷、粉化松散和浮浆等外观缺陷，乳突应剔除。

（7）防火涂料涂刷后应采取防止油污、灰尘和泥砂等污染的措施。

（8）80％以上面积的涂层厚度应符合设计要求，且最薄处厚度不应低于设计要求的 85％。

10.3.2.5 室外钢结构防火涂料的施工应符合下列要求：

（1）防火涂料可采用刷涂、喷涂和滚涂工艺。

（2）防火涂料涂层表面不宜出现裂纹，如有个别裂纹，裂纹宽度不应大于 0.1mm（超薄型钢结构防火涂料）、0.5mm（薄型钢结构防火涂料）、1mm（厚型钢结构防火涂料）。

（3）防火涂料不应有误涂、漏涂，涂层应闭合无脱层，空鼓、明显凹陷、粉化松散和浮浆等外观缺陷，乳突已剔除。

（4）防火涂料涂刷后采取防止油污、灰尘和泥砂等污染的措施。

（5）80％以上面积的涂层厚度应符合设计要求，且最薄处厚度不应低于设计要求的 85％。

10.4 钢结构防火涂料施工的验收

10.4.1 防火涂料的验收

(1) 核实产品的品种名称、规格及主要性能指标应与有效技术文件相符；

(2) 核查产品与设计要求是否符合；

(3) 现场抽检产品送达检测单位按规范要求进行检验，核查抽样检验报告情况，满足规范要求；

(4) 用于制造防火涂料的原料不得使用石棉材料和苯类溶剂；

(5) 防火涂料应能同防锈防腐层材料相容，并有良好的结合力；

(6) 室外防火涂料除技术要求规定外，还需考虑其耐水性和耐候性参数。

10.4.2 防火涂料施工质量的验收

(1) 防火涂料涂装前钢材表面除锈防锈涂装应符合设计要求和国家现行有关标准的规定。

(2) 薄涂型防火涂料的涂层厚度应符合有关耐火极限的设计要求。厚涂型防火涂料涂层的厚度，80%及以上面积应符合有关耐火极限的设计要求，且最薄处厚度不应低于设计要求的 85%。

检查数量：按同类构件数抽查 10%，且均不应小于 3 件。

检验方法：用涂层厚度测量仪、测针和钢尺检查。测量方法应符合国家现行标准《钢结构防火涂料应用技术规程》（CECS 24：90）的规定。

(3) 超薄型、薄涂型防火涂料涂层表面裂纹宽度不应大于 0.1mm、0.5mm，厚涂型防火涂料涂层表面裂纹宽度不应大于 1mm。

检查数量：按同类构件数抽查 10%，且均不应少于 3 件。

检验方法：观察和用尺量检查。

(4) 防火涂料涂装基层不应有油污、灰尘和泥砂等污垢。

检查数量：全数检查。

检验方法：观察检查。

(5) 防火涂料涂层不应有误涂、漏涂，涂层应闭合无脱层、空鼓、明显凹陷、粉化松散和浮浆等外观缺陷，乳突已剔除。

检查数量：全数检查。

检查方法：观察检查。

(6) 防火保护层的厚度是钢结构防火保护设计和施工时的重要参数，直接影响其防火性能，因此在施工中规定了对涂层的厚度进行中间检验，在最后的工程验收时仍然强调要对其进行自检和工程监理抽检。

(7) 超薄型和薄涂型钢结构防火涂料主要是依靠膨胀发泡层起防火保护作用的。但在实际工程应用中，很多消防监督管理部门和业主都发现因超薄型和薄涂型钢结构防火涂料做假的太多，有些产家为了减少成本，生产的超薄型钢结构涂料根本不发泡。因此，规定了对超薄型、薄涂型防火涂料施工后的涂层遇火膨胀发泡状况可进行现场检查，规定喷灯的火焰尖刚好接触涂层表面，喷灯的火焰应垂直涂层表面烧 15min，观察涂层发泡状态，超薄型涂料发泡厚度应在涂层厚度的 10 倍以上；薄涂型发泡厚度应为涂层厚度的 5 倍。

10.5　钢结构防火涂料应用注意事项及执行标准

10.5.1　应用材料的选择要求

10.5.1.1　钢结构防火涂料涂装应具备以下文件：

（1）国家防火建筑材料质量监督检验中心出具的有效检验报告。

（2）公安部消防产品合格评定中心出具的有效产品型式认可证书。

（3）中华人民共和国建设部发证机关颁发的消防设施工程专业承包资质证书。

（4）地方建设行政部门颁发的安全生产许可证。

10.5.1.2　选用钢结构防火涂料品种时，宜符合下列规定：

（1）永久性防火保护的高层及多层建筑钢结构，当规定其耐火极限在 1.5h 以上时，应选用非膨胀型钢结构防火涂料。

（2）室内裸露钢结构、轻型屋盖钢结构及有装饰要求的钢结构，当规定其耐火极限在 1.5h 以下时，可选用超薄型、薄涂型钢结构防火涂料。

（3）露天钢结构，应选用适合室外用的钢结构防火涂料。选用该品种防火涂料至少要经过一年以上室外试点工程的考验，涂层性能无明显变化。

（4）耐火极限要求 1.5h 以上及室外用的钢结构工程不宜使用薄涂型防火涂料。

10.5.2　执行标准

GB 14907—2000《钢结构防火涂料》

GB 50205—2001《钢结构工程施工质量验收规范》

GB 50016—2005《建筑设计防火规范》

GB 50045—95《高层民用建筑设计防火规范》

CECS 24：90《钢结构防火涂料应用技术规范》

DG/TJ 08-008—2000《建筑钢结构防火技术规程》

11 涂料施工质量管理及涂装监理

11.1 涂料施工质量管理的意义

《金属腐蚀及防护术语定义》（GB 10123—88）2.39条：防蚀——人为地对腐蚀体系加以影响减轻腐蚀损伤。以钢铁而言，自然界的铁矿石（铁的氧化物），经高温冶炼（还原）成铁金属，处于高能状态，其本身有趋向于低能平衡，表现为钢铁的氧化即锈蚀。历史给我们的任务是阻缓、延长钢铁氧化腐蚀的过程。研究腐蚀形态，使防护科学技术得以工业化实施，科学地说防腐蚀只是腐蚀的防护，是减缓腐蚀的速度而不能防止。因此，我们使用的是耐蚀材料——涂料，在耐蚀材料的分类中，不能把耐蚀涂料列为防腐蚀涂料，何况，也会由于施工环节管理出了问题，不仅起不到防腐蚀的功能，甚至会加速被涂物的腐蚀。耐蚀的涂料加之科学管理、合理的施工作业以及涂膜的维护，才能延长设备、材料和建筑物的使用寿命。

涂料应用于钢铁或其他金属或非金属材料的防护，有时还结合其他防护手段来控制腐蚀，简单形象地称为防腐蚀，是腐蚀防护的简称。

防腐蚀与防腐在含义上是不同的，防腐是另一门科学，其材料是防腐剂，用作动植物标本的有甲醛；用于食品腌制贮藏防腐的有苯甲酸钠、山梨酸等，也用作罐头食品、酱油等防腐的添加剂。许多防腐蚀施工的企业称防腐公司，有的研究单位、大专院校，把主办的刊物称《化工防腐》，把下设的机构称"防腐技术中心"，恐怕都名不符实；如在国际交流时直译其名，肯定要闹笑话。"防腐蚀"与"防腐"是两个不同学科领域，不能混淆使用，用语一定要规范。

11.1.1 防腐蚀工程质量控制的几个因素

影响工程质量的因素主要有人、材料、机械、方法和环境等五大方面，严格控制影响工程质量的要素，也就是控制了工程的质量。

（1）人

工程靠人来运作，人是影响工程质量的主要因素。腐蚀防护工程是一个涉及技术专业广的边缘科学。耐蚀材料互换性，多种施工工艺结合的多变性，使得建设方有必要对防腐蚀工程设计委托论证，施工方案应列入招投标内容，委托专家论证考核认可，其中就是人的因素控制。

（2）材料

材料是工程质量的保证项目，保证工程的使用功能、安全和耐久。工程材料质量的保证资料要齐全，重要的材料要取样复测。

上海浦东染料化工厂（巴斯夫染料化工有限公司）前期工程门窗防腐蚀涂料代甲方修

改设计，改氯化橡胶涂料为 PF-01 涂料，技术监督站要求代甲方取样复测，并增加产品说明书技术标准外的遮盖力、细度两项，测试包括这两项内容在内的技术标准，结果因不合格而停止使用。PF-01 涂料固体含量低，为 15％，通过监管使国家免受了损失。

（3）机械

机械包括施工机械和测试仪器。涂料施工最初级的只用刷子和除锈的铲刀，而现代的施工机械则有空压机、喷枪及辅助设施，还有表面处理的一整套喷砂设备及辅助设施；测试仪器有的企业是一无所有，而有的企业愿花几万乃至几十万元代价去购买设备，可以想象资金投入和人员配备方面相距甚远。

（4）方法

方法包含施工方法和测试仪器设备的应用，许多涂料涂装施工企业在这一环节更显薄弱，涂装只是按设计执行，对涂层厚度缺少测试仪器，只求外观过得去。

上海××工厂为广东惠州华德石化公司涂装埋地钢管，执行合同条款时对涂层厚度有争执，经执法单位复测，涂层厚度上下差别大，最低值低于合同条款规定必须补喷。问题出在仪器的测试精度上，××工厂的测厚仪零点测一次需校正一次，还会出现＞100μm 的误差，已起不到施工质量的监察作用。

（5）环境

影响工程质量好坏的自然条件。对于防腐蚀分项分部工程涂料涂装工艺，最敏感的是温度和湿度。环境温度偏低影响双组分环氧涂料的固化是直观的；而相对湿度对涂料成膜性能的影响，除直观反映涂膜光泽差、泛白外，还能影响其结合牢度、使用寿命等隐性问题，还会有盲目赶进度的现象发生。

对环境条件的控制，应该列入施工方案，对环境条件的重视与否，也反映了施工企业的技术素质高低。

建筑防腐蚀和设备管道防腐蚀工程质量的技术管理，包含技术内容及企业质量管理，两者互相制约与补充。规范和技术标准作为工程合同的内容，目的达到合同规定的质量标准，由于工程施工节点多，变化的因素多，故质量管理的难度也大。

涂料施工有产品涂装与工程涂装两类，产品涂装的工艺、涂装条件及作业人员相对稳定，涂层各项性能，均在试验室试验和检测，涂料产品作为原材料经过检测用于产品涂装，一般不需要对每个涂装的部件或整件再作涂层的质量检测。

建设工程涂装与产品涂装的最大不同点是作业人员为完成承包合同而临时的组合，相互的沟通与工程进程的紧迫性有时不能适应；前工序对后工序的合拍，户外多变环境对施工作业的负面影响，需要不间断的检测来协调与约束，才能确保建设工程的整体质量。正确有效的管理实施依托国家的政策和规范标准的支持。

产品涂装和工程涂装的管理和质量之间辩证关系的基本点相同，工程的管理与产品涂装相比较要复杂得多，因此工程建设需要经验丰富的专门机构即监理来担当。建设监理是工程质量的灵魂。

11.1.2 涂料防腐蚀占防腐蚀措施总量的比例

材料涂装防护是减少腐蚀损失简单有效的方法，迄今仍以有机涂层最为经济，应用最普遍。日本防腐蚀技术协会、腐蚀与防蚀协会在调查报告中指出，防腐蚀费用（20 世纪

80 年代之前）高达 25509.3 亿日元，表面涂装为 15954.8 亿日元，占防腐蚀措施费用的 62.55%，其分类如表 11-1 所示。

日本对各种防腐蚀措施费用的统计　　　　　　表 11-1

防 蚀 对 策	防蚀费用/亿日元	比例/%
1. 表面涂装	15954.8	62.55
2. 金属表面处理	6476.2	25.39
3. 耐蚀材料	2388.2	9.36
4. 防锈油	156.5	0.61
5. 缓蚀剂	161.0	0.63
6. 电气防蚀	157.5	0.62
7. 腐蚀研究	215.1	0.84
总计	25509.3	100.00

中国与日本各种防腐蚀措施费用的比例　　　　　　表 11-2

防腐蚀方法	中国(2000 年)	日本(1975 年)	日本(1997 年)
1. 表面涂装	75.63	62.55	58.4
2. 金属表面处理	11.66	25.39	25.70
3. 耐蚀材料	12.46	9.36	11.3
4. 防锈油	0.10	0.61	1.60
5. 缓蚀剂	0.05	0.63	1.10
6. 电化学保护	0.10	0.62	0.60
7. 腐蚀研究	—	0.84	—
总计	100.00	100.00	98.70

上海市腐蚀科学技术学会"腐蚀科学技术为重大工程建设服务"主题报告会，学会理事长徐乃欣在会上谈到表面涂装费用在中国防腐蚀措施费用所占比例为 75.6%，高出日本等国家的 13%，反映了涂装工程的技术措施及管理上的差距（表 11-2）。

日本学者佐藤·靖对防腐蚀涂装的体系归纳为修补方法、检查方法、涂装顺序、施工器械、施工环境、耐久性及维护管理、合理的价格与研制适用的涂装器械等。涂装中存在的问题包括底材处理、环境条件、涂装顺序、涂装间隔时间以及检查方法等。

防腐蚀涂装的体系占防腐蚀措施费用的比例高，有新材料新技术应用滞后因素。

从国家规范标准的编制和工程设计文件，可看到较常见的是表面处理除锈标准和涂层厚度偏低，其思维方式只考虑以此来降低成本而不考虑整体经济效益，其带来的后果是由于涂层使用寿命、维修间隔期短，成倍增加维修费用。

由于经济体制以及管理方法的差异，从涂装工程设计、招投标、材料选用、工程质量管理到涂层的维修保养等一系列环节，存在着有待改进的问题。

11.2　施工过程质量控制

涂装工程施工过程的质量控制，其管理模式与建设工程项目的质量控制相一致，质量是在施工过程中逐步实现的。涂装工程施工过程较短，接近整体建设工程项目的尾声，为了避免事后的返工，影响整体工程的进度，努力抓好事前控制，以预防为主，为施工过程质量控制创造良好的基础。

11.2.1 建设工程工序质量的控制

建设工程项目的施工是由一系列相互关联、相互制约的工序所构成的，工序质量是基础，直接影响工程项目的整体质量，要控制工程项目施工过程的质量，首先必须控制工序的质量。

11.2.1.1 建设工程工序质量控制概念

工序质量包含两方面的内容，这就是工序活动条件的质量和工序活动效果的质量。从质量控制的角度来看，这两者是互为关联的，一方面要控制工序活动条件的质量，即每道工序的投入质量（即 4MlE）是否符合要求，另一方面又要控制工序活动效果的质量，即每道工序施工完成的工程产品是否达到有关质量标准。

4MlE 即人（Man）、材料（Material）、机械（Machine）、方法（Method）和环境（Environment），作为影响工程质量因素，也是控制施工工序和控制建设工程整个过程的要素，这种控制贯串建设工程的全过程，适用于建设工程参与各方，对人、材料、机械、方法和环境实施控制（图 11-1）。

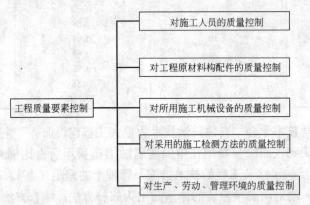

图 11-1 工程质量要素控制

涂料涂装工程的每一工序，均包含人、材料、机械、方法和环境几方面的要素。人、机械、方法的因素与建设工程影响与控制相类似，环境因素影响则较为突出，材料的因素具有特殊性：涂料产品以及配套的固化剂、稀释剂，地面涂装工程的石英粉等填料，屋面工程涂装工程的胎体增强材料等。涂料涂装工程的材料比起建设工程的原材料、构配件的品种要简单得多。

涂装工程的施工机械设备简便，喷涂工艺较手工涂装设备稍多些，表面处理工序的机械设备复杂庞大，技术和效率要求愈高，设备愈复杂庞大。

涂装工程的施工检测都是些专用设备，如涂层的耐磨耗性、表面硬度等性能，在实验室进行，现场使用的是涂装施工涂层的质量检测设备。

涂料产品技术性能的检测，对产品的保证性能，如耐磨耗性、耐化学品介质性能、耐老化性能等作为保证指标，批号产品一般不作检测，只有生产操作过程中影响产品使用性能的常规数据，作为产品质量出厂合格证的数据检测。用户对产品的质量检测，一是依靠企业的试验室，二是地方的专业检测机构对产品质量的复检。

施工中常用的有涂层湿膜及干膜测厚仪、附着力划格测试仪，用来控制施工操作或控制施工质量，同时检验产品的质量。

11.2.1.2 涂装工程涂料产品质量因素的干扰

涂料产品是一个半成品，涂膜与基层面的结合才算一个成品，但短期内的检测数据，只代表某个技术指标在特定阶段内的性能反映。合同质保期内的性能有涂层泛锈、起泡、表面粉化、变色、脱落等工程的质量缺陷或管理失控，是几个月至两三年后才能逐渐暴露，这是涂装工程涂层质量的特殊性，也是涂装工程质量检测的特殊性。

引起涂层泛锈、起泡、表面粉化、变色、脱落等质量问题，有材料的质量问题，也有由于施工的问题。材料质量问题可以针对涂料产品质量的技术指标进行复检，但只能解决常规技术指标检测，这与建筑工程材料钢筋、水泥、黄沙、石子的质量检测以及商品混凝土质量检测有很大的不同，涂料产品包含着一个耐老化的性能的差异影响工程质量的特殊性。

要解决粉化、变色等涂层性能预测，需要时间，短期考验来取得检验的数据不可能也是不现实的，一是时间紧，二是检测费用大，为了避免诸多的工程质量纠纷，避开涂料产品质量问题对工程质量的影响，挑选社会信誉好、企业质量管理好的生产企业的产品，减少干扰因素，稳定施工质量。

避开涂料产品质量因素影响涂装工程质量的企业行为，必须成为管理制度。现行的产品招标，着眼价格因素，重眼前利益。对生产企业的考察，不能走过场作为形式。涂料产品质量对工程质量的影响有时是隐性的，有施工因素及使用保养等因素的干扰，质量保证期的后期，干扰因素增多。我们的经济体制还在发展中，管理体制在完善中，低价低质量的产品有市场，也是经济体制和管理体制现阶段所孕育的。

土建工程能达到长期的质量的稳定，是由于土建工程原材料的质量，影响到人民生命安全，在某种意义上讲，土建工程质量的稳定是接受质量事故教训的结果，采取了一系列的产品生产许可及质量认证制度。原材料的质量保证了工程的质量，这个简单的道理，对涂料涂装工程的质量管理是一个警示，也是一个成功的模式。

完善涂装工程质量管理制度还有一段路要走，这是因为涂料生产企业星罗棋布，涂料产品质量反映到工程质量，时间长短不一，又有施工因素的影响，有说不清道不明的一面。另一点是住宅开发商，由经济利益驱动采用低价产品。住宅建设涂料产品的采购，是涂料生产企业围攻目标，经管人员又受到人情的驱动，涂料产品的选用多少会影响工程质量，从而影响建设工程质量管理成功的模式。

11.2.1.3 涂装工程工序质量控制

工序质量的控制，就是对工序活动条件的质量控制和对工序活动效果的质量控制，以此来达到对整个施工过程的质量控制。

（1）试件试样制作

试件试样制作用于涂料产品质量及施工操作质量控制的综合检验，与商品混凝土、砂浆的产品批号性能检测具有同样的性质和意义，试件试样制作为材料产品质量检定与认可的依据。涂料品种多，又有操作人员的习惯性因素，试样制作使其成为涂料产品质量认可及技术操作质量控制关键点，更有现实意义。

建筑业广泛采用墙面涂料产品自我推荐质量管理的模式，建设方、监理人员及施工方通过试样实测、分析和判断，作为质量认可的依据，进而实现对工序质量的控制。

① 实测：采用必要的检测工具或手段，对试样进行质量检验；

② 分析：对检验所得的数据进行分析，发现这些数据所遵循的规律；

③ 判断：根据分析的数据，对整个工序的质量进行推测性的判断，进而确定工序达到质量标准的程度。

建筑业的管理经验未能被涂装工程管理人员所采纳，不去遵循其规律性而出现质量纠纷是必然之事，笔者曾会诊过多次地面涂装工程交工验收质量纠纷，多数是表面硬度差，除了偷工减料的主观因素外，多数是不做试样，施工时任意改变配比，等到交工时才发现涂层表面硬度不足，此时已晚矣。

建设项目质量控制影响质量因素控制，对材料、配件的质量控制，要求现场配制的材料如防水材料、防腐蚀材料、保温材料等的配合比，应先提出试配要求，经试验合格后才能使用，监理工程师均须参与试配与试验，这对涂料涂装的施工与管理是一个不可多得的宝贵经验。

防水材料、防腐蚀材料、保温材料的涂装施工，属涂料涂装领域，提出试配要求，经试验合格后才能使用的管理经验，实为涂装管理的先驱，值得监理方重视，应扩展为材料供应方及承建施工方共同的管理理论，指导建设工程项目实践。

（2）及时检验工序质量

影响工序质量的原因有偶然性和异常性。当工序仅在偶然性原因的作用下，其质量特征的性能特征数据（计算值数据）的分布，基本上是按算术平均值及标准偏差固定不变的正态分布，工序处于这样的状态称为稳定状态。当工序既有偶然性原因，又有异常性原因影响时，则算术平均值及标准偏差将发生无规律的变化，此时称为异常状态。检验工序质量并对所得数据进行分析，就是判断工序处于何种状态，如分析结果处于异常状态，就必须命令承建单位停止进行下一道工序。

涂料涂装质量特征数据能作出算术平均值及标准偏差的仅是涂层厚度一项，承建方施工合同规定包工不包料的，厚度正负偏差幅度大，正负幅度检验不能采用算术平均值；包工包料的情况下容易出现负偏差，但这些涂层质量检测数据由设计文件及合同条文制约，而一些作为基本项目的目测外观质量如流挂、起泡、针孔以及涂饰不匀等，没有可计算的数值。以外观质量的现象作统计，同样可作出处置的决定，而且现象观察能在短时间内作出结论，这点也是涂料涂装的质量控制特点。

11.2.2 质量控制点

11.2.2.1 质量控制点的设置

控制点是指为了保证工序质量而需要进行控制的重点或关键部位或薄弱环节。对所设置的控制点，事先分析可能造成质量隐患的原因，针对隐患原因，找出对策，采取措施加以预控。

设置质量控制点，是对质量进行预控的有效措施。因此，在拟定监理工作规划或施工规划时，应根据工程特点，视其重要性、复杂性、精确性、质量标准和要求，全面地、合理地选择质量控制点。质量控制点，也就是监理工作和施工管理的重点，其涉及面较广，结构复杂的工程项目，可能是技术要求高、施工难度大的结构构件的分项、分部工程，也可能是影响质量关键的某一环节。总之，无论是操作、工序、材料、机械、施工顺序、技术参数、自然条件、工程环境等，均可作为质量控制点来设置，主要是视其对质量特征影响的大小及危害程度而定。

涂装工程是较为精细的工艺过程，某种程度上可理解为较为脆弱的，如温度及相对湿度的控制，温度低于双组分涂料的固化要求，涂膜的干性不好，影响表面硬度；环境相对湿度过高，影响涂层的光泽，有的品种则影响其涂层的附着力，有可能在较短期限内涂层起泡并发展为剥落而使工程报废。为了保证涂装工程项目的质量，承建施工的管理人员设置质量控制的关键点，并向施工人员交底，并得到工程质量监理、质量监督人员的理解和支持。(图 11-2)

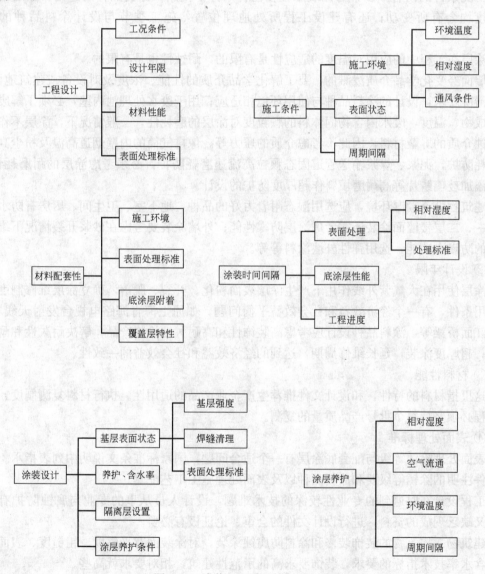

图 11-2　涂装工程质量控制点的设置

11.2.2.2　质量控制点的实施要点

（1）工程设计

涂装设计对象有建筑装修装饰设计和工业设备管道防腐蚀涂装设计等，后者的设计内容考虑的技术因素多，如工况条件、材料性能的专用性、钢材表面处理除锈等级对选用涂料品种的适用性等。涂装设计和其他工程设计一样，应履行设计文件的会审，避免专业涂装设计的错误。

地下、半地下的贮槽防潮层设计及这类构筑物表面不能用水泥砂浆找平，在专业刊物技术论文及设计规范中明示，但继续犯错误的例子不少，要求监理、设计及设计文件会审中注意。

① 工况条件

工况条件的内容颇多，有涂装工程在何种条件下使用，涂料品种的选用、涂层结构及厚度均会有所变动；还有建设工程所处地理位置，施工季节与设计涂料品种的适应性。

涂层在工程中的应用对温度的适应性是有限的，耐蚀性也是有限的。

墙面经受化学品介质泼溅的，要了解化学品介质的性能、浓度及对设备或建筑地面、墙面清洗要求，设计的涂料品种与使用环境相适应；用于废水处理池内壁，必须了解废水的组成物、温度，废水内含物固体料的颗粒度对涂层的磨耗性，一般情况下，涂层不作为强腐蚀介质的屏蔽材料，因此不考虑介质的压力等。像排气筒的内壁烟道高温及粉尘高流速磨耗防护，泥浆、煤浆输送管道固态颗粒高流速磨耗防护，必须考虑涂层的耐磨耗性，采用添加玻璃鳞片等高耐磨填料作超厚度防护的设计。

建筑物处于潮湿环境，应选用湿态附着力好的品种，地下室、卫生间、厨房有防水要求，一、二层楼墙面涂装还需考虑涂层防霉性能；外墙涂装要考虑在砂浆开裂情况下维持涂层的防渗水功能，选用弹性外墙涂料等等。

② 设计年限

涂层使用在大气紫外线作用下产生涂层表面粉化、开裂、脱落，确立涂层维修制度以及使用条件，有一个经济效益和社会效益平衡问题，如原上海青海路电视台发射天线塔、黄浦江面桥梁等，涂料品种设计应考虑高装饰性和高耐久性涂料产品，解决耐久性和耐沾污性；超厚度涂装，延长维修周期，达到的经济效益和社会效益的一致性。

③ 材料性能

这里指材料的特性，和设计文件推荐生产企业产品的适用性。执行材料复测制度，重大工程必须坚持每个批号产品质量的复测。

④ 表面处理标准

表面处理除锈等级与配套底涂层有一个适合问题，国家标准条文说明中列表指示。设计文件注明的除锈等级要和涂料品种以及表面处理施工工艺配套。

工程设计有时遇到的专业性较深的技术难题，设计人员从事的专业与腐蚀防护有距离，又缺乏现成的资料，进行设计文件的会审、论证极有必要。

建筑物、构筑物的装饰装修和涂料防腐蚀涂装，对涂装面有平整度、粗糙度、表面泛碱、含水率技术指标的要求，装饰要求高的示范性建筑，相对要求就高些。

（2）施工条件

施工条件指涂装施工开始时各种准备条件的合适性，包含施工环境、施工表面状态以及施工周期间隔等，反之，缺少合适性，影响涂装工程质量。

① 施工环境

施工环境条件包含环境温度、相对湿度、通风条件。

环境温度和相对湿度在工况条件中有所叙说，通风条件是指通风不良的舱室、罐体，在这种环境条件下施工，一是影响涂层内溶剂挥发干燥，二是通风不良易出安全事故。

像埋地管道现场施工，对管道焊接接头处除锈涂装，管径大分量重，必须制订一套切合实际的施工方案及设置施工机具；在禁火区内的涂料维修抠铲作业表面处理，存在除锈等级与设计采用涂料品种的匹配问题；施工场地狭小，离地距离近的施工特殊性，表面处理质量的保证措施；高纬度区域低温季节双组份环氧涂料施工，多雨季节与工期紧的工程等等，只有通过调查才能编制施工组织方案。

② 施工面表面状态

表面处理有国家标准 GB 8923—88《涂装前钢材表面锈蚀等级和除锈等级》，表面处理工艺同样有环境条件的约束，除锈等级伴有粗糙度标准，管理人员必须知其所以然。

建筑物表面状态指标有强度，出现的易剥落物必须清除干净，麻坑、裂缝必须批嵌磨平。

③ 涂装时间间隔

涂装时间间隔有双重性，由涂料品种决定最大及最小施工间隔，施工间隔时间的掌握，涉及层间附着力与层间配套的合适性，同样关系到涂层的使用寿命，这些理论问题在本书的影响因素章节中详细叙述。

（3）材料配套性

材料配套性有表面处理与涂料品种的配套，与施工环境密切相关，复层涂料结构设计底、中、面之间的配套，面层涂料首要性能是耐晒性，即耐紫外线老化性能，腐蚀性环境中涂层的对腐蚀介质的屏蔽性。底涂层关键性能是附着力，这里还需着重指出不是一般的涂层样板附着力划格或划圈法符合≤2级等技术要求，良好耐久性的涂料，必须具备介质浸泡或雨水浸泡条件下的附着力即湿态附着力。

施工环境及表面处理标准在施工条件关键控制点有所解释。

① 施工环境

涂料品种的配套与施工环境密切相关，哈尔滨市电视天线发射铁塔涂装品种的设计，涂层必须经受低温的考验。在−35℃条件下，多数常规品种涂层出现开裂；矿井、地下构筑物、构件施工，处于高湿环境下，涂料品种必须具备在潮湿表面有良好附着力的特殊性；密闭舱室施工必须防止溶剂挥发引发中毒和火警事故。上海市奉贤一施工队在罐体内壁涂装，不排去积水，施工中造成因溶剂中毒昏迷倒在积水中窒息而死数人。这种情况下较安全的办法是采用无溶剂涂料品种，但还是不能忽视施工组织设计中监护岗位的设置。

② 表面处理标准

对非铁金属表面涂装施工，同样有表面处理要求。建筑物及构筑物有表面强度、平整度、含水率（渗水影响）、粗糙度等要求。目前还存在一个木抹子拉毛平整的错误做法，其理由是木抹子拉毛面有助于涂料的附着力。

涂装设计考虑的涂料品种，不只是物理性的附着力，即其附着力与附着面积成正比。环氧类涂料涂层附着极大依靠分子结构的化学键的能。毛糙的表面对附着力有好的一面，但毛糙的表面增加腐蚀介质的渗透面；毛糙多孔的表面易造成涂层的针孔，涂层出现薄弱环节，不利于对介质的屏蔽；毛糙多孔的表面耗料多，又影响表观质量，因此是错误的。笔者设计了杨浦大桥索塔及南北高架涂装工程，混凝土结构表面平整光洁，涂装设计经过了时间考验是正确的，说明木抹子拉毛提高涂层附着力理论仅是表面平整光滑、费工费力难做的一种托辞。

③ 底涂层附着力

涂料生产企业产品介绍往往有不实之处，设计人员偏听偏信容易出问题。贵阳煤气贮柜工程内壁设计环氧富锌底涂层与氯磺化聚乙烯面涂层配套，一注水氯磺化聚乙烯面涂层就起满泡。氯磺化聚乙烯面涂层与底涂层附着力差，湿态附着力差是氯磺化聚乙烯面涂层的致命弱点，在这项工程中又一次暴露出来。

④ 面层耐晒性

面涂层粉化，失去原有的光泽，是因为面层涂料的主要成膜物质树脂耐晒性差，如南通某化工企业，把环氧涂料作面层涂料，夏季使用两三个月，面层即出现粉化，涂层退色；聚氨酯树脂涂料的固化剂有芳香族和脂肪族之分，前者易泛黄，室外紫外线照射下易粉化。新建工程设计必须把好关，否则以后的维修工程随意性多，更易出问题。

（4）涂装时间间隔

施工间隔指涂装工艺每道涂层可覆涂涂料的最小或最大的间隔时间，不存在好与不好与间隔时间的关系，只是合适性。

表面处理后第一道底涂料涂装的间隔，应注明间隔时间的计算是从表面处理开始计算还是在一定的面积处理好以后计算，事实上后一种计算是毫无价值的，因为表面处理的面积是个不定值，经处理铁金属裸露时间影响涂层的附着力与防锈性能即使用寿命，科学实验证明铁金属裸露时间愈短愈好。

另一个是两道底层之间，底涂层与中涂层之间，中涂层与面涂层之间的间隔时间，都由涂料产品的特有性能所决定，一般应以产品使用说明书为准，企业产品说明书的条文，承担法律责任。这些对涂层使用寿命的因素，列单独的章节叙说。

建设工程项目质量是决策、计划、勘察、设计、施工等单位各方面、各环节工作质量的综合反映。保证工程项目的质量，要求有关部门和人员精心工作，对决定和影响工程质量的所有因素严加控制，即通过提高工作质量来保证和提高建设工程项目的整体质量。

涂装工程同样由设计、现场考察施工条件、材料复测、试样涂装、施工、涂层养护等几个环节精心工作，保证涂装工程的质量。

11.3　建设工程涂装质量责任

涂装是建设工程的重要组成部分，建筑工程涂装承接墙面地面装饰，与涂装相关的还有防水、防火涂料涂装和暖通、给排水管道涂装等。工业建筑除上述要求外，有适合各类工业需要的内墙、地面、设备的涂装，像港口码头、石油及产品储油库等更有名目繁多的涂装作业。承建这类工程的质量责任方，有建设工程的投资方、工程质量监理方、涂装设计方、涂料产品供货方、涂装施工方以及涂料产品和涂装质量检验检测方等，本节主要讲述责任方责任以及如何增强自我保护意识，分清质量责任。

涂装作业自我保护有人身保护、环境保护、劳动保护以及消防救灾等，而关系到涂装工程质量的也有自我保护的技术管理，内容包含涂料产品质量检测与复验、试样制作与检测、涂装环境条件检测以及工程质量检测等。涂装面前期工程质量检测报告检查与复验，设备管道的压力密封检测，钢材表面锈蚀等级和处理除锈等级质量检测，土建工程混凝土强度检查配合比通知单及检测报告，混凝土抗压强度的回弹仪检测、混凝土层表观质量、坡度及含水率检测等，是涂料施工质量的自我保护技术管理的重要控制点。

11.3.1 建设投资方的质量责任

11.3.1.1 选址和服务对象

工业建设与住宅、商务楼选址相同点是环境、交通状况，还涉及避开自然灾害的地理环境与地质勘察。不同之处有能源、水源等，工业三废处理排放条件，选址近原料产地还是消费地，建设项目的先进性和行业市场竞争优势，直接关系到建设投资方的眼前利益和长远利益。

11.3.1.2 投标单位资质审查

建设工程投标对象有监理、设计、承建施工和涂料生产供应等，均有资质等级和质量管理体系认证要求，建设投资方根据建设工程的性质及要求，首先选定建设监理单位，由建设监理全面负责审查设计及承建施工资质和完成建设工程的能力。

11.3.1.3 涂料产品生产质量管理体系认证

涂料产品生产或经商业经销部推销，或由建设投资方的主观指定涂料产品品牌，或设计文件推荐产品，对生产商进行企业质量管理体系认证调研。

涂装工程所需的涂料产品，一般由设计文件推荐涂料品种名称及型号，根据建设工程质量监督管理办法，决定甲方采购或施工单位采购，并考察产品在重大工程中应用的业绩。采购方承担产品质量责任。

11.3.1.4 商务标书与技术标书的评分平衡

我们曾为四方工程公司负责编制广东南沙油库建设工程涂装标书，对设计文件中的化工产品聚合物单体储罐设计提出保温建议，增加前段的降温及保温设计，避免聚合物单体丙烯酸酯类贮存变质、聚合物单体爆聚引发事故；轻质油品储罐外壁应选用热反射隔热涂料，减少储存量的损耗，减少火警的危险，有利环境保护。这些设计文件忽略的技术性论点，评标时技术分最高，却不能中标。

经过一年时间证明，另一家商务标中标施工企业，违反了 HGJ 229—91《工业设备、管道防腐蚀工程施工及验收规范》3.3.6 条规定，犯了 Sa3 级和 Sa2½ 级使用河砂作为磨料的低级错误，低造价造成一系列的储油储罐表面处理质量缺陷而涂层泛锈的严重质量问题。

甲方（监理）在设计及施工单位投标书评标中，不能忽视特殊工种标书中的技术标的评分比重，不使商务标的评分替代技术标评分。要重视同类工程施工业绩调研，以保证工程的质量。

11.3.1.5 加强对监理的技术素质的考核

建设监理对涂装工程一般熟悉建筑物墙面的涂料施工，不熟悉防腐蚀涂装，对涂料新品种及涂装的新技术，听任施工企业指挥，也有监理人员放松纪律自律，危害投资方的利益。

监理单位选用要重视涂料涂装专业监理人员的考核，不使占整体工程比重不大但颇为重要的涂料涂装质量管理一环成为空白。

11.3.1.6　建设单位主观意见对涂装耐久性的负面影响

这一类情况多数存在于改建和维修工程，建设单位主管人员指定涂料产品生产客户，并对施工企业提供的涂装设计方案提出修改，减少涂层厚度或改变涂层结构，理由是不需要达到几年不维修的要求，年年维修才有事可做。这是管理层制度不严，疏于教育的个例，干扰涂料涂装原本可达到预见使用寿命。

11.3.2　建设工程质量监理的自我保护

11.3.2.1　涂料产品及涂装设计考核

涂料产品价格与涂层质量两者不是一个必然对等的值，各具独立性，以社会信誉及工程业绩判断产品质量的可靠性，实施质量复验手段，保证涂装工程的质量的可靠性。

涂层结构费用过高和设计不合理，对资源构成浪费。如在西部地区某项目，钢结构防护设计氟涂料为面层，再覆盖防火涂料，一不论证氟涂料的作用，二不管防火涂料在氟涂料表面的附着性能，损害投资方利益。

11.3.2.2　小样制作对施工监理管理的启迪

小样制作是工程质量缩影，小样可检测，可观察表观质量及耗用量；以小样制作考察施工企业的技术素质和胜任涂装工程的能力，分清产品质量与施工质量；质量监理旁站监督直观涂装工程的全过程，掌握施工进程中质量管理的主动权。

11.3.2.3　工程进度和质量的矛盾以质量为主导

工程质量监理应抓备料、涂料产品出厂合格证书和复验、小样检测以及隐蔽工程质量检测。重视影响涂装工程质量的表面处理除锈等级、环境条件以及层间覆涂间隔时间的控制，创造涂料施工合适环境条件，防止工程返工，既保质量又保证工程的进度。

上海南汇区天然气处理站管道涂装，由于未重视雨后底涂层受潮，含水率过高而造成一年后面涂层开裂，成片剥落；吴淞部队油罐面涂层施工，上下两部分涂层附着力差异明显，上半部未等露水干即涂装，两年后面涂层成片大块剥落，下半截油灰刀用力刮铲，涂层附着依旧牢固。

涂装工程质量较少出现在工程验收阶段，因为涂层的耐久性不能在现场检验所能预测，要靠建设监理挖掘施工人员的技术素质，避免施工赶进度而忽视涂层耐久性。

11.3.2.4　隐蔽工程质量验收

涂装工程的特点是隐蔽工程多，有基层处理的清洁度和平整度，钢结构的除锈等级和粗糙度以及涂装间隔时间。钢材除锈等级的质量验收，时间上有特殊性，高要求的除锈等级的最好的状态稍纵即逝，建设监理岗位始终在施工现场。

表面处理的质量影响涂层质量，严重的会在短期内泛锈。表面处理可以作为独立工程，但不适宜由涂料施工以外的企业单独承包。

底涂层涂装与表面处理也有一个间隔时间的限制，和环境相对湿度相关，监理验收除锈等级，要有专用 40 倍放大镜与手电筒的结合检查仪。裸露铁金属的泛锈较快，以放大镜弥补肉眼观察的不足。

建设工程钢结构涂装质量的缺陷，关键点是表面处理质量。没有严格的管理，涂装工程的耐久性会落空。

11.3.3 涂装设计方的质量责任

中国防腐蚀工程技术网报导防腐蚀涂装应用中的几大误区：①注重防腐材料，轻视表面处理。②注重材料选用，轻视防腐蚀配套。③注重材料单价，轻视综合造价。④注重短期投入，轻视长期费用。问题的提出颇具代表性，涂装设计是涂装工程的灵魂，相应的规范标准影响着涂装工程设计的实施。

设计规范规定的涂料品种选用，受当时涂料技术发展条件的限制，但是像涂层厚度设计，低于代表行业水平的涂料制造厂商产品说明书的要求；配套设计局限于同类产品的配套，指导设计规范存在的问题。设计人员要吸取多方面的养料，尤其是重大工程成功的业绩。

NACE 专业组 T-10-1 评定涂层系统的方法：①通过成功的应用来验证确定的系统，满意使用至少 5 年的涂层系统，在相同环境中应当仍然保持良好的使用，可以选择这种涂层系统用于类似条件。②为新的环境确定或修正的系统。③利用实验室试验和使用现场性能确定的新的涂层系统，手段有实验室试验、依据推荐的实用技术进行配制涂敷、进行使用现场性能试验等，推广的依据是 5 年后得到良好的结果。④只依靠使用现场性能来评定涂层系统的方法。

唯物主义者就是注重事实、重数据，这是涂装设计的质量和自我保护的原则，不会出现贵阳市煤气贮罐内壁涂装（浸水部位）选用氯磺化聚乙烯和环氧富锌底漆配套产生涂层起泡，某大桥涂装选用不成熟的硅酸钾防锈底漆开裂泛锈，某大桥混凝土承台涂装选用价格高、不耐紫外线老化的环氧潮湿表面施工涂料等等问题。

11.3.3.1 涂料产品选用及配套原则

涂料产品选用及配套以同行业中有知名度的企业资料为依据，以管理制度及业绩作保证。

设计人员首先要清楚选用涂料的性能，明白涂层所处的环境条件如温度、酸碱等腐蚀介质浓度、受压状态、磨耗等技术条件，涂层成膜固化许可等综合考虑选材及设计涂层结构。

设计规范条文有在特定环境中的涂层厚度要求，但没有涂料品种与厚度的对应关系，几十年来未作变动，无法验证其理论的依据。代表性生产企业的说明书，有成功的业绩作依托。

现在的钢结构户外防护涂层厚度，均来自上海开林造漆厂等企业，在上海黄浦江上几座大桥的涂层厚度与使用年限的对应数据，影响深远，颇具参考价值。

涂层与其他防护材料的耐蚀防护性能有所区别，涂层的防护功能受涂层的附着力制约，底涂层的附着力决定配套涂层防护的耐久性。即使相同的材料不一定得到相同的结果，设计文件要指导施工质量关键点控制的手段。

11.3.3.2 设计文件涂料产品名的规范化

勘察设计文件、合同对社会和法律负责，设计单位对建设工程使用材料、构配件、设备的规格性能和质量，应符合下列基本要求：

　　① 符合国家和行业的有关技术标准；

　　② 符合产品或其包装上注明的标准；

　　③ 符合以产品说明、实物样品等方式表明的质量状况；

　　④ 符合设计文件中注明的产品规格和性能；

　　⑤ 有产品质量检验合格证。

　　建设部《建设工程质量管理办法》规定：设计文件中应注明建设工程使用的建筑材料、构配件和设备的规格、性能和质量要求，但不得强行指定生产厂家。工程的材料为涂料，其名称有国家标准 GB 2705《涂料产品分类、命名和型号》，设计文件必须按国家标准注明建设工程使用的涂料的型号，只注明某涂料特别的名称，存在强行指定生产厂家的嫌疑。有的设计人员不清楚某种涂料的性能而只标出企业型号，由于说不清楚生产厂名与地址，承建单位无法采购，影响建设工程的进度。

11.3.3.3　设计文件论证和技术交底

　　HGJ 229—91《工业设备、管道防腐蚀工程施工及验收规范》2.1 条一般规定：防腐蚀工程的施工应具备下列条件方可进行：设计及其他技术文件齐全，施工图纸业经会审，完成施工方案和技术交底。

　　涂装新技术应用征询专家意见进行会审论证具有必要性。上海石化公司石脑油贮罐防护，设计喷涂金属铝后再覆涂导静电涂料，施工人员理解设计喷铝层厚度 $150\mu m$，对导静电涂层总厚度理解不同。一种是喷铝层和导静电涂层总厚度为 $180\mu m$，另一种理解为导静电涂层总厚度为 $180\mu m$，五个储罐涂装工程以前者理解进行施工，一个储罐喷铝 $150\mu m$ 再涂装导静电涂层 $180\mu m$。投入使用一年不到，五个罐喷铝层腐蚀呈白色粉状物，导静电涂层脱落，而导静电涂层涂装 $180\mu m$ 的完好，防护层失效工程损失超过 100 万元。

　　设计人员应明白涂料涂装涉及学科面广，以设计论证会审弥补新的技术知识的不足，如导静电、反射隔热、电磁波屏蔽等新技术应用。

11.3.4　涂料产品供货方的质量责任与自我保护

11.3.4.1　施工现场技术服务

　　涂料产品供货方一般指涂料生产厂，集结了试验、生产及应用实践一整套的经验，对自身产品应用最有发言权。河南四方工程公司夸奖海虹老人牌涂料公司和式玛涂料公司的技术服务人员吃苦耐劳，在施工现场与施工人员密切配合，避免施工过程中的差错影响企业的信誉和经济损失。供料单位技术服务是最有效的自我保护措施，与施工方长期合作取得双赢。

11.3.4.2　严格施工管理，减少涂层质量缺陷

　　涂料产品供货方要求施工表面必须的平整度，平整度差会增加涂料的耗量；涂装前钢材表面的除锈等级不达标影响附着力和使用寿命，处理问题也符合供需双方利益。

　　供货供料方以科学态度关切施工环境条件，保证涂装成膜质量，从小样制作开始，无保留地辅导施工人员细致，提供详细完整的产品说明书，包括涂料品种介绍和施工技术，达到产品说明书的技术指标。

　　在工程施工现场，把住影响涂层使用寿命因素的质量关，有基层的表面处理、环境条

件的控制（环境温度和相对湿度）、涂层的厚度、覆涂层涂装间隔时间以及涂层的养护等，保证涂层达到设计使用寿命。

11.3.5　施工承建方的质量责任

涂料施工承建要体现安全及环保要求，其特殊性是涂料溶剂对人体的毒害性，溶剂易燃易爆性。

11.3.5.1　对前期土建工程质量的检测

根据 GB 50046—95《工业建筑防腐蚀设计规范》、HG/T 20587—96《化工建筑涂装设计规定》及 GB 50212—2002《建筑防腐蚀工程施工及验收规范》的要求，混凝土结构储槽槽体、地面不得以水泥砂浆找平，强度须达到设计要求；GB 50209—2002《建筑地面工程施工质量验收规范》及 GB 50224—95《建筑防腐蚀工程质量检验评定标准》要求涂装施工前检查土建工程混凝土配合比通知单及检测报告或混凝土强度试验报告。为防止某些质监检测站以商品混凝土试件替代现场的混凝土质量强度试验报告或检测报告蒙受怨屈，对前期工程质量的认可应取慎重态度。

GB 50212—2002《建筑防腐蚀工程施工及验收规范》强制性条文 3.1.1 条：基层必须坚固、密实；强度必须进行检测并应符合设计要求。条文说明：可用强度测定仪、回弹仪等。不管这类仪器能否检测混凝土强度的全部性能数据，但作为施工承包企业的自我保护措施是重要的。

11.3.5.2　设备管道、钢结构工程制作检测质量的认可

HGJ 229—91《工业设备、管道防腐蚀工程施工及验收规范》2.1 条一般规定、2.2 条对于基体的要求及 2.3 条对焊接的要求的条文，针对涂装及其他后续防腐蚀工种的要求，是质量责任自我保护的关键点，防腐蚀涂装工程承包企业必须认真细致和慎重对待。

11.3.5.3　对涂装设计文件的认可

设计文件有论证和技术交底两个过程，技术交底是设计与施工企业述说自己观点的过程，其结果是设计文件修改或施工企业认可。在这个过程中注意对自身利益的保护。

11.3.5.4　试样涂装对涂料产品技术性能的认可

试样涂装制作是向涂料产品生产企业学习的机会，为辅导管理人员施工阶段作技术指导作示范。小样制作过程掌握耗料量、涂层外观质量，得到建设方的签字认可，是保证施工质量的一种手段。

11.3.5.5　储罐、储槽或密闭舱室涂装施工监护设置

30 年前密闭储罐氯磺化聚乙烯涂料涂装监护设置被忽视，发生死亡事故，操作人员因罐内新鲜空气置换率不够产生昏厥，昏迷又摔倒在积水中窒息，如设置施工监护岗位，可避免恶性事故的发生。密闭舱室涂料施工监护设置应列为涂料施工条例，保障施工人员的生命安全。

11.3.5.6　隐蔽工程质量验收监理签字认可

隐蔽工程关系到后续工程质量，建设工程监理重视隐蔽工程的质量验收。施工承包企业不能因为监理人员离开，施工进度又急而忽略对隐蔽工程的验收签字认可。

涂装工程每一道涂装，前工序就成为后道工序的隐蔽工程。如建筑墙体、地面涂装前的表面处理，钢结构涂装前的表面处理除锈等级标准，后道涂料施工覆盖前道涂层，有涂层表观、干燥固化等涂层性能指标，不经隐蔽工程的验收，监理人员有权要求返工，此时不但影响工程进度，又造成材料和人工的损失。

监理人员跟班在现场，应该汇报工程的进度，包括隐蔽工程的申报和验收。像钢材涂装表面处理除锈等级，维持原样原貌的时间有限，为避免伤失最佳的涂装时机，在施工承包协议条文中明确在规定的时间内验收，超过规定时间则以合格认可处置，要求监理人员补签字。对隐蔽工程签字认可的形式一定要到位。

隐蔽工程签字认可还用于涂装层数，施工记录须经监理签字才具有法律效力。

涂装分项分部工程的隐蔽工程的验收手续不全，会影响整体工程质量的验收与评定。

影响涂装工程质量的温度、相对湿度实施的施工记录，同样需要监理人员的签字认可，一是法律效力问题，另一个侧面是分析质量问题的原因和追查质量责任，是自我保护的实质所在。

11.3.6　产品质量及工程质量验收评定的责任与自我保护

11.3.6.1　质量检测的公正性

质量检测单位检测数据的正确性应该不存在争议，但由于个别经办人被经济利益或人情驱动，降低了检测单位的责任性和公正性。

笔者受理一家地面工程专业公司的诉讼案，对前期土建工程质量取样检测质疑，该单位取样测试混凝土抗压强度，把强度明显不合格的上层去掉，再作抗压试验，测试报告不作数据罗列，结论是"基本合格"。有争议的影响涂层附着基层被去掉后的检测数据，不具备公正性。

一家区级质量监督检测机构，对地面混凝土存在争议，竟以商品混凝土试件强度检测数据为凭。GB 50204—2002《混凝土结构工程施工质量验收规范》10.1.6 条文说明：可优先选择非破损检测方法，必要时可辅以局部破损检测方法。该机构对混凝土强度产生争议，采取不作为态度，不能取得检测公正性的评价。

11.3.6.2　涂层质量检测验收及评定

建筑涂装质量验收规范不设置附着力及涂层厚度检测条文，以目测或手摸检查替代。这种检验方法不能有效检测工程质量。

涂层厚度质量检测一般实施"两个 80％"（80％的测点应达到规范要求，其余 20％的测点应达到设计要求的 80％），GB 50224—95《建筑防腐蚀工程质量检验评定标准》实施"两个 90％"（90％的测点应达到规范要求，其余 10％的测点应达到设计要求的 90％），"任何部位的厚度都不应小于设计规定的厚度"，为优良工程的标准。

11.3.6.3　监理日志调研

关于涂装层数数据，除检查施工记录外，应以监理日志的记录以证实。

环境条件控制的温度、相对湿度等极大影响涂层的表面处理质量和层间附着强度，同样需要在监理日志中取证。施工日志反映施工过程的真实性，施工记录或施工日志经监理签字认可，才具有法律效力。应把这类要求列入质量检验评定标准条文。

11.3.7 涂装工程质量控制顺序 （图 11-3）

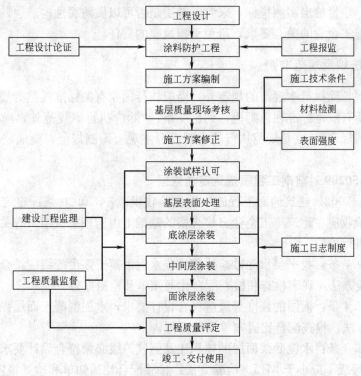

图 11-3　涂装工程质量控制顺序

11.4　涂料施工对前期工程质量的检测验收

11.4.1　前期工程对涂装质量影响的消极面

　　钢结构防腐蚀涂装质量责任一般和钢结构安装工程关系不多，钢结构工程施工及验收规范对材料规定锈蚀等级不得低于 C 级钢材；钢结构的涂装前的表面处理由涂料施工实施，因此较少有前期工程质量检测。

　　涂装工程重视基层的表面质量，疏松的表面影响涂层的附着力。前期土建工程墙面或地面混凝土强度差，影响涂层使用寿命，因此涂装的前期工程质量检验与验收，与土建工程相关，而地面土建质量对涂装工程质量影响突出。

　　土建工程质量对后续涂装工程施工构成质量风险，可以采用多种补救措施避免。对土建工程质量以简单工具检测，或实样涂装后凭经验估计与合同条件的适用程度，决定措施实施的有效性。

　　有一起地面涂装工程的诉讼，判决书中有这样的内容："原告作为专业地坪施工单位对于需进行涂层式环氧地坪施工的基层应予检验，以确定该基层是否符合直接施工的条件，如基层不符条件，理应经处理后方能进行施工"。这里引出一个非正常情况下的工程质量的责任，引起了涂料施工企业的深思。

　　GB 50212—2002《建筑防腐蚀工程施工及验收规范》3.1.1 条：基层必须坚固、密实，强度必须进行检测并应符合设计要求。规范的条文说明：对基层强度检测用强度测定仪、回弹仪等。定量给出实测指标，来判断基层是否可以做防腐蚀构造层。从积极方面理解规范对涂料施工企业的关心要求，避免承担过多的责任。

11.4.2　政策法规及规范准则

规范的编制，除执行本规范的规定外，尚应执行国家有关标准规范的规定，是被普遍认定的准则，所有规范标准在总则里，列出一条："除应执行本规范外，尚应符合国家现行的有关标准的规定"，这是规范执行的客观性，主观上编制规范，要通晓相近规范的条文的实施。

11.4.2.1　GB 50209 对前期工程质量认定的依据

GB 50209—2002《建筑地面工程施工质量验收规范》3.0.20 条：建筑地面工程完工后，施工质量验收应在建筑施工企业自检合格的基础上由监理单位组织有关单位对分项工程子分部工程进行检验。

规范的 4.9.7 条：找平层水泥砂浆体积比或水泥混凝土强度等级应符合设计要求不应小于 C15。检验方法：观察检查和检查配合比通知单及检测报告。

规范的 5.2.4 条：面层的强度等级应符合设计要求，水泥混凝土面层强度等级不应小于 C20。检验方法：检查配合比通知单及检测报告。

规范的 5.3.3 条：水泥砂浆面层的体积比及强度等级必须符合设计要求，且其体积比应为 1：2，强度等级不应小于 M15。检验方法：检验配合比通知单和检测报告。

这些条文是建设投资方维护自身利益的依据，也是后续工程施工方的知情权，也是自身利益保护的措施，此时的工程质量责任已转化为建设方的责任。但建设方在时效期内，可追索土建施工方的质量责任。

11.4.2.2　GB 50224 对前期工程质量认定的依据

《建筑防腐蚀工程施工质量验收规范》是与 GB 50224—95《建筑防腐蚀工程质量检验评定标准》相配套的国家标准，3.2.1.1 条：基层的强度应符合设计要求和《施工规范》的规定。检验方法：检查水泥砂浆或混凝土强度试验报告。

GB 50224—95《建筑防腐蚀工程质量检验评定标准》与 GB 50212—91《建筑防腐蚀工程施工质量验收规范》是成套的建筑防腐蚀工程施工与质量评定规范标准，原来编制实施规范在前，但修改条文必须和前者合拍，新规范公布之日，评定标准还在正常实施中，不能协同实施，就无法实现在总则中作出的承诺。

与相邻规范出现矛盾，同样无法实现在总则中作出的承诺："符合国家现行有关标准的规定"。

11.4.3　维修工程对基层强度检测的必要性

建设工程业主必须考核施工单位附着强度检测设备及操作的能力，保证维修改建工程的质量。

防腐蚀涂装工程由于涂层的性质以及涂层的厚度在固化过程中的收缩应力，对基层的强度及表面状态有较高的要求，改建及维修工程涉及基层的作业的特殊性，技术含量高，强度检测仅是一个表面化的要求，规范没有对维修工程的涂料品质、厚度等影响使用年限的指导措施与数据。

防腐蚀地面涂装工程采用的材料较特殊，如自流平环氧型地面材料的标准还在编制中，导静电型环氧自流平涂层当厚度大于 1mm，有此材料的导静电的电阻值出现不稳定，还不具备编制施工及质量检测的指导性条文的能力。

11.4.4　建筑涂装工程施工对前期工程的检测

11.4.4.1　后续工程对前期工程质量避免无序的检测

后续工程的施工企业，事实上是前期工程施工制作产品的消费者，消费者的检测仪是保护自身利益的行为，消费者的利益受到损害，不能以消费者有责任检测为由，成为前期工程质量责任者的避风港和保护伞。

后续工程施工企业对土建工程强度检测要求的开创，进而建筑装饰装修工程规范避免建筑强度影响装饰工程质量，提出对建筑强度检测的也是可能的，无序的强度检测会扰乱建设工程的质量管理，但有些现实情况如对前期工程的防潮层设计、土建工程低质量、建设工程监理管理不到位，串通质量检测单位对后续工程施工构成损害的事例也有发生，但不应动摇整体的建设工程质量监督管理制度。

11.4.4.2　对土建工程质量检测造成表观损伤的责任

土建工程强度检测可能会造成表观损伤，表观损伤的修复的质量认可这个环节需要主管单位从政策和制度上保证。

11.4.4.3　后续工程施工对土建工程质量检测的积极意义

土建工程质量复测发现的质量问题，会构成后续工程施工的风险，可以多种补救措施避免，实样涂装和质量实测，估计合同要求的适用性和施工实施的可能性，减少后续防腐蚀工程的风险。

新建工程较少出现这样的问题，不宜扩展为防腐蚀工程施工规范的强制性条文。

11.4.4.4　建筑防腐蚀工程施工及验收规范与相邻规范的协调

GB 50209—2002《建筑地面工程施工质量验收规范》告之地面土建后续涂装工程对涂装基层质量的检验是检查配合比通知单及检测报告，也是工程质量验收的规范标准。

GB 50224—95《建筑防腐蚀工程质量检验评定标准》对水泥砂浆的结合牢固、平整、密实，无起砂、起壳、裂缝、麻面等现象，检查方法为观察检查和敲击法检查。混凝土密实平整，不得有明显的蜂窝和麻面，检验方法只是观察检查。缺少行之有效的技术检测数据。

GB 50210—2001《建筑装饰装修工程质量验收规范》3.1.5 条：建筑装饰装修工程设计必须保证建筑物的结构安全和主要使用功能。当涉及主体和承重结构改动或增加荷载时，必须由原结构设计单位或具有相应资质的设计单位核查有关原始资料，对既有建筑结构的安全性进行核验、确认。

同理，防腐蚀工程施工单位当自我保护性强度检测产生疑问时，应由对土建工程质量具有相应资质的检测单位复测，以解决资质和检测的争议问题。

11.4.5　结论

GB 50212—2002《建筑防腐蚀工程施工及验收规范》提出防腐蚀工程施工对土建工

程质量检测，过多地看到维修工程中的管理的薄弱环节和施工的质量问题，而否定新建工程完善的监理制度，其中包含建设的社会监理制度和代表政府行为的建设工程质量监督制度，即使出现的极个别的豆腐渣工程，逃过了社会监理的监管，又骗得了质监站的质量合格的证明是极个别的例子，不能以此否定建设工程质量监督制度的有效性和完整性。

新建、改建、扩建工程有较多的适用规范，其规范必须具有良好的互补性，不能构成其他规范实施的难点，更应该注意与该类工程的规范实施同步。

对于新建工程国家全方位实施工程质量监理制度和政府对工程质量的监督管理，在正常情况下完全能保证工程质量达到设计要求。国家标准规范的条文，也是在正常情况下贯彻实施保证工程的质量。对于出现的工程质量纠纷与法律诉讼，是不正常情况下处理工程质量的一种补充，同样需要国家标准规范条文的正确性和适用性。

施工企业对前期土建工程质量的检测，规范标准均提到检验方法，为检查水泥砂浆或混凝土强度试验报告，或检查配合比通知单及检测报告。不否定后续工程施工对前期土建工程的质量检测的实施和有效性，但必须考虑检测的合法性和检测数据的有效性。

11.5 建设工程涂装试样制作管理

原重庆建筑工程学院毛鹤琴教授主编的《建设项目质量控制》中的材料质量控制要点：在现场配制的材料如混凝土、砂浆、防水材料、防腐蚀材料、绝缘材料、保温材料等的配合比，应先提出试配要求，经试验合格后才能使用，监理工程师均须参与试配和试验。

原重庆建筑工程学院何万钟和建设部监理司都贻明主编的《建设监理概论》中的施工阶段质量事前控制：工程原材料、半成品使用前需进行抽检或试验。

对于涂料涂装工程，涂料产品既是材料，又是半成品；施工全过程有表面处理、材料的配合比、前后工序间隔时间、涂层养护等工艺的质量控制；影响工程质量的因素有施工环境条件的要求如温度、相对湿度等；试样制作可在局部区域完成涂装工艺的全过程。对试样进行检测，以判断材料和施工工艺的完善性。

试样制作还有另一层含义：施工全过程在建设监理旁站监管下完成，质量检验符合设计要求，此时可断定材料质量合格，工程的质量仅与施工技术以及管理相关。试样制作质量检验合格是材料责任与施工责任的分水岭。

建设监理总结试样制作的施工工艺，对照涂装设计文件，进行修正，建立质量的控制点，实施工程施工全过程管帮责任，在监管过程中具备把握工程质量的能力。

制作试样可作为涂装工程质量验收的样板，试样反映出涂装设计涂层所具有的色彩、光泽、硬度与附着强度，胜于涂料生产厂的样板形式的广告，且更具生命力。

11.5.1 试样制作在规范中的位置

GB 50209—2002《建筑地面工程施工质量验收规范》规定：整体面层铺设，包括水泥混凝土、水泥砂浆、水磨石、水泥钢屑、以及防油渗等各类面层的主控项目，检验方法均为检查材质合格证明和检测报告。工程业主或质量监理习惯要求制作小样，观察和试验其质量和合适性。

建设工程的土建施工监理制度实施早，土建工程执行混凝土搅拌按量、按批号取样制作试块进行抗压强度检测。地面工程检查材质合格证明文件、配合比通知单和检测报告，作为主控项目检验，这种项目的检验结果具有否决权。

GB 50212—2002《建筑防腐蚀工程施工及验收规范》树脂类防腐蚀工程 6.1.4 条：树脂类防腐蚀工程施工前，应根据施工环境温度、湿度、原材料及工作特点，通过试验选定适宜的施工配合比和操作方法后，方可进行大面积施工。

新实施的建筑防腐蚀工程施工及验收规范观点与建设工程监理管理的质量控制相一致。

GB 50224—95《建筑防腐蚀工程质量检验评定标准》把材料的配合比、配制方法，列为保证项目，检验方法：检查试验报告。有试样制作与测试的条文，有沥青类防腐蚀工程、水玻璃类防腐蚀工程、树脂类防腐蚀工程以及氯丁胶乳水泥砂浆防腐蚀工程等（条文 5.1.3.2-3、6.1.3.2-3、8.1.3.2-3、9.0.3.2-3），均作为该工程的一般规定，惟有涂料类防腐蚀工程，只有现场抽样检测涂料颜色、外观、黏度、细度、干燥时间和附着力，无现场试验配合比。编写规范标准的原委可能认为该几类的防腐蚀工程材料，是多种渠道采购的集合体，质量标准控制不一致，有按施工规范规定的配合比配制试验与检测的必要，而涂料产品（漆浆或固化剂）来自同一生产厂，根据产品说明书配制施工不会有问题。事实上涂料树脂固化剂、稀释剂均有可能外购，生产企业也有技术管理不到位的可能，而且不一定检查配合比对涂层性能的影响。

GB 50212—91《建筑防腐蚀工程施工及验收规范》编制的年代，有关涂料涂装的设计规范、施工规范，配套设计较多的是同类树脂的底漆、磁漆、清漆配套，事实上涂料品种较为齐全的生产厂，都不是同类品种配套。譬如钢结构表面涂装，选用附着力强的环氧底漆或中间漆，面涂层有户外与室内的区分而必然考虑耐候性，选用氯化橡胶涂料或丙烯酸面涂料；中低档的选用醇酸或耐晒性良好的丙烯酸、有机硅树脂改性的醇酸树脂涂料。20 世纪 90 年代，上海市重大市政工程的涂料涂装，其配套方案均为涂料生产厂的有成功实践数据的移植。

笔者认为：建设工程材料质量控制经现场配制试验合格后才能使用，监理工程师提出试配要求，并参与试配和试验，这是建设工程把材料管理与事中管理实施相结合。建筑防腐蚀工程质量检验评定标准制订实施条文，是管理的精华，与建设工程质量监理管理相一致，可操作性强。

试样检测简便易行，与现场取样作对比分析施工质量，分析质量问题产生的原因，判定责任方。

11.5.2　涂装工程试样制作

涂料产品通过试样向用户直接推销，解说施工工艺与涂装工具或涂装设备配套使用技法，易被施工企业所掌握或被最终用户所接受。

涂装试样应在工程质量监理旁站监管下完成，其意义在于：

① 试样可由涂料产品生产企业完成，证实涂料产品质量以及材料和施工工艺配套的完善性；

② 试样可由施工企业完成，考核技术与质量管理的素质，承担施工全过程的质量责任；

③ 监理人员直观施工的全过程，建立质量监管控制点，确保涂装工程质量；

④ 完善对施工人员不规范操作纠正的技术基础。

11.5.3 试样制作对涂料产品的质量检验

传统涂料产品的推广，缺乏涂层的感官真实性。试样制作更趋直观，建筑工程内外墙涂料招投标，普遍采用在墙面上划块涂装试样，除耗量、单价，外观质量为参观者敞开，评标更具公正性。试样制作对涂料产品的质量检验在于：

① 袒露成品涂层的耗用量，评价材料价格与工程造价吻合程度；

② 试样制作过程，反映涂料产品的质量，包含影响涂装工程外观质量；

③ 工艺过程的合适性与建设工程进度的合拍性；

④ 考察生产企业的社会信誉与工程业绩，弥补外观质量不能反映涂层耐久性的遗缺。

11.5.4 施工技艺素质的考核

涂料涂装试样制作，涂料生产厂有其专长，在监理旁站监督下，供货方介绍该涂料产品的施工工艺，由承建施工人员实施操作，涂装质量得到供货方认可。监理工程师可以在这种场合，考察施工人员技术熟练程度、上岗培训以及技术等级证书的可靠性。对承建单位来说，试样制作是施工技艺的前台亮相。

涂料涂装工艺操作简单，短期内能看到装饰防护效果，又可得到检测结论，审定承建单位的施工组织设计、施工工艺可作参照。

工程监理了解施工操作的要点与实施的全过程，试样检测合格，可排除材料影响因素，明确施工方对涂层厚度、工程交付使用及涂层的维修承担全部责任。

涂料涂装重技艺，有施工工具及设备的掌握技巧，如高压无气喷涂、弹涂、浮雕等工艺性涂装，工程监理可要求较多的施工人员独立试样制作，掌握施工人员胜任深度和广度，重点监管薄弱环节和关键岗位。

11.5.4.1 表面处理的除锈等级和粗糙度

建筑墙面试样，是试验材料的耗量、遮盖力、涂层的外观；钢结构的涂装试样，有表面处理等级及粗糙度与涂装总厚度和设计文件的吻合程度，在质量监理旁站监督下施展技能。

处理等级与粗糙度符合设计要求具有挑战性。

11.5.4.2 厚度均匀性

一般的辊涂与刷涂，涂层的厚度较易控制；高压无气喷涂需要操作熟练和对涂料固体含量的认识；浮雕花纹喷涂更不是短期内能掌握的。试样制作类似大比武。

11.5.4.3 涂装间隔时间

对于溶剂挥发型涂料，涂装间隔时间即为涂层干燥程度，避免后道涂料溶剂对前道成膜涂层的破坏。特种涂料覆涂具有最大间隔时间的限制性，短期内不作附着力试验不易觉察，但在不长时间内，覆盖层会产生开裂脱层。

环氧类涂料、聚氨酯类涂料以及单组分环氧脂涂料均有涂装间隔时间最大的限制。

硅酸盐硅酸酯水解反应过程需要时间，要会识别这类品种涂层的固化，过早覆盖如硅酸酯富锌呈粉质与覆盖层一起脱落。此类品种有最短间隔时间的限制。

11.5.4.4　涂层养护

试样制作不会涉及涂层养护问题，只作为涂装工程完工测算。养护时间与温度相关，特殊品种与相对湿度有关，过早投入使用，影响防护涂层使用寿命。

11.5.5　涂料施工环境因素的合适性

施工环境因素与施工现场条件的合适性，是涂装工程质量的客观条件。

11.5.5.1　环境温度

涂料品种可根据其对环境温度条件适应性粗略分为溶剂型和水乳型两类。冬季施工气温在10℃以下，不适宜使用水乳型涂料。环境温度基本不影响溶剂型涂料的施工，但细分涂料品种也有微小的差别，特别是双组分固化型涂料，聚氨酯型的施工环境不宜低于5℃，而环氧型涂料由于固化剂类别有较大的差异。一般资料介绍胺固化环氧涂料的施工温度高于10℃，实际是指常用的聚酰胺树脂固化环氧涂料。

11.5.5.2　相对湿度

相对湿度、气温与露点温度是一个函数关系，独资合资涂料生产企业产品说明书在这个概念上很清楚，要求涂装面表面温度高于露点温度3℃，不注明相对湿度值的范围（在允许施工的环境温度下，相对湿度约为82％～83％）。而这细小之点，规范条文编制略显不足。

表面温度高于露点温度3℃的控制，适用于多数的涂料施工，在该条件下涂装面的水膜含水总量不会影响涂层的附着力与干燥，但应注意特殊的亲水溶剂的挥发，使涂装面温度下降，周围环境的水分会在涂装面产生凝露，亲水溶剂吸水后改变对树脂的溶解度，且对未完全成膜涂层构成不均相，外观泛白，常见于硝基、过氯乙烯及磷化底漆的施工。

11.5.5.3　户外施工环境条件要点

户外施工环境条件可变因素多，风带来尘埃、飞沙，风速过大易造成干喷等，均影响涂层的外观质量；雨露或雨露过后的涂装面含水率，影响防锈性能和层间结合力。这些虽不会在试样制作时暴露，但应是监理工程质量的控制点。

11.5.6　现场涂装面的适合性

11.5.6.1　基层含水率

基层含水率过大产生涂层起泡的事故常有，笔者受上海市腐蚀科学技术学会委托，为松江区法院地面工程质量诉讼案情作现场调研分析。上海松江区某手机机芯装配线地面环氧自流平涂料工程，车间过道窗侧地面涂层起泡密集，起泡直径15～30mm不等。

施工承包合同施工工艺条文中对基层含水率不作检测，只列施工前水泥面干燥，严禁积水，没有量的规定，仅作为甲方责任。该工程涂装面起泡，工程维修再现密集起泡，出现在收尾部位，与基层地面含水率过高有关。混凝土楼地面、砂浆找平层带进的水分，在低温季节里不易挥发干燥，水分在基层混凝土多孔层内部移动，水分形成蒸汽压力大，使未完全固化的涂层与基层脱离并形成起泡。

墙面的含水率问题较少，一是通风良好，二是墙面砂浆找平到外墙涂装间隔，有足够干燥的时间，三是水性涂料涂层有一定的透气性，不易起泡。

11.5.6.2　地面坡度

涂料涂装施工，无法改变原地面的坡度。地面工程不允许积水。承接工程前对地面坡度检测较表面平整度更重要。

11.5.6.3　防潮隔离层设置

防潮隔离层设置是对底层地面而论的,地下室底层地面或水位较高的底层地面,由于混凝土垫层毛细管渗水影响面层工程。施工期间不暴露,也会承担以后的渗水责任。

忽视防潮隔离层设置是个通病,南方地区、水网地带建设工程更要重视。

11.5.6.4　表面强度

混凝土地面面层养护期管理失当,引起表面起砂;水泥砂浆找平与混凝土层附着强度低,国家规范和专业标准明文规定地面、贮槽内壁不准用水泥砂浆找平。建筑行业认识相对滞后,多次出现瓷砖贴面连砂浆大面积脱落,坡度大的屋面瓦片泻落,均与砂浆强度有关。

11.5.7　试样制作是自我保护的需要

11.5.7.1　科研、生产人员以试样制作判断配方的合理性

不论何材料的应用技术,必须有应用技术证明材料的功能与特性。涂料的应用技术,在所知的材料中,具半成品的特征,没有完善的应用技术作保证,半成品便趋向于废品。

涂料涂装复合材料作为商品的有板材、卷材和线材,底材的材质有木材、纸张、织物及无纺材料和金属等。

涂料应用有产品的标准、应用的标准、质量检验方法标准和验收标准等,涂料涂装应用由装饰、防护(防火、防水、防霉、防腐蚀、避虫咬、防生物根穿透)、绝缘、导电、扩展到标记、隔热、吸热、保温、反射或吸收光及电磁波,涂料应用技术穿透到我们生活每个部分。

涂料的研究试制和生产,离不开涂装试样制作,由性能测试鉴定该复合材料的生命力。

涂料比其他材料更离不开应用,以试样制作及性能检测来断定配方的合理性。

11.5.7.2　前期工程的质量认定

涂料在大多数情况下不单独成为一个材料,只有在与某一个材料(混凝土、砖石、木材、金属、织物等)结合成为一体的时候,才成为材料即复合材料。涂装材料有一个加工的过程,这过程包含前期工程,涂装工程的质量管理必然有对前期工程质量认定,认定包括否定。

11.5.7.3　施工人员试样制作判断工程质量及使用年限设计的适用性

试样制作判断应用技术的生命力,对涂料而论首先是涂层对基材的附着力,决定其实用性和耐久性。其使用年限尚不能用模拟条件加速测定,原因是每一种材料的加速老化的倍率不同,低倍率的老化试验没有现实意义。涂料涂层的耐久性只有和已知自然老化数据的材质作对比试验,大致估算其耐久性,其真实的使用年限还需自然老化数据的积累。

自然老化试验和加速试样,同样离不开试样的制作,在实验室称样板。

11.5.8　结论

(1) 小样涂装应在工程质量监理全过程旁站监管下进行,由涂料供货单位现场技术指导并对涂装环境条件认可,对涂装基层质量(强度、平整度、含水率)认可。小样涂装可由涂料供货单位实施,也可由施工承包企业在涂料供货单位指导下实施。工程质量监理记录涂装全过程。

（2）涂装小样经检测合格，涂料产品质量责任转化为涂装施工承包企业对涂装工程质量责任。监理应对涂料涂层的颜色和光泽进行认可。当小样涂装质量检测合格，监理应对涂装环境条件、涂装技术、涂层层间配套涂装工艺、涂层养护技术条件进行认可。

（3）小样制作质量监理旁站监督，小样制作是工程质量的缩影；小样可作破坏性检测，直观反映工程的质量；小样制作可观察表观质量及耗用量，有利于工程管理；考察施工企业的技术素质与胜任涂装工程的能力，分清涂料产品质量与涂装质量的责任；监理通过试样制作掌握和提高涂装工程质量管理的手段和能力。

11.6 涂装工程质量因果辩证

11.6.1 涂装工程的因素对涂膜使用寿命的影响程度

防腐蚀涂层的有效使用寿命和涂装前的钢铁表面除锈质量、漆膜厚度、油漆品种、涂装的工艺条件等因素有关。表 11-3 列出了上述各种因素对涂膜寿命影响的程度。

涂装设计对涂层使用寿命的影响　　　　　　　　　　　　　　　　表 11-3

影　响　因　素	影响程度/%	影　响　因　素	影响程度/%
钢铁表面除锈质量	49.5	涂料种类	4.9
涂层厚度	19.1	涂装工艺条件等其他因素	26.5

由表 11-3 可见，涂装前钢铁表面的除锈质量是确保漆膜防腐蚀效果和防护寿命的关键因素。因此钢铁表面处理的质量控制是防护涂层的关键环节。

SH 3022—1999《石油化工设备和管道涂料防腐蚀技术规范》对防腐蚀涂层寿命缩短的原因进行了分析，见表 11-4。

防腐蚀涂层寿命缩短的原因分析　　　　　　　　　　　　　　　　表 11-4

序　号	主　要　原　因	比例/%
1	除锈质量不符合要求	40
2	涂料配套选择不当	20
3	涂层总厚度不够	20
4	涂装施工时，对温度、湿度、干燥时间、涂层质量控制不当	20

GB 50205—95《钢结构工程施工及验收规范》条文说明 4.11.3：影响涂层保护寿命的诸多因素中，最主要的是涂装前钢材表面除锈质量，据统计分析，该因素影响程度占50%左右。

11.6.1.1 不同除锈方法的防护效果（表 11-5）

不同除锈方法的防护效果/年　　　　　　　　　　　　　　　　表 11-5

除　锈　方　法	红丹、铁红各两道	两　道　铁　红
手工	2.3	1.2
A级（钢材）不处理	8.2	3.0
酸洗	<9.7	4.6
喷射	<10.3	6.3

表 11-5 是红丹、铁红涂料品种实验的数据，涂装前钢材表面的锈蚀等级与除锈质量，因涂料底涂层品种的适应性有较大的差异，不能以除锈质量不符合要求作定论，不符合要求还有一个程度问题，各种底涂层有相适应的除锈等级，其除锈等级的差异构成的使用寿命或称耐久性，并不定性为除锈质量不符合要求。

11.6.1.2　除锈质量等级与涂料的适应性

除锈等级设计是根据涂料对钢结构防护底涂层的特性所决定，除锈等级所投入的成本要和该涂层结构所产出的经济效益相一致，不相符合则构成浪费。

GB 50205—95《钢结构工程施工及验收规范》条文说明 4.11.3 条还列出除锈质量等级与涂料的适应性表。该表说明除锈质量等级对底涂料的适应性的差异会影响涂层使用寿命，其差异也只能在基本适合范围内。不适合的表面处理等级可能在短期内出现泛锈等弊病，这不是仅影响涂层使用寿命，工程质量检验也一关都通不过。

SH 3022—1999《石油化工设备和管道涂料防腐蚀技术规范》将底层涂料对钢材表面除锈等级要求列入强腐蚀、中等腐蚀与弱腐蚀的除锈等级，例如环氧沥青漆在强腐蚀条件下，除锈等级为 Sa2.5 级，中等腐蚀及弱腐蚀条件下为 St3 级。

涂料防护不把涂层的耐腐蚀性与除锈等级扯在一起，涂层的耐腐蚀性一般由接触腐蚀介质的涂料品种所决定，其次是涂层的结构与厚度，由除锈等级影响涂层的耐蚀性等更是再次一级的原因。

11.6.2　底涂料涂装的环境条件分析

（1）作业面露点温度控制

露点温度图在国家标准规范中引用，有 GB 50212—91《建筑防腐蚀工程施工及验收规范》和 HGJ 229—91《工业设备、管道防腐蚀工程施工及验收规范》中的金属表面预处理一章，条文说明温度露点图选自日本大机橡胶工业株式会社技术资料。温度露点图同样适用于亲水性低沸点溶剂涂料施工的环境条件控制，只是工作面温度高于露点温度要更大些。以高于露点温度 3℃以上控制施工环境条件，较以相对湿度控制适用含义广。

SH 3022—1999《石油化工设备和管道涂料防腐蚀技术规范》4.1.5 条列出露点温度图，可以认可规范表面处理及涂装均要求工作表面温度高于露点温度 3℃条件下作业。

（2）表面处理与底涂层涂装的间隔时间控制

SH 3022—1999《石油化工设备和管道涂料防腐蚀技术规范》条文说明 4.2.9 条：经过表面处理的金属结构表面如不及时进行防腐蚀施工，则会重新锈蚀。实践经验表明：相对湿度小于 60％时，表面处理后应在 8h 内涂底漆；相对湿度 60％～85％时，表面处理后应在 4h 内涂底漆；相对湿度大于 85％时，表面处理后应在 2h 内涂底漆。

GB 50205—95《钢结构工程施工及验收规范》条文说明 9.2.2.3 条：涂装前应防止已除锈钢材表面重新生锈，一般应小于 6h 涂防锈漆。GB 50212—2002《建筑防腐蚀工程施工及验收规范》3.2.8 条：经处理的钢结构基层，应及时涂刷底层涂料，间隔时间不应超过 5h。

前一规范的底漆涂装间隔时间控制点是在表面处理后的时间，表面处理耗时不归为裸露生锈的时段；后一规范则明确应防止除锈钢材表面重新生锈。关于间隔时间多少小时为界，需要有仪器检测重新生锈的条件与锈蚀面积的比例。

HGJ 229—91《工业设备、管道防腐蚀工程施工及验收规范》氯丁橡胶衬里施工一节中 5.4.13 条：首遍底涂料的涂刷，应在金属表面处理合格后立即进行。该条文说明进一步叙说底涂料涂刷与环境相对湿度的关系：罐内相对湿度小于 85％时，喷砂后 4h 内刷完；相对湿度在 85～90％时，喷砂后 2h 内刷完；相对湿度 90～95％时，应连续刷两遍底涂料，同时采取措施防止金属表面凝露。

11.7 露点温度与相对湿度的应用

涂料生产企业产品说明书、国家标准和行业标准用露点温度控制涂装前的表面处理及涂料施工等条件，有施工温度、相对湿度有关的操作条件，把露点温度与相对湿度两个技术条件共用，往往出现差错。

11.7.1 国家标准、行业标准的论述

引进露点温度图的国家规范与行业规范的有 HGJ 229—91《工业设备、管道防腐蚀工程施工及验收规范》和 GB 50212—91《建筑防腐蚀工程施工及验收规范》。

11.7.1.1 HGJ 229—91《工业设备、管道防腐蚀工程施工及验收规范》

该规范条文说明 3.3.11 条：温度露点图选自日本大机橡胶工业株式会社技术资料。金属表面干喷射处理施工条件 3.3.11 条：当金属表面温度低于露点温度以上 3℃时，喷射作业应停止。

该规范 10.1.2 条：气喷涂的施工条件：环境温度应高于 5℃，或基体金属表面温度应比露点温度高 3℃。

该规范的防腐蚀涂层的施工 8.1.4 条：施工环境温度宜为 15～30℃，相对湿度不宜大于 85％，被涂覆表面的温度至少应比露点温度高 3℃。该条文把相对湿度与露点温度并用，又把施工环境温度设定为 15～30℃范围，就不符合露点温度图的表示法则。

11.7.1.2 SH 3022—1999《石油化工设备和管道涂料防腐蚀技术规范》

该规范 4.1.5 条涂装表面温度至少应比露点温度高 3℃，但不应高于 50℃。在涂装前表面处理 4.2.3 条：当金属表面温度低于露点温度以上 3℃时，喷射作业应停止。环境温度-露点温度关系条文说明：先用温湿度计测定环境温度和相对湿度，然后查图得出该环境条件下的露点温度。

但在 4.3.5 条施工环境条件：温度以 13～30℃为宜，但不得低于 5℃；相对湿度不宜大于 80％。该条文的编制把表面处理与涂装条件分割。4.1.5 条文：涂装表面温度至少应比露点温度高 3℃，与不应高于 50℃作为同一条件，条文说明也不作解释，其他引用露点温度图均未出现引起误解的提法，易造成曲解。

11.7.1.3 GB 50212—91《建筑防腐蚀工程施工及验收规范》

该规范第 9.1.10 介绍温度露点图，表面处理钢材表面温度高于露点温度 3℃。

相对湿度、气温与露点温度的关系：

$$\varphi = e^{-p(1/A - 1/B)} \times 100\%$$

式中　φ——环境相对湿度；

　　　p——当地大气压，Pa；

　　　e——2.718；

A——露点温度，K；

B——环境温度，K。

ISO 8520-4 判断结露可能性指南，清楚指出露点是由环境温度与相对湿度两方面决定的。

温度露点图的积极意义，不仅是在现场环境温度及相对湿度条件下查找对应的露点温度，可估计现场环境在傍晚或深夜，当气温下降时露点温度变化对涂装质量控制的合适性，其中最值得注意的是施工期间气温下降，以空气相对湿度控制施工条件会构成偏离。

11.7.2 专业书刊的论述

（1）防腐蚀涂料和涂装

涂料行业权威虞兆年的著作《防腐蚀涂料和涂装》（化学工业出版社，1994 年 8 月第 1 版），以一个露点温度数据表达了涂装施工条件控制。

（2）防锈、防蚀涂装技术

日本人佐藤靖的著作《防锈、防蚀涂装技术》（化学工业出版社，1987 年 10 月第 1 版）论述施工条件中的涂装环境：一般在高湿度下不宜进行涂装。由于溶剂的挥发有降低涂装表面温度的倾向，所以在高湿度下空气中水分便凝聚于表面并有进入涂膜内的可能，结果容易引起发白等异常变化。

（3）钢结构涂装手册

上海宝钢工程指挥部编的《钢结构涂装手册》中的涂装施工与管理，提出控制钢材表面温度和露点温度，钢材表面温度应高于露点温度 3℃以上，方能进行施工，并列出露点值查对表。

该书除了对过氯乙烯漆提出"在相对湿度大于 70％的场合下要求加防潮剂"之外，未出现受产品说明书影响把露点和相对湿度条件控制共存。

11.7.3 涂料生产企业的产品说明书

（1）海虹老人牌涂料公司产品说明书

海虹老人牌涂料公司的产品说明书介绍施工条件：为了避免施工期间表面温度的变化而影响效果，最好在涂漆的干燥期间保持表面温度，一般认为高于 3℃是安全的。在多数产品施工说明中，不再提出相对湿度与环境温度的条件，但在环氧漆 15500 中的施工条件：施工表面必须清洁干燥，温度高于露点以避免凝露，最大的相对湿度为 80％，最好在 40％～60％之间。

虽然环氧漆 15500 中的施工条件提法可提出争议，但没有同时出现表面温度高于露点温度 3℃和相对湿度值。

该说明书关于清漆 03330 的施工说明：在气候低于 5℃或相对湿度高于 85％时，不宜涂漆。这一点与总的施工说明有所变化。值得一提的是"或"字，把习惯性以相对湿度作为施工现场条件的控制保留，环境温度条件涉及涂料品种成膜固化的合适性而作为共存条件。相对湿度是涂层对涂装面的涂层附着力、表观质量和耐久性的条件。

（2）上海开林造漆厂产品说明书

上海开林造漆厂产品说明书介绍了 100 多个涂料产品，其对底材温度的要求："底材温度须高于露点以上 3℃"，但对磷化底漆以亲水性溶剂以同等条件对待，可能在操作时会出现涂膜吸水泛白现象。

我国多数产品说明书以及国家标准规范存在两者同时作为控制条件的错误。

以一个露点温度数据表达涂装施工条件控制最确当。在 GB 50212—2002《建筑防腐蚀工程施工及验收规范》编制过程中接受我们的意见，在两种表达方式之间加一个"或"，在允许施工的环境温度条件下，控制涂装表面温度高于露点温度 3℃，与相对湿度＜85％在控制过程中差别不大，涂料产品不使用吸水性溶剂尚适宜。但在早晚气温降低的时刻，则以控制涂装表面温度高于露点温度 3℃为宜。

11.7.4 金属喷涂施工企业编制的专业标准信息

上海润馨化学工程技术发展公司在上海市建委科技会组织的鉴定会上，通过的该企业编制的专业标准，其中有关系到表面处理、金属喷涂与涂料涂装工艺环境条件的控制，引证 ISO 8502-4 露点金属表面温度与环境露点的比较，宣传企业的特点，制定的企业标准呈现其先进性。其中有相对湿度、环境温度与相对湿度的对照表，供同行业作参考。

11.7.5 判断结露可能性的指南

11.7.5.1 金属表面结露的可能性

金属表面结露的可能性，可根据对金属表面温度与环境露点的比较加以判断。比较露点时，钢材表面温度越高，越难以结露。与涂层现场其他条件密切相关，可以这二种温度的不同，作为判断结露可能性的尺度。这种结露的可能性总的表现是或"高"或"低"，超过它的正确表现几乎不可能。

11.7.5.2 利用相对湿度的判断

当大气中相对湿度较高时，则无需计算露点，仅根据相对湿度数值，气温仅略有下降便有结露的可能性，应予注意。表 11-6 为在预定期间相对湿度环境条件下结露所需气温下降值。

当然，露点是由环境温度与相对湿度两方面决定的，本表仅记载气温 0～39℃之间的平均值。

11.7.5.3 结合钢材表面温度加以判断

在不仅测定相对湿度，同时也测定其他因素（钢材表面温度）计算露点时，在涂溶剂型涂料的场合，只要没有特别的先决条件，钢材表面温度应比露点高 3℃以上，但在使用与表面水分有亲和性的涂料时，不在此限。

11.7.5.4 有关结露减少的注意事项

结露现象应注意下列问题，结露并不仅仅是由于露点与钢材表面温度之间的关系，它还与下列因素有关。

（1）结构物的热容量；

（2）太阳光线对表面的照射；

（3）结构物周围空气的流动；

（4）由吸湿性物质引起的表面污染。

由于这些因素的作用，会出现表面突然变湿或部分不易干燥现象，因此，对测定结果应充分正确理解，其中最值得注意的是施工期间气温下降。

表 11-6

相对湿度(%)	气温(℃)									
	0	1	2	3	4	5	6	7	8	9
51	−8.9	−8.0	−7.0	−6.1	−5.2	−4.3	−3.3	−2.4	−1.5	−0.6
52	−8.6	−7.7	−6.8	−5.9	−4.9	−4.0	−3.1	−2.1	−1.2	−0.3
53	−8.4	−7.5	−6.5	−5.6	−4.7	−3.7	−2.8	−1.9	−1.0	0.0
54	−8.2	−7.2	−6.3	−5.4	−4.4	−3.5	−2.6	−1.6	−0.7	0.2
55	−7.9	−7.0	−6.1	−5.1	−4.2	−3.3	−2.3	−1.4	−0.5	0.5
56	−7.7	−6.8	−5.8	−4.9	−3.9	−3.0	−2.1	−1.1	−0.2	0.7
57	−7.5	−6.5	−5.6	−4.7	−3.7	−2.8	−1.8	−0.9	0.0	1.0
58	−7.2	−6.3	−5.4	−4.4	−3.5	−2.5	−1.6	−0.7	0.3	1.2
59	−7.0	−6.1	−5.1	−4.2	−3.3	−2.3	−1.4	−0.4	0.5	1.4
60	−6.8	−5.9	−4.9	−4.0	−3.0	−2.1	−1.1	−0.2	0.7	1.7
61	−6.6	−5.6	−4.7	−3.8	−2.8	−1.9	−0.9	0.0	1.0	1.9
62	−6.4	−5.4	−4.5	−3.5	−2.6	−1.6	−0.7	0.2	1.2	2.1
63	−6.2	−5.2	−4.3	−3.3	−2.4	−1.4	−0.5	0.5	1.4	2.4
64	−6.0	−5.0	−4.1	−3.1	−2.2	−1.2	−0.3	0.7	1.6	2.6
65	−5.8	−4.8	−3.9	−2.9	−2.0	−1.0	−0.1	0.9	1.8	2.8
66	−5.6	−4.6	−3.7	−2.7	−1.8	−0.8	0.2	1.1	2.1	3.0
67	−5.4	−4.4	−3.5	−2.5	−1.5	−0.6	0.4	1.3	2.3	3.2
68	−5.2	−4.2	−3.3	−2.3	−1.3	−0.4	0.6	1.5	2.5	3.4
69	−5.0	−4.0	−3.1	−2.1	−1.1	−0.2	0.8	1.7	2.7	3.6
70	−4.8	−3.8	−2.9	−1.9	−1.0	0.0	1.0	1.9	2.9	3.8
71	−4.6	−3.6	−2.7	−1.7	−0.8	0.2	1.2	2.1	3.1	4.0
72	−4.4	−3.5	−2.5	−1.5	−0.6	0.4	1.4	2.3	3.3	4.2
73	−4.2	−3.3	−2.3	−1.3	−0.4	0.6	1.5	2.5	3.5	4.4
74	−4.1	−3.1	−2.1	−1.2	−0.2	0.8	1.7	2.7	3.7	4.6
75	−3.9	−2.9	−1.9	−1.0	0.0	1.0	1.9	2.9	3.9	4.8
76	−3.7	−2.7	−1.8	−0.8	0.2	1.1	2.1	3.1	4.0	5.0
77	−3.5	−2.6	−1.6	−0.6	0.4	1.3	2.3	3.3	4.2	5.2
78	−3.4	−2.4	−1.4	−0.4	0.5	1.5	2.5	3.4	4.4	5.4
79	−3.2	−2.2	−1.2	−0.3	0.7	1.7	2.6	3.6	4.6	5.6
80	−3.0	−2.0	−1.1	−0.1	0.9	1.9	2.8	3.8	4.8	5.7
81	−2.9	−1.9	−0.9	0.1	1.0	2.0	3.0	4.0	4.9	5.9
82	−2.7	−1.7	−0.7	0.2	1.2	2.2	3.2	4.1	5.1	6.1
83	−2.5	−1.5	−0.6	0.4	1.4	2.4	3.3	4.3	5.3	6.3
84	−2.4	−1.4	−0.4	0.6	1.6	2.5	3.5	4.5	5.5	6.4
85	−2.2	−1.2	−0.2	0.7	1.7	2.7	3.7	4.7	5.6	6.6
86	−2.0	−1.1	−0.1	0.9	1.9	2.9	3.8	4.8	5.8	6.8
87	−1.9	−0.9	0.1	1.1	2.0	3.0	4.0	5.0	6.0	7.0
88	−1.7	−0.8	0.2	1.2	2.2	3.2	4.2	5.2	6.1	7.1
89	−1.6	−0.6	0.4	1.4	2.4	3.3	4.3	5.3	6.3	7.3
90	−1.4	−0.4	0.5	1.5	2.5	3.5	4.5	5.5	6.5	7.5
91	−1.3	−0.3	0.7	1.7	2.7	3.7	4.6	5.6	6.6	7.6
92	−1.1	−0.1	0.8	1.8	2.8	3.8	4.8	5.8	6.8	7.8
93	−1.0	0.0	1.0	2.0	3.0	4.0	5.0	5.9	6.9	7.9
94	−0.8	0.1	1.1	2.1	3.1	4.1	5.1	6.1	7.1	8.1
95	−0.7	0.3	1.3	2.3	3.3	4.3	5.3	6.3	7.3	8.2
96	−0.6	0.4	1.4	2.4	3.4	4.4	5.4	6.4	7.4	8.4
97	−0.4	0.6	1.6	2.6	3.6	4.6	5.6	6.6	7.6	8.6
98	−0.3	0.7	1.7	2.7	3.7	4.7	5.7	6.7	7.7	8.7
99	−0.1	0.9	1.9	2.9	3.9	4.9	5.9	6.9	7.9	8.9
100	0.0	1.0	2.0	3.0	4.0	5.0	6.0	7.0	8.0	9.0

相对湿度（%）	气　温(℃)									
	10	11	12	13	14	15	16	17	18	19
51	0.4	1.3	2.2	3.1	4.0	5.0	5.9	6.8	7.7	8.7
52	0.6	1.6	2.5	3.4	4.3	5.2	6.2	7.1	8.0	8.9
53	0.9	1.8	2.7	3.7	4.6	5.5	6.4	7.4	8.3	9.2
54	1.1	2.1	3.0	3.9	4.9	5.8	6.7	7.6	8.6	9.5
55	1.4	2.3	3.3	4.2	5.1	6.1	7.0	7.9	8.8	9.8
56	1.7	2.6	3.5	4.5	5.4	6.3	7.2	8.2	9.1	10.0
57	1.9	2.8	3.8	4.7	5.6	6.6	7.5	8.4	9.4	10.3
58	2.1	3.1	4.0	5.0	5.9	6.8	7.8	8.7	9.6	10.6
59	2.4	3.3	4.3	5.2	6.1	7.1	8.0	8.9	9.9	10.8
60	2.6	3.6	4.5	5.4	6.4	7.3	8.3	9.2	10.1	11.1
61	2.8	3.8	4.7	5.7	6.6	7.6	8.5	9.4	10.4	11.3
62	3.1	4.0	5.0	5.9	6.9	7.8	8.7	9.7	10.6	11.6
63	3.3	4.2	5.2	6.1	7.1	8.0	9.0	9.9	10.9	11.8
64	3.5	4.5	5.4	6.4	7.3	8.3	9.2	10.2	11.1	12.0
65	3.7	4.7	5.6	6.6	7.5	8.5	9.4	10.4	11.3	12.3
66	4.0	4.9	5.9	6.8	7.8	8.7	9.7	10.6	11.6	12.5
67	4.2	5.1	6.1	7.0	8.0	8.9	9.9	10.8	11.8	12.7
68	4.4	5.3	6.3	7.2	8.2	9.2	10.1	11.1	12.0	13.0
69	4.6	5.5	6.5	7.5	8.4	9.4	10.3	11.3	12.2	13.2
70	4.8	5.8	6.7	7.7	8.6	9.6	10.5	11.5	12.5	13.4
71	5.0	6.0	6.9	7.9	8.8	9.8	10.8	11.7	12.7	13.6
72	5.2	6.2	7.1	8.1	9.0	10.0	11.0	11.9	12.9	13.8
73	5.4	6.4	7.3	8.3	9.2	10.2	11.2	12.1	13.1	14.1
74	5.6	6.6	7.5	8.5	9.4	10.4	11.4	12.3	13.3	14.3
75	5.8	6.8	7.7	8.7	9.6	10.6	11.6	12.5	13.5	14.5
76	6.0	6.9	7.9	8.9	9.8	10.8	11.8	12.7	13.7	14.7
77	6.2	7.1	8.1	9.1	10.0	11.0	12.0	12.9	13.9	14.9
78	6.4	7.3	8.3	9.3	10.2	11.2	12.2	13.1	14.1	15.1
79	6.5	7.5	8.5	9.5	10.4	11.4	12.4	13.3	14.3	15.3
80	6.7	7.7	8.7	9.6	10.6	11.6	12.6	13.5	14.5	15.5
81	6.9	7.9	8.8	9.8	10.8	11.8	12.7	13.7	14.7	15.7
82	7.1	8.1	9.0	10.0	11.0	12.0	12.9	13.9	14.9	15.9
83	7.3	8.2	9.2	10.2	11.2	12.1	13.1	14.1	15.1	16.0
84	7.4	8.4	9.4	10.4	11.3	12.3	13.3	14.3	15.3	16.2
85	7.6	8.6	9.6	10.5	11.5	12.5	13.5	14.5	15.4	16.4
86	7.8	8.8	9.7	10.7	11.7	12.7	13.7	14.6	15.6	16.6
87	7.9	8.9	9.9	10.9	11.9	12.9	13.8	14.8	15.8	16.8
88	8.1	9.1	10.1	11.1	12.0	13.0	14.0	15.0	16.0	17.0
89	8.3	9.3	10.2	11.2	12.3	13.2	14.2	15.2	16.2	17.1
90	8.4	9.4	10.4	11.4	12.4	13.4	14.4	15.3	16.3	17.3
91	8.6	9.6	10.6	11.6	12.6	13.5	14.5	15.5	16.5	17.5
92	8.8	9.8	10.7	11.7	12.7	13.7	14.7	15.7	16.7	17.7
93	8.9	9.9	10.9	11.9	12.9	13.9	14.9	15.9	16.9	17.8
94	9.1	10.1	11.1	12.1	13.1	14.0	15.0	16.0	17.0	18.0
95	9.2	10.2	11.2	12.2	13.2	14.2	15.2	16.2	17.2	18.2
96	9.4	10.4	11.4	12.4	13.4	14.4	15.4	16.4	17.4	18.3
97	9.5	10.5	11.5	12.5	13.5	14.5	15.5	16.5	17.5	18.5
98	9.7	10.7	11.7	12.7	13.7	14.7	15.7	16.7	17.7	18.7
99	9.9	10.8	11.8	12.8	13.8	14.8	15.8	16.8	17.8	18.8
100	10.0	11.0	12.0	13.0	14.0	15.0	16.0	17.0	18.0	19.0

相对湿度	气　温(℃)									
（%）	20	21	22	23	24	25	26	27	28	29
51	9.6	10.5	11.4	12.3	13.2	14.2	15.1	16.0	16.9	17.8
52	9.9	10.8	11.7	12.6	13.5	14.5	15.4	16.3	17.2	18.1
53	10.1	11.1	12.0	12.9	13.8	14.8	15.7	16.6	17.5	18.4
54	10.4	11.3	12.3	13.2	14.1	15.0	16.0	16.9	17.8	18.7
55	10.7	11.6	12.6	13.5	14.4	15.3	16.3	17.2	18.1	19.0
56	11.0	11.9	12.8	13.8	14.7	15.6	16.5	17.5	18.4	19.3
57	11.2	12.2	13.1	14.0	15.0	15.9	16.8	17.8	18.7	19.6
58	11.5	12.4	13.4	14.3	15.2	16.2	17.1	18.0	19.0	19.9
59	11.8	12.7	13.6	14.6	15.5	16.4	17.4	18.3	19.2	20.0
60	12.0	12.9	13.9	14.8	15.8	16.7	17.6	18.6	19.5	20.4
61	12.3	13.2	14.1	15.1	16.0	17.0	17.9	18.8	19.8	20.7
62	12.5	13.4	14.4	15.3	16.3	17.2	18.2	19.1	20.0	21.0
63	12.8	13.7	14.6	15.6	16.5	17.5	18.4	19.4	20.3	21.2
64	13.0	13.9	14.9	15.8	16.8	17.7	18.7	19.6	20.5	21.5
65	13.2	14.2	15.1	16.1	17.0	18.0	18.9	19.9	20.8	21.7
66	13.5	14.4	15.4	16.3	17.3	18.2	19.2	20.1	21.0	22.0
67	13.7	14.6	15.6	16.5	17.5	18.4	19.4	20.3	21.3	22.2
68	13.9	14.9	15.8	16.8	17.7	18.7	19.6	20.6	21.5	22.5
69	14.1	15.1	16.1	17.0	18.0	18.9	19.9	20.8	21.8	22.7
70	14.4	15.3	16.3	17.2	18.2	19.1	20.1	21.1	22.0	23.0
71	14.6	15.5	16.5	17.5	18.4	19.4	20.3	21.3	22.2	23.2
72	14.8	15.8	16.7	17.7	18.6	19.6	20.6	21.5	22.5	23.4
73	15.0	16.0	16.9	17.9	18.9	19.8	20.8	21.7	22.7	23.7
74	15.2	16.2	17.2	18.1	19.1	20.0	21.0	22.0	22.9	23.9
75	15.4	16.4	17.4	18.3	19.3	20.3	21.2	22.2	23.1	24.1
76	15.6	16.6	17.6	18.5	19.5	20.5	21.4	22.4	23.4	24.3
77	15.8	16.8	17.8	18.7	19.7	20.7	21.7	22.6	23.6	24.6
78	16.0	17.0	18.0	19.0	19.9	20.9	21.9	22.8	23.8	24.8
79	16.2	17.2	18.2	19.2	20.1	21.1	22.1	23.0	24.0	25.0
80	16.4	17.4	18.4	19.4	20.3	21.3	22.3	23.2	24.2	25.2
81	16.6	17.6	18.6	19.6	20.5	21.5	22.5	23.5	24.4	25.4
82	16.8	17.8	18.8	19.8	20.7	21.7	22.7	23.7	24.6	25.6
83	17.0	18.0	19.0	20.0	20.9	21.9	22.9	23.9	24.8	25.8
84	17.2	18.2	19.3	20.1	21.1	22.1	23.1	24.1	25.0	26.0
85	17.4	18.4	19.4	20.3	21.3	22.3	23.3	24.3	25.2	26.2
86	17.6	18.6	19.5	20.5	21.5	22.5	23.5	24.5	25.4	26.4
87	17.8	18.8	19.7	20.7	21.7	22.7	23.7	24.6	25.6	26.6
88	18.0	18.9	19.9	20.9	21.9	22.9	23.9	24.8	25.8	26.8
89	18.1	19.1	20.1	21.1	22.1	23.1	24.0	25.0	26.0	27.0
90	18.3	19.3	20.3	21.3	22.3	23.2	24.2	25.2	26.2	27.2
91	18.5	19.5	20.5	21.4	22.4	23.4	24.4	25.4	26.4	27.4
92	18.7	19.6	20.6	21.6	22.6	23.6	24.6	25.6	26.6	27.6
93	18.8	19.8	20.8	21.8	22.8	23.8	24.8	25.8	26.8	27.7
94	19.0	20.0	21.0	22.0	23.0	24.0	25.0	26.0	26.9	27.9
95	19.2	20.2	21.2	22.2	23.1	24.1	25.1	26.1	27.1	28.1
96	19.3	20.3	21.3	22.3	23.3	24.3	25.3	26.3	27.3	28.3
97	19.5	20.5	21.5	22.5	23.5	24.5	25.5	26.5	27.5	28.5
98	19.7	20.7	21.7	22.7	23.7	24.7	25.7	26.7	27.7	28.7
99	19.8	20.8	21.8	22.8	23.8	24.8	25.8	26.8	27.8	28.8
100	20.0	21.0	22.0	23.0	24.0	25.0	26.0	27.0	28.0	29.0

相对湿度（%）	气温(℃)									
	30	31	32	33	34	35	36	37	38	39
51	18.8	19.7	20.6	31.5	22.4	23.3	24.2	25.2	26.1	27.0
52	19.1	20.0	20.9	21.8	22.7	23.7	24.6	25.5	26.4	27.3
53	19.4	20.3	21.2	22.1	23.1	24.0	24.9	25.8	26.7	27.6
54	19.7	20.6	21.5	22.4	23.4	24.3	25.2	26.1	27.0	28.0
55	20.0	20.9	21.8	22.7	23.7	24.6	25.5	26.4	27.4	28.3
56	20.3	21.2	22.1	23.0	24.0	24.9	25.8	26.7	27.7	28.6
57	20.5	21.5	22.4	23.3	24.3	25.2	26.1	27.0	28.0	28.9
58	20.8	21.8	22.7	23.6	24.6	25.5	26.4	27.3	28.3	29.2
59	21.1	22.0	23.0	23.9	24.8	25.8	26.7	27.6	28.6	29.5
60	21.4	22.3	23.2	24.2	25.1	26.1	27.0	27.9	28.9	29.8
61	21.6	22.6	23.5	24.5	25.4	26.3	27.3	28.2	29.1	30.1
62	21.9	22.9	23.8	24.7	25.7	26.6	27.5	28.5	29.4	30.4
63	22.2	23.1	24.1	25.0	25.9	26.9	27.8	28.8	29.7	30.6
64	22.4	23.4	24.3	25.3	26.3	27.2	28.1	29.0	30.0	30.9
65	22.7	23.6	24.6	25.5	26.5	27.4	28.4	29.3	30.2	31.2
66	22.9	23.9	24.8	25.8	26.7	27.7	28.6	29.6	30.5	31.5
67	23.2	24.1	25.1	26.0	27.0	27.9	28.9	29.8	30.8	31.7
68	23.4	24.4	25.3	26.3	27.2	28.2	29.1	30.1	31.0	32.0
69	23.7	24.6	25.6	26.5	27.5	28.4	29.4	30.3	31.3	32.2
70	23.9	24.9	25.8	26.8	27.7	28.7	29.6	30.6	31.6	32.5
71	24.2	25.1	26.1	27.0	28.0	28.9	29.9	30.8	31.8	32.8
72	24.4	25.3	26.3	27.3	28.2	29.2	30.1	31.1	32.0	33.0
73	24.6	25.6	26.5	27.5	28.5	29.4	30.4	31.3	32.3	33.3
74	24.8	25.8	26.8	27.7	28.7	29.7	30.6	31.6	32.5	33.5
75	25.1	26.0	27.0·	28.0	28.9	29.9	30.9	31.8	32.8	33.7
76	25.3	26.3	27.2	28.2	29.2	30.1	31.1	32.0	33.0	34.0
77	25.5	26.5	27.4	28.4	29.4	30.3	31.3	32.3	33.2	34.2
78	25.7	26.7	27.7	28.6	29.6	30.6	31.5	32.5	33.5	34.4
79	26.0	26.9	27.9	28.9	29.8	30.8	31.8	32.7	33.7	34.7
80	26.2	27.1	28.1	29.1	30.0	31.0	32.0	33.0	33.9	34.9
81	26.4	27.3	28.3	29.3	30.3	31.2	32.2	33.2	34.2	35.1
82	26.6	27.6	28.5	29.5	30.5	31.5	32.4	33.4	34.4	35.3
83	26.8	27.8	28.7	29.7	30.7	31.7	32.6	33.6	34.6	35.6
84	27.0	28.0	28.9	29.9	30.9	31.9	32.9	33.8	34.8	35.8
85	27.3	28.2	29.2	30.1	31.1	32.1	33.1	34.0	35.0	36.0
86	27.4	28.4	29.4	30.3	31.3	32.3	33.3	34.3	35.2	36.2
87	27.6	28.6	29.6	30.5	31.5	32.5	33.5	34.5	35.4	36.4
88	27.8	28.8	29.8	30.7	31.7	32.7	33.7	34.7	35.7	36.6
89	28.0	29.0	30.0	30.9	31.9	32.9	33.9	34.9	35.9	36.8
90	28.2	29.2	30.1	31.1	32.1	33.1	34.1	35.1	36.2	37.0
91	28.4	29.4	30.3	31.3	32.3	33.3	34.3	35.3	36.3	37.3
92	28.6	29.5	30.5	31.5	32.5	33.5	34.5	35.5	36.5	37.5
93	28.7	29.7	30.7	31.7	32.7	33.7	34.7	35.7	36.7	37.7
94	28.9	29.9	30.9	31.9	32.9	33.9	34.9	35.9	36.9	37.9
95	29.1	30.1	31.1	32.1	33.1	34.1	35.1	36.1	37.1	38.0
96	29.3	30.3	31.3	32.3	33.3	34.3	35.3	36.3	37.2	38.2
97	29.5	30.5	31.5	32.5	33.5	34.4	35.4	36.4	37.4	38.4
98	29.6	30.6	31.6	32.6	33.6	34.6	35.6	36.6	37.6	38.6
99	29.8	30.8	31.8	32.8	33.8	34.8	35.8	36.8	37.8	38.8
100	30.0	31.0	32.0	33.0	34.0	35.0	36.0	37.0	38.0	39.0

附录 A 钢结构涂料涂装配套方案

大气环境下钢结构防护方案

环境及应用： ■桥梁钢结构以及石油化工行业、发电厂、造纸厂、海上设施等金属管道在工业大气、海洋大气等各种腐蚀环境条件下的外防护。

特　　点： ■金属管道防护涂装及管道的涂料维修防护工程。

■适用于硅酸锌预涂底涂层表面覆涂。

■长效防护，耐久性可达 10～12 年。

■耐化学品介质的腐蚀和抗磨损性能良好，适用于海洋、近海和工业生产腐蚀环境，良好的耐稀释酸或稀释碱的腐蚀。

■适用于室内外钢结构、管道及管架等金属结构的防护。

产 品 简 介： ■底涂料为双组分环氧富锌涂料，可以和多种耐蚀涂料配套，组成多种防腐蚀配套系统，干燥快，耐搬运，不含铅、铬等有害重金属元素。

■中涂层为双组分含云母氧化铁的环氧树脂涂料，耐化学性和耐磨损性良好，和底涂层组合成具有良好屏蔽性的耐腐蚀涂层。

■脂肪族聚氨酯涂料耐大气老化性能优良，是氯化橡胶涂料的升级换代型，保光保色性好。用于装饰性防护性要求较高的场合。

典型方案（A）：

产品名称	涂装方式	固体分/%	干膜厚度/μm	最小～最大覆涂间隔(25℃)	适用时间(25℃)
环氧富锌底涂料	无气喷涂，滚、刷涂	50	70	24h～90d	6h
环氧云铁防锈涂料	无气喷涂，滚、刷涂	45	100	16h～无限制	4h
各色氯化橡胶涂料	无气喷涂，滚、刷涂	30～37	80	6h～无限制	—
			涂层总厚度	250	

典型方案（B）：

产品名称	涂装方式	固体分/%	干膜厚度/μm	最小～最大覆涂间隔(25℃)	适用时间(25℃)
无机硅酸锌底涂料	无气喷涂，滚、刷涂	33	70	24h～无限制	6h
环氧封闭涂料	无气喷涂，滚、刷涂	35	30	24h～3d	8h
环氧云铁防锈涂料	无气喷涂，滚、刷涂	45	100	16h～无限制	4h
聚氨酯可覆涂涂料	无气喷涂，滚、刷涂	50	80	16h～无限制	6h
			涂层总厚度	280	

说　　明： ■底材表面处理除锈等级符合 GB 8923—88《涂装前钢材表面锈蚀等级和除锈等级》Sa2½级，表面粗糙度 30～75μm。

■对长效防护工程，可改环氧富锌涂料为无机硅酸锌涂料。

浸水或潮湿部位钢结构防护方案

环境及应用： ■码头钢桩、桥梁厢梁、桥桩等海上设施等金属管道在工业大气、海洋大气等各种腐蚀环境条件下的防护，亦可用于煤气柜内壁防护。

特　　点： ■金属管道防护涂装及管道的涂料维修防护工程。

■适用于硅酸锌预涂底涂层表面覆涂。

■长效防护，耐久性可达10年以上。

■耐化学品介质的腐蚀和抗磨损性能良好，适用于海洋、近海和工业生产腐蚀环境，良好的耐稀释酸或稀释碱的腐蚀。

■适用于室内外钢结构、贮柜内壁、管道及管架等金属结构的防护。

产品简介： ■底涂料为双组分环氧富锌涂料或无机硅酸锌涂料，可以和多种耐蚀涂料配套，组成多种防腐蚀配套系统。

■中涂层为双组分含云母氧化铁的环氧树脂涂料，耐化学性和耐磨损性良好，和底涂层组合成具有良好屏蔽性的耐腐蚀涂层。

■环氧煤沥青涂料有极佳的耐水性及耐腐蚀性，是金属及非金属水下或埋地管道防护的最佳选择。在大气中只在表面出现微粉化，不影响其防护功能。

典型方案（A）：

产品名称	涂装方式	固体分/%	干膜厚度/μm	最小～最大覆涂间隔(25℃)	适用时间(25℃)
环氧富锌底涂料	无气喷涂，滚涂、刷涂	50	80	24h～90d	6h
环氧云铁防锈涂料	无气喷涂，滚涂、刷涂	45	100	16h～无限制	4h
环氧沥青厚浆涂料	无气喷涂，滚涂、刷涂	60	200	16h～7d	8h
	涂层总厚度		380		

典型方案（B）：

产品名称	涂装方式	固体分/%	干膜厚度/μm	最小～最大覆涂间隔(25℃)	适用时间(25℃)
无机硅酸锌底涂料	无气喷涂，滚涂、刷涂	33	40	24h～无限制	6h
环氧云铁防锈涂料	无气喷涂，滚涂、刷涂	45	80	16h～无限制	4h
环氧沥青厚浆涂料	无气喷涂，滚涂、刷涂	67	250	24h～7d	8h
	涂层总厚度		320		

说　　明： ■底材表面处理除锈等级符合GB 8923—88《涂装前钢材表面锈蚀等级和除锈等级》Sa2½级，表面粗糙度30～75μm。

■面涂料有环氧沥青厚浆防锈涂料和环氧沥青超厚浆防锈涂料，后者可取得更厚的干膜。

贮罐内壁防护方案

环境及应用： ■炼油厂、化工厂、海上设施、码头、油库等原油、化学溶剂、盐水贮罐内壁及埋设管道或水下管道。

特　　点： ■贮存各类油品、化学溶剂储罐的内壁防护。

■适用于酸性和其他腐蚀性环境中暴露于大气的设备，如加热保温管道、埋地管道、水下管道等。

■贮存产品的最高温度可达 95℃。

■防护年限 8 年，或其他条件下的中、长效防护。

■产品有良好的耐油性，用于航空燃料油贮存，不会引起胶质的变化。

产品简介： ■酚醛改性环氧油罐涂料或芳香族聚氨酯、环氧树脂类贮油罐涂料。

■酚醛改性环氧油罐涂料适用于原油贮存，允许最高温度可达 95℃条件下使用。

■适用于航空燃料油贮罐内壁防护。

典型方案：

产品名称	涂装方式	固体分/%	干膜厚度/μm	最小～最大覆涂间隔(25℃)	适用时间(25℃)
环氧酚醛涂料	无气喷涂，滚涂、刷涂	50	100	20h～5d	2h
环氧酚醛涂料	无气喷涂，滚涂、刷涂	50	100	20h～5d	2h
	涂层总厚度	200			

说　　明： ■依设计防护年限要求、施工工艺不同，可设计不同的涂层厚度和不同的涂层结构，推荐方案供参考：

设计防腐年限/年	建议总膜厚/μm	适用涂装方式
8～10	250	滚、刷涂或无气喷涂涂装体系
10～15	300	

■底材表面处理除锈等级符合 GB 8923—88《涂装前钢材表面锈蚀等级和除锈等级》Sa2½级，表面粗糙度 40～70μm。

注：GB 13348—92《液体石油产品静电安全规程》导静电涂料的电阻率为 10^5～$10^9 \Omega \cdot m$；为防止石墨导静电剂和罐壁构成电化学腐蚀，防锈底涂料应为富锌类涂料。

贮罐内壁导静电防护方案

环境及应用：
■炼油厂、化工厂、海上设施、码头、油库等原油、各种成品油、化学溶剂等贮罐，内壁涂料具有导静电的功能。

特　　点：
■贮存各类油品、化学溶剂储罐的内壁防护。

■贮存易燃易爆石油产品、化学溶剂的储罐，防止贮运过程中因物料的摩擦、物料与输送管道管壁摩擦或物料与贮罐内壁摩擦产生静电引起放电造成火警事故的有效防护。

■贮存产品的最高温度可达 95℃。

■防护年限 8 年，或其他条件下的中、长效防护。

■产品有良好的耐油性，用于航空燃料油贮存，不会引起胶质的变化。

■具有导静电功能，符合 GB 13348—92《液体石油产品静电安全规程》。

产品简介：
■添加导静电剂的环氧导静电油罐涂料或芳香族聚氨酯、改性环氧树脂类贮油罐涂料，符合 GB 13348—92《液体石油产品静电安全规程》。

■环氧导静电油罐涂料适用于原油贮存，允许最高温度可达 95℃条件下使用。具有良好的自重涂性能，施工方便。

■涂层适宜于航空燃料油的贮存。

典型方案（A）：

产品名称	涂装方式	固体分 /%	干膜厚度 /μm	最小～最大覆涂间隔(25℃)	适用时间 (25℃)
环氧导静电底涂料	无气喷涂，滚涂、刷涂	54	125	14h～30d	8h
环氧导静电面涂料	无气喷涂，滚涂、刷涂	54	75	6h～30d	8h
		涂层总厚度	200		

典型方案（B）：

产品名称	涂装方式	固体分 /%	干膜厚度 /μm	最小～最大覆涂间隔(25℃)	适用时间 (25℃)
导静电防护涂料	无气喷涂，滚涂、刷涂	65	100	3d～无限制	10h
白色导静电防护涂料	无气喷涂，滚涂、刷涂	30	40	24h～无限制	72h
		涂层总厚度	140		

说　　明：
■底材表面处理除锈等级符合 GB 8923—88《涂装前钢材表面锈蚀等级和除锈等级》Sa2½级，表面粗糙度 40～70μm。

■GB 13348—92《液体石油产品静电安全规程》导静电涂料的电阻率为 10^5～10^9Ω·m；为防止石墨导静电剂和罐壁构成电化学腐蚀，防锈底涂料应为富锌类涂料。

饮水贮罐内壁防护方案

环境及应用：	■石油化工厂、热电厂、造纸厂、海上设施、码头、油库等油品、石蜡油及饮水贮罐内壁。

环境及应用： ■石油化工厂、热电厂、造纸厂、海上设施、码头、油库等油品、石蜡油及饮水贮罐内壁。

特　　点： ■适用于洁净要求高的油品、石蜡油及饮水贮罐内壁的防护。
■满足饮用水食品卫生标准。
■不适合用于温度高于50℃的介质的贮存。

产 品 简 介： ■双组分环氧树脂涂料作底涂料，防锈性能好，与面涂层配套性好，可以维持贮罐内壁涂料的最佳性能。
■面涂层为双组分无溶剂环氧树脂涂料，适用于油品、石蜡油及饮用水的贮存。
■饮用水贮存内壁涂料，符合食品卫生要求，并取得卫生防疫站合格的检测报告。

典型方案（A）：

产品名称	涂装方式	固体分/%	干膜厚度/μm	最小～最大覆涂间隔（25℃）	适用时间（25℃）
环氧树脂涂料	无气喷涂，滚涂、刷涂	30	30	24h～5d	6h
无溶剂环氧涂料	无气喷涂，滚涂、刷涂	100	400	18h～36h	1h
		涂层总厚度	430		

典型方案（B）：

产品名称	涂装方式	固体分/%	干膜厚度/μm	最小～最大覆涂间隔（25℃）	适用时间（25℃）
环氧聚酰胺食品容器内壁涂料	无气喷涂，滚涂、刷涂	55	125	24h～5d	8h
环氧聚酰胺食品容器内壁涂料	无气喷涂，滚涂、刷涂	55	125	24h～5d	8h
		涂层总厚度	250		

说　　明： ■底材表面处理除锈等级符合 GB 8923—88《涂装前钢材表面锈蚀等级和除锈等级》的 Sa2½级，表面粗糙度 40～70μm。
■供货方必须出具符合 GB 9686—88《食品容器内壁聚酰胺环氧树脂涂料》的检测报告。

热水贮罐内壁防护方案

环境及应用：　■石油化工厂、热电厂、造纸厂、海上设施、码头等最高工作温度为95℃的化学溶剂及热水贮罐内壁，及水汽环境下的管道内壁防护。

特　　点：　■适用于脂肪族和芳香族类的化学溶剂及热水贮罐内壁的防护。
　　　　　　　■适用于水汽环境下的热水管道、埋地管道、水下管道等的防护。
　　　　　　　■适合用于最高温度为95℃的介质的贮存。

产品简介：　■双组分环氧树脂涂料，具有耐热和耐溶剂性能，如脂肪族和芳香族的化学溶剂及热水，可以耐受水汽作用的环境。可耐受最高温度为95℃，耐腐蚀性好，适用于多种严酷的环境下对设备管道的防护。

典型方案：

产品名称	涂装方式	固体分/%	干膜厚度/μm	最小～最大覆涂间隔(25℃)	适用时间(25℃)
厚浆型耐热环氧树脂涂料	无气喷涂，滚涂、刷涂	68	90	9h～3d	3h
厚浆型耐热环氧树脂涂料	无气喷涂，滚涂、刷涂	68	90	9h～3d	3h
厚浆型耐热环氧树脂涂料	无气喷涂，滚涂、刷涂	68	90	9h～3d	3h
	涂层总厚度		270		

说　　明：　■底材表面处理除锈等级符合 GB 8923—88《涂装前钢材表面锈蚀等级和除锈等级》的 Sa2½级，表面粗糙度 40～70μm。

污水处理池内壁防护方案

环境及应用： ■石油化工厂行业、水厂、造纸厂、发电厂、海上设施、港口码头、库区等金属或非金属污水处理池的内壁防护。

特　　点： ■适用于金属或非金属结构表面及原有污水处理池结构设施维护。

■具有良好的耐化学品介质的腐蚀和抗磨损性能，适用于污水浸泡及海洋、近海和工业生产腐蚀环境，良好的耐稀释酸或稀释碱的腐蚀。

■适合于水下或埋地结构的防护。

产 品 简 介： ■双组分低溶剂含量的环氧沥青涂料，具有良好的耐化学品介质的腐蚀和抗磨损性能，单层的防护能力强。

■和所有环氧树脂涂料一样，涂料涂层暴露在大气中会发生微粉化，但仅存在于涂层的表面，对防护性能没有影响。本品不适用于温度超过60℃的场合。

典型方案（A）：非金属或金属污水处理池内壁

产品名称	涂装方式	固体分/%	干膜厚度/μm	最小～最大覆涂间隔(25℃)	适用时间(25℃)
环氧沥青涂料	无气喷涂，滚、刷涂	63	120	16h～90d	6h
环氧沥青涂料	无气喷涂，滚、刷涂	63	120	16h～7d	6h
环氧沥青涂料	无气喷涂，滚、刷涂	63	120	16h～7d	6h
	涂层总厚度		360		

典型方案（B）：金属污水处理管道内外壁

产品名称	涂装方式	固体分/%	干膜厚度/μm	最小～最大覆涂间隔(25℃)	适用时间(25℃)
环氧富锌防锈涂料	无气喷涂，滚、刷涂	50	80	24h～90d	6h
环氧云铁防锈涂料	无气喷涂，滚、刷涂	45	50	16h～无限制	4h
环氧沥青厚浆涂料	无气喷涂，滚、刷涂	60	125	16h～7d	8h
环氧沥青厚浆涂料	无气喷涂，滚、刷涂	60	125	16h～7d	8h
	涂层总厚度		380		

说　　明： ■底材表面处理除锈等级符合 GB 8923—88《涂装前钢材表面锈蚀等级和除锈等级》的 Sa2½级，表面粗糙度 40～70μm。

化学品贮罐内壁防护方案

环境及应用： ■石油化工厂、热电厂、造纸厂、海上设施、码头等化学溶剂贮罐内壁防护。

特　　点： ■适用于醇类、酯类、醚类、酮类、氯烃类和脂肪族类的多种化学溶剂贮罐内壁的防护。

　　　　　　■适用于成品油、润滑油等贮罐内壁防护。

　　　　　　■最高使用温度为400℃，可承受高温蒸汽的清洗。

产品简介： ■该产品为双组分乙基硅酸锌涂料，具有耐热和耐溶剂性能，如脂肪族和芳香族的化学溶剂，可以耐受的最高温度为400℃，耐腐蚀性好，适用于多种严酷的环境下的设备管道的防护，但不适宜 pH≤5 及 pH≥9 的酸碱环境条件下对设备管道以及其他钢结构材料的防护。

典型方案：

产品名称	涂装方式	固体分/%	干膜厚度/μm	最小～最大覆涂间隔(25℃)	适用时间(25℃)
乙基硅酸锌贮罐涂料	无气喷涂，滚、刷涂	52	100	24h～10d	4h
		涂层总厚度	100		

说　　明： ■底材表面处理除锈等级符合 GB 8923—88《涂装前钢材表面锈蚀等级和除锈等级》的 Sa2½级，表面粗糙度 40～70μm。

　　　　　　■本设计方案所指的化学品，包括醇类、酯类、醚类、酮类、氯烃类和脂肪族类的多种化学溶剂，但不包含聚合物的单体，如苯乙烯、醋酸乙烯、丙烯酸酯类等，这些物品易自聚成高分子化合物，应参照专业资料实施。

　　　　　　■本方案可用于贮油罐油品贮存内壁导静电涂装。

煤气柜内壁防护方案

环境及应用： ■石油化工厂、电厂、轻工业及冶金工业生产厂、港口机械、桥梁、海上设施水下部分、埋地管道或水下钢结构及管道的防护。适用于工业大气、海洋大气、水下以及土壤等各种腐蚀环境条件。

特　　　点： ■煤气柜的内壁的防护涂装及维修防护。
■长效防护，防护有效年限达 8 年。
■适用于海水或淡水浸泡或间歇浸水或其他腐蚀性环境中的设备，如埋地管道、水下管道等的防护。
■适用于室内外钢结构、管道及管架等金属结构的防护。
■和所有环氧树脂涂料一样，涂料涂层暴露在大气中会发生微粉化，但仅存在于涂层的表面，对防护性能没有影响。本品不适用于温度超过 60℃ 的场合。

产 品 简 介： ■底、中、面均可选用本品高固体双组分厚浆型环氧煤沥青涂料。
■本品耐腐蚀性能良好，适用于海水或淡水浸泡或间歇浸水或其他腐蚀性环境中的设备，如埋地管道、水下管道等的防护，与这类设备管道的阴极保护系统相匹配。

典型方案（A）：

产品名称	涂装方式	固体分/%	干膜厚度/μm	最小～最大覆涂间隔(25℃)	适用时间(25℃)
厚浆型环氧沥青涂料	无气喷涂，滚、刷涂	80	60	6h～3d	2h
厚浆型环氧沥青涂料	无气喷涂，滚、刷涂	80	70	6h～3d	2h
厚浆型环氧沥青涂料	无气喷涂，滚、刷涂	80	70	6h～3d	2h
		涂层总厚度	200		

典型方案（B）：

产品名称	涂装方式	固体分/%	干膜厚度/μm	最小～最大覆涂间隔(25℃)	适用时间(25℃)
环氧富锌底涂料	无气喷涂，滚、刷涂	50	70	24h～90d	6h
环氧沥青厚浆防锈涂料	无气喷涂，滚、刷涂	66	125	24h～7d	8h
环氧沥青厚浆防锈涂料	无气喷涂，滚、刷涂	66	125	24h～7d	8h
		涂层总厚度	320		

说　　　明： ■底材表面处理除锈等级符合 GB 8923—88《涂装前钢材表面锈蚀等级和除锈等级》环氧沥青涂料不低于 Sa2 级，环氧富锌涂料不低于 Sa2½ 级，表面粗糙度 40～70μm。

贮罐/贮柜外壁防护方案

环境及应用： ■石油化工厂、电厂、轻工业及冶金工业生产厂、贮罐和贮柜外防护，港口机械、桥梁、海上设施钢结构及管道的外防护。适用于工业大气、海洋大气等各种腐蚀环境条件。

特　　点： ■贮油罐、煤气柜的外壁的防护涂装及维修。

■长效防护，防护有效年限达5～10年。

■适用于港口机械、桥梁、海上设施钢结构，管道、设备的外防护。

■适用于室内外钢结构、管道及管架等金属结构的防护。

■和所有环氧树脂涂料一样，涂料涂层暴露在大气中会发生微粉化，但仅存在于涂层的表面，对防护性能没有影响。本品不适用于温度超过60℃的场合。

产品简介： ■底、中、面均可选用本品高固体双组分厚浆型环氧煤沥青涂料。

■本品耐腐蚀性能良好，适用于海水或淡水浸泡或间歇浸水或其他腐蚀性环境中的设备，如埋地管道、水下管道等的防护，与这类设备管道的阴极保护系统相匹配。

典型方案（A）：

产品名称	涂装方式	固体分/%	干膜厚度/μm	最小～最大覆涂间隔(25℃)	适用时间(25℃)
环氧富锌底涂料	无气喷涂，滚、刷涂	50	80	24h～90d	6h
环氧云铁防锈涂料	无气喷涂，滚、刷涂	45	80	16h～无限制	4h
聚氨酯可覆涂涂料	无气喷涂，滚、刷涂	50	40	16h～无限制	6h
聚氨酯可覆涂涂料	无气喷涂，滚、刷涂	50	40	16h～无限制	6h
		涂层总厚度	240		

典型方案（B）：

产品名称	涂装方式	固体分/%	干膜厚度/μm	最小～最大覆涂间隔(25℃)	适用时间(25℃)
环氧富锌底涂料	无气喷涂，滚、刷涂	50	70	24h～90d	6h
环氧云铁防锈涂料	无气喷涂，滚、刷涂	45	80	16h～无限制	4h
各色氯化橡胶涂料	无气喷涂，滚、刷涂	30～37	40	6h～无限制	—
各色氯化橡胶涂料	无气喷涂，滚、刷涂	30～37	40	6h～无限制	—
		涂层总厚度	230		

说　　明： ■底材表面处理除锈等级符合 GB 8923—88《涂装前钢材表面锈蚀等级和除锈等级》环氧沥青涂料不低于 Sa2 级，环氧富锌涂料不低于 Sa2½级，表面粗糙度 40～70μm。

低沸点油品贮油罐外壁防护方案（A）

环境及应用： ■炼油厂、油品贮存库区低沸点油品贮罐的外防护，低沸点溶剂贮罐及管道的外防护。适用于工业大气、海洋大气等各种腐蚀环境条件。

特　点： ■低沸点油品贮油罐外壁的防护涂装及维修，夏季太阳直射下的高温可省略水喷淋，节约能源及水资源。
■长效防护，防护有效年限≥5年。
■低沸点溶剂贮罐及管道的外防护。

产品简介： ■用于贮罐外防护的底、中涂料为防锈性良好的合成树脂防锈涂料，面涂层具有对阳光热辐射反射作用的特殊功能。
■配套复合涂层耐腐蚀性能良好，适用工业大气及海洋大气腐蚀性环境中的贮油罐及输送管道隔热和保护。

典型方案（A）：

产品名称	涂装方式	固体分/%	干膜厚度/μm	最小～最大覆涂间隔(25℃)	适用时间(25℃)
热反射隔热底涂料	无气喷涂，滚、刷涂	52	70(两道)	24h～5d	6h
热反射隔热中涂料	无气喷涂，滚、刷涂	45	40	24h～无限制	8h
热反射隔热面涂料	无气喷涂，滚、刷涂	37	90(三道)	8h～无限制	—
	涂层总厚度		200		

典型方案（B）：

产品名称	涂装方式	固体分/%	干膜厚度/μm	最小～最大覆涂间隔(25℃)	适用时间(25℃)
环氧富锌底涂料	无气喷涂，滚、刷涂	50	80	24h～3d	6h
抗太阳热辐射涂料	无气喷涂，滚、刷涂	40	80	4h～无限制	4h
抗太阳热辐射涂料	无气喷涂，滚、刷涂	40	80	4h～无限制	4h
	涂层总厚度		240		

说　明： ■底材表面处理除锈等级符合 GB 8923—88《涂装前钢材表面锈蚀等级和除锈等级》Sa2½级，表面粗糙度 40～70μm。

低沸点油品贮油罐外壁防护方案（B）

环境及应用： ■炼油厂、油品贮存库区低沸点油品贮罐的外防护，低沸点溶剂贮罐及管道的外防护。适用于工业大气、海洋大气等各种腐蚀环境条件，有 10 年以上及 7～8 年防护期的两种方案。

特　　点： ■低沸点油品贮油罐外壁的防护涂装及维修，夏季太阳直射下的高温可省略水喷淋，节约能源及水资源。
■长效防护，防护有效年限≥5 年。
■低沸点溶剂贮罐及管道的外防护。

产品简介： ■用于贮罐外防护的底、中涂料为防锈性良好的合成树脂防锈涂料，面涂层具有对阳光热辐射反射作用的特殊功能。
■配套复合涂层耐腐蚀性能良好，适用工业大气及海洋大气腐蚀性环境中的贮油罐及输送管道隔热和保护。

典型方案（A）：10 年以上防护期

产品名称	涂装方式	固体分/%	干膜厚度/μm	最小～最大覆涂间隔(25℃)	适用时间(25℃)
环氧富锌漆	无气喷涂，滚、刷涂	55	60	6h～30d	6h
云母氧化铁环氧漆	无气喷涂，滚、刷涂	64	100	10h～无限制	8h
抗太阳防腐漆	无气喷涂，滚、刷涂	56	80（两道）	12h～无限制	4h
	涂层总厚度		240		

典型方案（B）：7～8 年防护期

产品名称	涂装方式	固体分/%	干膜厚度/μm	最小～最大覆涂间隔(25℃)	适用时间(25℃)
磷酸锌环氧底漆	无气喷涂，滚、刷涂	63	75	3h～无限制	8h
云母氧化铁环氧漆	无气喷涂，滚、刷涂	65	100	3h～无限制	8h
抗太阳热辐射涂料	无气喷涂，滚、刷涂	56	50	12h～无限制	4h
	涂层总厚度		225		

说　　明： ■底材表面处理除锈等级符合 GB 8923—88《涂装前钢材表面锈蚀等级和除锈等级》Sa2½级，表面粗糙度 40～70μm。

埋地管道外壁防护方案（A）

环境及应用： ■石油化工行业、发电厂、港口码头、库区埋地金属管道外防护，海上钻井平台、井架、桥梁及码头管桩钢结构多种水下或泼溅区的防护。适用于工业大气、海洋大气、水下以及土壤等各种腐蚀环境条件。

特　　点： ■金属管道防护涂装及管道的维修防护。

■具有良好的耐化学品介质的腐蚀和抗磨损性能，适用于海洋、近海和工业生产腐蚀环境，良好的耐稀释酸或稀释碱的腐蚀。

■适用于水下或埋地结构的防护。

■适用于室内外钢结构、管道及管架等金属结构的防护。

■和所有环氧树脂涂料一样，涂料涂层暴露在大气中会发生微粉化，但仅存在于涂层的表面，对防护性能没有影响。本品不适用于温度超过 60℃ 的场合。

产品简介： ■底、面均可选用本品低溶剂含量双组分厚浆型环氧煤沥青涂料。

■本品耐腐蚀性能良好，适用于海水或淡水浸泡或间歇浸水或其他腐蚀性环境中的设备，如埋地管道、水下管道等的防护，与这类设备管道的阴极保护系统相匹配。

典型方案（A）：

产品名称	涂装方式	固体分 /%	干膜厚度 /μm	最小～最大覆涂间隔(25℃)	适用时间 (25℃)
厚浆型环氧煤沥青涂料	无气喷涂，滚、刷涂	74	200	14h～3d	2h
厚浆型环氧煤沥青涂料	无气喷涂，滚、刷涂	74	200	14h～3d	2h
		涂层总厚度	400		

典型方案（B）：

产品名称	涂装方式	固体分 /%	干膜厚度 /μm	最小～最大覆涂间隔(25℃)	适用时间 (25℃)
环氧富锌底涂料	无气喷涂，滚、刷涂	50	80	24h～90d	6h
环氧云铁防锈涂料	无气喷涂，滚、刷涂	45	100	16h～无限制	4h
环氧煤沥青厚浆型涂料	无气喷涂，滚、刷涂	74	200	24h～7d	8h
		涂层总厚度	380		

说　　明： ■底材表面处理除锈等级符合 GB 8923—88《涂装前钢材表面锈蚀等级和除锈等级》不低于 Sa2 级，表面粗糙度 40～70μm。

埋地管道外壁防护方案（B）

环境及应用： ■石油化工行业、水厂、发电厂、港口码头、库区埋地金属管道外防护，以及海上钻井平台、井架、桥梁、码头钢管桩多种水下或泼溅区的防护。

特　　点： ■适用于埋地金属管道及其他埋地结构防护涂装，防护设计年限≥8年。

■具有良好的耐化学品介质的腐蚀和抗磨损性能，适用于海洋、近海和工业生产腐蚀环境，良好的耐稀释酸或稀释碱的腐蚀。

■适用于水下或埋地结构的防护。

■具有极佳的耐化学品介质作用，适用于钢结构在海水或淡水完全浸水、部分浸水、泼溅或间歇浸水条件下的钢结构防护。

■本品不适用于温度超过 60℃ 的场合。

产品简介： ■底、面涂料为低溶剂高固含量双组分厚浆型环氧煤沥青涂料。具有极佳的耐水和耐化学品介质腐蚀的性能，单层的防护能力强，与地下的外加电流阴极保护系统相容。

■和所有的环氧树脂涂料一样，本品涂层暴露于大气环境中会发生褪色和粉化，但这些现象对防护性能没有影响。

典型方案：

产品名称	涂装方式	固体分/%	干膜厚度/μm	最小～最大覆涂间隔(25℃)	适用时间(25℃)
厚浆型环氧煤沥青涂料	无气喷涂，滚、刷涂	80	60	24h～5d	2h
厚浆型环氧煤沥青涂料	无气喷涂，滚、刷涂	80	60	24h～5d	2h
厚浆型环氧煤沥青涂料	无气喷涂，滚、刷涂	80	60	24h～5d	2h
厚浆型环氧煤沥青涂料	无气喷涂，滚、刷涂	80	70	24h～5d	2h
	涂层总厚度	250			

说　　明： ■底材表面处理除锈等级符合 GB 8923—88《涂装前钢材表面锈蚀等级和除锈等级》不低于 Sa2 级，表面粗糙度 40～70μm。

埋地管道外壁防护方案（C）

环境及应用：　■石油化工行业、发电厂、港口码头、库区埋地金属管道外防护，海上钻井平台、井架、桥梁及码头管桩钢结构多种水下或泼溅区的防护。适用于工业大气、海洋大气、水下以及土壤等各种腐蚀环境条件。

特　　点：　■适用于埋地金属管道及其他埋地结构防护涂装，防护设计年限≥8年。
■新建金属管道或非金属结构及金属管道的、钢结构的维修防护。
■具有良好的耐化学品介质的腐蚀和抗磨损性能，适用于海洋、近海和工业生产腐蚀环境，良好的耐稀释酸或稀释碱的腐蚀。
■适用于水下或埋地结构的防护。
■适用于室内外钢结构、管道及管架等金属结构的防护。

产品简介：　■底、面均可选用本品低溶剂含量双组分厚浆型环氧煤沥青涂料。
■本品耐腐蚀性能良好，适用于海水或淡水浸泡或间歇浸水或其他腐蚀性环境中的设备，如埋地管道、水下管道等的防护，与这类设备管道的阴极保护系统相匹配。
■和所有环氧树脂涂料一样，涂料涂层暴露在大气中会发生微粉化，但仅存在于涂层的表面，对防护性能没有影响。本品不适用于温度超过60℃的场合。

典型方案：

产品名称	无气喷涂，滚、刷涂	固体分/%	干膜厚度/μm	最小～最大覆涂间隔(25℃)	适用时间(25℃)
厚浆型环氧煤沥青涂料	无气喷涂，滚、刷涂	63	90	16h～7d	6h
厚浆型环氧煤沥青涂料	无气喷涂，滚、刷涂	63	90	16h～7d	6h
厚浆型环氧煤沥青涂料	无气喷涂，滚、刷涂	63	70	16h～7d	6h
		涂层总厚度	250		

说　　明：　■底材表面处理除锈等级符合 GB 8923—88《涂装前钢材表面锈蚀等级和除锈等级》不低于 Sa2 级，表面粗糙度 40～70μm。

室内/室外管道外壁防护方案（A）

环境及应用： ■石油化工行业、发电厂、造纸厂、海上设施等室内室外金属管道在工业大气、海洋大气等各种腐蚀环境条件下的外防护。

特　　点： ■金属管道防护涂装及管道的涂料维修防护工程。
■适用于硅酸锌预涂底涂层表面覆涂。
■长效防护，耐久性可达5～8年。
■耐化学品介质的腐蚀和抗磨损性能良好，适用于海洋、近海和工业生产腐蚀环境，良好的耐稀释酸或稀释碱的腐蚀。
■适用于室内外钢结构、管道及管架等金属结构的防护。

产品简介： ■底涂料为双组分环氧磷酸锌涂料，可以和多种耐蚀涂料配套，组成多种防腐蚀配套系统，干燥快，耐搬运，不含铅、铬等有害重金属元素。
■面涂层为双组分厚浆型环氧树脂涂料，耐化学性和耐磨损性良好，和底涂层组合成具有良好屏蔽性的耐腐蚀涂层。
■和所有环氧树脂涂料一样，涂料涂层暴露在大气中会发生微粉化和褪色，对防护性能没有影响。用于装饰性要求不高的场合。

典型方案（A）：室内管道

产品名称	涂装方式	固体分/%	干膜厚度/μm	最小～最大覆涂间隔(25℃)	适用时间(25℃)
环氧磷酸锌底涂料	无气喷涂，滚、刷涂	63	50	3h～21d	6h
各色环氧面涂料	无气喷涂，滚、刷涂	60±3	100	10h～7d	4h
		涂层总厚度	150		

典型方案（B）：室外管道

产品名称	涂装方式	固体分/%	干膜厚度/μm	最小～最大覆涂间隔(25℃)	适用时间(25℃)
环氧磷酸锌底涂料	无气喷涂，滚、刷涂	63	75	14h～21d	6h
各色环氧面涂料	无气喷涂，滚、刷涂	60±3	100	14h～3d	4h
		涂层总厚度	175		

说　　明： ■底材表面处理除锈等级符合GB 8923—88《涂装前钢材表面锈蚀等级和除锈等级》Sa2级或St3级；表面粗糙度40～70μm，手工或动力工具处理无此要求。

室内/室外管道外壁防护方案（B）——低表面处理要求

环境及应用： ■石油化工及冶金行业、发电厂、造纸厂、水泥厂等室内外金属管道在工业大气腐蚀环境条件下的外防护。

特　　点： ■金属管道涂料维修防护工程，原有牢固涂层保留，锈蚀处以手工或动力工具除锈达 St2 级，设计防护年限≥3 年。

■适用于硅酸锌预涂底涂层表面覆涂。

■对旧涂层配套适应性强，可用于防护涂层的升级换代。

■涂层快干，耐酸性好，适用于多种严酷的腐蚀环境。

■适用于室内外钢结构、管道及管架等金属结构的维修防护工程。

产 品 简 介： ■本品为单组分高性能万用型醇酸类底涂料，主要作为钢结构现场维修涂装维护底涂料，适用于人工清理的钢材表面，可用于多种面涂料重涂配套，包括环氧树脂涂料和聚氨酯树脂涂料。

■作为过度性底涂料，具有良好的适应性，适合于对旧涂层如环氧类、聚氨酯类、醇酸类以及氯磺化聚乙烯涂料涂层的升级。

■配套面涂料为醇酸类涂料，可用于多种工业环境，作为面涂层，有多种颜色的选择。

典型方案（A）：

产品名称	涂装方式	固体分/%	干膜厚度/μm	最小～最大覆涂间隔(25℃)	适用时间(25℃)
万用型醇酸底涂料	无气喷涂，滚、刷涂	41	40	2h～无限制	—
万用型醇酸底涂料	无气喷涂，滚、刷涂	41	40	2h～无限制	—
醇酸树脂面涂料	无气喷涂，滚、刷涂	51	40	6h～无限制	—
醇酸树脂面涂料	无气喷涂，滚、刷涂	51	40	6h～无限制	—
	涂层总厚度		160		

典型方案（B）：厂房钢铁结构

产品名称	涂装方式	固体分/%	干膜厚度/μm	最小～最大覆涂间隔(25℃)	适用时间(25℃)
环氧低表面处理涂料	无气喷涂，滚、刷涂	49	70	24h～7d	6h
环氧云铁防锈涂料	无气喷涂，滚、刷涂	45	100	16h～无限制	4h
各色氯化橡胶涂料	无气喷涂，滚、刷涂	30～37	80	6h～无限制	—
	涂层总厚度		250		

说　　明： ■底材表面处理除锈等级符合 GB 8923—88《涂装前钢材表面锈蚀等级和除锈等级》St2 级，表面粗糙度无严格要求。

室内/室外管道外壁防护方案（C）——低表面处理要求

环境及应用： ■石油化工及冶金行业、发电厂、造纸厂、水泥厂等室内外金属管道在工业大气腐蚀环境条件下的外防护。

特　　点： ■金属管道涂装或旧金属管道维修防护工程，原有牢固涂层保留，锈蚀处以手工或动力工具除锈等级不低于 St2 级，设计防护年限≥5 年。

■适用于硅酸锌预涂底涂层表面覆涂。

■对旧涂层配套适应性强，可用于防护涂层的升级换代。

■涂层快干，耐酸碱性好，适用于多种严酷的腐蚀环境，工作温度≤120℃。

■适用于室内外钢结构、管道及管架等金属结构的维修防护工程。

产品简介： ■本品为单组分高性能万用型醇酸类底涂料，主要作为钢结构现场维修涂装维护底涂料，适用于人工清理的钢材表面，可用于多种面涂料重涂配套，包括环氧树脂涂料和聚氨酯树脂涂料。

■中间层为过度性双组分环氧树脂类快干型连接涂料，具有良好的对底面涂层的配套性，组成多种高性能防护体系。

■配套面涂料为单组分丙烯酸树脂类涂料，快干，耐酸碱，并有多种颜色的选择。

典型方案：

产品名称	涂装方式	固体分/%	干膜厚度/μm	最小～最大覆涂间隔（25℃）	适用时间（25℃）
万用型醇酸底涂料	无气喷涂，滚、刷涂	41	50	2h～无限制	—
环氧连接涂料	无气喷涂，滚、刷涂	47	50	8h～无限制	—
改性丙烯酸面涂料	无气喷涂，滚、刷涂	32～36	30	4h～无限制	—
改性丙烯酸面涂料	无气喷涂，滚、刷涂	32～36	30	4h～无限制	—
		涂层总厚度	160		

说　　明： ■底材表面处理除锈等级符合 GB 8923—88《涂装前钢材表面锈蚀等级和除锈等级》不低于 St2 级，表面粗糙度无严格要求。

埋地管道防护方案——低表面处理要求

环境及应用： ■石油化工及冶金行业、发电厂、造纸厂、水泥厂等室内外金属管道在工业大气腐蚀环境条件下的外防护。

特　　点： ■金属管道涂料维修防护工程，原有牢固涂层保留，锈蚀处以手工或动力工具除锈达 St2 级，设计防护年限≥3 年。

■适用于硅酸锌预涂底涂层表面覆涂。

■对旧涂层配套适应性强，可用于防护涂层的升级换代。

■涂层快干，耐酸性好，适用于多种严酷的腐蚀环境。

■适用于室内外钢结构、管道及管架等金属结构的维修防护工程。

产 品 简 介： ■本品为单组分高性能万用型醇酸类底涂料，主要作为钢结构现场维修涂装维护底涂料，适用于人工清理的钢材表面，可用于多种面涂料重涂配套，包括环氧树脂涂料和聚氨酯树脂涂料。

■作为过度性底涂料，具有良好的适应性，适合于对旧涂层如环氧类、聚氨酯类、醇酸类以及氯磺化聚乙烯涂料涂层的升级。

■配套面涂料为醇酸类涂料，可用于多种工业环境，作为面涂层，有多种颜色的选择。

典型方案：

产品名称	涂装方式	固体分 /%	干膜厚度 /μm	最小~最大覆涂间隔(25℃)	适用时间 (25℃)
万用型醇酸底涂料	无气喷涂,滚、刷涂	41	40	2h~无限制	—
万用型醇酸底涂料	无气喷涂,滚、刷涂	41	40	2h~无限制	—
醇酸树脂面涂料	无气喷涂,滚、刷涂	51	40	6h~无限制	—
醇酸树脂面涂料	无气喷涂,滚、刷涂	51	40	6h~无限制	—
		涂层总厚度	160		

说　　明： ■底材表面处理除锈等级符合 GB 8923—88《涂装前钢材表面锈蚀等级和除锈等级》St2 级，表面粗糙度无严格要求。

室内钢结构防护方案——间歇性水汽腐蚀环境

环境及应用： ■石油化工及冶金行业、发电厂、造纸厂、水泥厂等室内水汽腐蚀环境下金属管道在高湿度腐蚀环境的外防护。

特　　点： ■新建钢结构及原有钢结构维护。

■设计防护年限≥15 年，属长效防护。

■适用于间歇性地腐蚀性水汽环境中。

■有强的耐腐蚀性，良好的磨耗性，抗多种化学品如酸、碱和盐溶液的泼溅腐蚀。

产品简介： ■底涂层选用双组分溶剂型无机富锌硅酸盐快干型涂料，可以和多种高性能面涂料配套使用。

■无机富锌硅酸盐快干型涂料，可带漆焊接，涂层摩擦附着力好，抗滑移，滑移系数达到强力螺栓连接面的要求。

■中间层为双组分快干型环氧树脂类涂料，作为连接层，含有云母氧化铁颜料，以增强耐腐蚀性，并具有良好的长期有效的覆涂性能，组成多种高性能防护体系。

■配套面涂料为双组分环氧树脂类涂料，附着强度好，具有良好的耐磨性，并耐多种化学品如酸、碱和盐溶液的泼溅腐蚀。

典型方案：

产品名称	涂装方式	固体分 /%	干膜厚度 /μm	最小～最大覆涂间隔(25℃)	适用时间 (25℃)
无机富锌硅酸盐涂料	无气喷涂，滚、刷涂	63	75	16h～无限制	4h
环氧树脂涂料	无气喷涂，滚、刷涂	47	25	8h～无限制	8h
厚浆型环氧树脂涂料	无气喷涂，滚、刷涂	80	130	5h～无限制	1h
环氧树脂涂料	无气喷涂，滚、刷涂	52	50	16h～无限制	3h
	涂层总厚度		280		

说　　明： ■底材表面处理除锈等级符合 GB 8923—88《涂装前钢材表面锈蚀等级和除锈等级》不低于 Sa2½级，表面粗糙度 40～75μm。

■无机富锌硅酸盐快干型涂料的实干及涂层覆涂最少时间，参照产品说明书。

室内外钢结构防护方案——暴露在腐蚀性凝结水环境

环境及应用： ■石油化工及冶金行业、发电厂、造纸厂、海上设施等暴露在腐蚀性凝结水环境中的非保温钢结构的防护。

特　　点： ■适用于新建室内外钢结构及刚涂上硅酸锌车间底涂层的钢结构。

■适用于暴露在具有腐蚀性凝结水环境中的非保温钢结构的防护。

■在海洋大气及工业大气环境下，设计防护年限≥15年的长效防护。

产品简介： ■底涂层选用双组分溶剂型环氧树脂富锌涂料，用于防腐蚀涂料系统，可以提供最大的保护，适合各种强腐蚀的大气环境。

■中间层及面涂层均为双组分厚浆型环氧树脂类涂料，能够为腐蚀大气中或水环境的桥梁、海上设施以及多种工业系统的设备、管道、建筑辅助设施钢结构提供高性能防护体系。

■配套面涂料为双组分环氧树脂类涂料，附着强度好，具有良好的耐磨性，并耐多种化学品如酸、碱和盐溶液的泼溅腐蚀，可选用常温固化型或冬季固化型，在低于0℃条件下也能固化。

■面涂层有多种颜色可选择，长期暴露在大气环境中会发生表面轻度粉化现象，与所有环氧树脂涂料一样，这些现象对耐蚀性能没有影响。

典型方案（A）：

产品名称	涂装方式	固体分/%	干膜厚度/μm	最小～最大覆涂间隔(25℃)	适用时间(25℃)
富锌环氧树脂涂料	无气喷涂，滚、刷涂	59	75	3h～无限制	5h
耐蚀环氧树脂涂料	无气喷涂，滚、刷涂	82	150	16h～无限制	2h
耐蚀环氧树脂涂料	无气喷涂，滚、刷涂	82	150	8h～21d	2h
		涂层总厚度	375		

典型方案（B）：矿井井下钢铁结构

产品名称	涂装方式	固体分/%	干膜厚度/μm	最小～最大覆涂间隔(25℃)	适用时间(25℃)
环氧低表面处理涂料	无气喷涂，滚、刷涂	49	70	24h～7d	6h
环氧云铁防锈涂料	无气喷涂，滚、刷涂	45	100	16h～无限制	4h
各色环氧涂料	无气喷涂，滚、刷涂	50～60	120	6h～5d	8h
		涂层总厚度	290		

说　　明： ■底材表面处理除锈等级符合 GB 8923—88《涂装前钢材表面锈蚀等级和除锈等级》Sa2½级，表面粗糙度 40～75μm；低表面底涂料涂装表面处理 St2 级。

室外钢结构防护方案——工业及海洋大气环境

环境及应用： ■石油化工及冶金行业、发电厂、造纸厂、海上设施（非水下部分）等暴露在腐蚀性工业大气或海洋大气环境中的钢结构的防护。

特　　点： ■适用于新建室外钢结构及刚涂上硅酸锌车间底涂层的钢结构。

■在海洋大气及工业大气环境下，设计防护年限≥8年。

■适用于暴露在多种腐蚀因素的环境中的钢结构的防护。

■具有良好的抗紫外线老化性能，保光保色性佳，耐久性好。

产品简介： ■底涂层选用双组分溶剂型环氧树脂富锌涂料，形成防腐蚀涂料系统的一部分，为处于各种强腐蚀的大气环境下的钢钢构，提供良好的保护。

■中间层为双组分厚浆型环氧树脂类涂料，内含云母氧化铁颜料，屏蔽性好，以增强防护性能，为腐蚀大气中或水环境的桥梁、海上设施以及多种工业系统的设备、管道、建筑辅助设施钢结构提供高性能防护体系。

■含云母氧化铁颜料的中间层，可提供长期可覆涂的性能。

■配套面涂料为双组分环氧树脂类涂料，附着强度好，具有良好的耐磨性，并耐多种化学品如酸、碱和盐溶液的泼溅腐蚀，可选用常温固化型或冬季固化型，在低于0℃条件下也能固化。

■面涂层是一种双组分丙烯酸改性聚氨酯树脂涂料，长期重涂性好，有多种颜色可选择，十分耐用，具有很强的保光保色性。

典型方案：

产品名称	涂装方式	固体分/%	干膜厚度/μm	最小～最大覆涂间隔(25℃)	适用时间(25℃)
环氧树脂富锌涂料	无气喷涂，滚、刷涂	55	75	2h～无限制	10h
环氧云母氧化铁涂料	无气喷涂，滚、刷涂	65	100	12h～无限制	3h
聚氨酯树脂涂料	无气喷涂，滚、刷涂	57±3	50	6h～无限制	2h
		涂层总厚度	225		

说　　明： ■底材表面处理除锈等级符合 GB 8923—88《涂装前钢材表面锈蚀等级和除锈等级》Sa2½级，表面粗糙度 40～75μm。

■当中涂层为 200μm，总厚度为 325μm 时，本方案可提供≥15 年期限的防护。

中温室外钢结构防护方案——工作温度120～250℃

环境及应用： ■石油化工及冶金行业、发电厂、造纸厂、海上设施（非水下部分）等暴露在工业大气或海洋大气环境中，工作温度为 120～250℃的钢结构的防护。

特　　点： ■适用于新建室外钢结构及刚涂上硅酸锌车间底涂层的钢结构。

■适合最高温度为250℃的钢结构及设备的外防护。

■长期耐热，不出现褪色或斑纹。

■适用于暴露在多种腐蚀环境，耐久性好。

产品简介： ■底涂层为溶剂型无机硅酸盐富锌涂料，常温空气干燥，与不同的面涂层配套使用，最高可承受540℃的高温。

■面涂层为一种单组分耐温丙烯酸硅酮树脂涂料，含有耐热的颜料，适合最高工作温度为260℃。

■面涂层颜色可选择，但有限制。

典型方案：

产品名称	涂装方式	固体分/%	干膜厚度/μm	最小～最大覆涂间隔(25℃)	适用时间(25℃)
无机硅酸盐富锌涂料	无气喷涂，滚、刷涂	63	50	6h～无限制	4h
耐热面涂料	无气喷涂，滚、刷涂	39	40	2h～无限制	……
		涂层总厚度	90		

说　　明： ■底材表面处理除锈等级符合 GB 8923—88《涂装前钢材表面锈蚀等级和除锈等级》Sa2½级，表面粗糙度 40～75μm。

■当面涂层为高温硅酮铝涂料时，面涂层两道，厚度为 50μm，总厚度为 100μm 时，可用于呈暗红色，温度达 540℃的防护，用于发动机、锅炉、废气管道、明火排气筒，可以覆涂多道而无须热固化。

■铝色面涂层避免在海洋大气含盐气溶胶环境中使用。

高温管道防护方案——工作温度315℃

环境及应用： ■石油化工及冶金行业、发电厂、造纸厂、海上设施（非水下部分）等暴露在工业大气或海洋大气环境中，能承受315℃高温管道的防护。

特　　点： ■新建高温管道表面及原有高温管道维护，同时适用于刚涂上硅酸锌车间底涂层的金属管道。

■具备耐热性和耐腐蚀性，可长期耐受最高温度为315℃。

■不适合用于酸性或碱性环境中，也不适合长期浸没在水中。

■适用于暴露在多种大气腐蚀环境，耐久性好。

产品简介： ■底涂层选用一种高性能双组分溶剂型无机硅酸盐富锌涂料，常温空气干燥，与不同的面涂层配套使用，形成耐腐蚀涂料体系中的一部分，适合用于多种恶劣腐蚀环境下的各种行业。

■底涂层可以耐受干燥条件下400℃的连续高温，和适当的面涂层配套，最高可耐受540℃高温。

■面涂层为一种单组分通用型耐热涂料，含有耐热的颜料，具备耐热性和耐腐蚀性，长期耐受最高干燥温度为315℃。

典型方案（A）：

产品名称	涂装方式	固体分/%	干膜厚度/μm	最小～最大覆涂间隔(25℃)	适用时间(25℃)
无机硅酸盐富锌涂料	无气喷涂，滚、刷涂	62	50	24h～无限制	4h
铝粉耐热涂料	无气喷涂，滚、刷涂	65	25	24h～无限制	—
铝粉耐热涂料	无气喷涂，滚、刷涂	65	25	24h～无限制	—
	涂层总厚度		100		

典型方案（B）：

产品名称	涂装方式	固体分/%	干膜厚度/μm	最小～最大覆涂间隔(25℃)	适用时间(25℃)
无机硅酸盐富锌涂料	无气喷涂，滚、刷涂	65	50	12h～无限制	12h
有机硅/丙烯酸耐温漆	无气喷涂，滚、刷涂	39	25	18h～无限制	—
有机硅/丙烯酸耐温漆	无气喷涂，滚、刷涂	39	25	18h～无限制	—
	涂层总厚度		100		

说　　明： ■底材表面处理除锈等级符合 GB 8923—88《涂装前钢材表面锈蚀等级和除锈等级》Sa2½级，表面粗糙度40～75μm。

高温管道防护方案——工作温度 200～540℃

环境及应用：	■石油化工及冶金行业、发电厂、造纸厂等行业设备管道，工作温度为 200～540℃ 的高温管道的防护。

环境及应用： ■石油化工及冶金行业、发电厂、造纸厂等行业设备管道，工作温度为 200～540℃ 的高温管道的防护。

特　　点： ■用于温度高达 540℃ 呈暗红色的高温管道的防护，如发动机、锅炉、废气管道、明火排气筒、通风口、管道等。

■具备耐热性和耐腐蚀性，可长期耐受最高温度为 540℃。

■不适用于酸性或碱性环境中，也不适合长期浸没在水中。

■适用于暴露在多种大气腐蚀环境，耐久性好。

■可以覆涂多道而无须加热固化。

产品简介： ■底涂层选用一种高性能双组分溶剂型无机硅酸盐富锌涂料，常温空气干燥，与不同的面涂层配套使用，形成耐腐蚀涂料体系中的一部分，适合用于多种恶劣腐蚀环境下的各种行业，可用于桥梁、贮罐、管道、海上设施等。

■底涂层可以耐受干燥条件下 400℃ 的连续高温，和适当的面涂层配套，最高可耐受 540℃ 高温。

■面涂层为一种单组分通用型耐热涂料，含有湿固化的硅酮粘结剂和铝粉耐热的颜料，可覆以多道而无须加热固化，具备耐热性和耐腐蚀性。

典型方案（A）：

产品名称	涂装方式	固体分 /%	干膜厚度 /μm	最小～最大覆涂间隔(25℃)	适用时间 (25℃)
无机硅酸盐富锌涂料	无气喷涂，滚、刷涂	63	50	16h～无限制	4h
高温硅酮铝涂料	无气喷涂，滚、刷涂	45	50(两道)	12h～无限制	—
		涂层总厚度	100		

典型方案（B）：

产品名称	涂装方式	固体分 /%	干膜厚度 /μm	最小～最大覆涂间隔(25℃)	适用时间 (25℃)
无机硅酸盐富锌涂料	无气喷涂，滚、刷涂	65	25	16h～无限制	4h
高温硅酮铝涂料	无气喷涂，滚、刷涂	31	80(两道)	12h～无限制	—
		涂层总厚度	105		

说　　明： ■底材表面处理除锈等级符合 GB 8923—88《涂装前钢材表面锈蚀等级和除锈等级》Sa2½ 级，表面粗糙度 40～75μm。

镀锌/热浸锌钢结构防护方案

环境及应用： ■镀锌或热浸锌钢结构、工件表面，应用于城市大气、工业大气及海洋大气腐蚀环境的涂料涂装防护。

特　　点： ■适用于新镀锌、热浸锌钢结构、工件表面的涂装防护。

■涂层具有强的耐蚀性，良好的耐磨耗性，可防止多种化学品如酸液、碱液和盐溶液对镀锌、热浸锌材料的泼溅腐蚀。

■适用于多种严酷的腐蚀环境下的镀锌、热浸锌钢结构的防护。

产品简介： ■底涂料为快干双组分环氧树脂涂料，覆涂镀锌材料表面，防止因暴露于大气中表面生成锌盐，避免重涂厚浆型涂层附着力降低，并可能出现针孔。

■中层涂料为双组分厚浆型环氧树脂类涂料，含有云母氧化铁颜料，阻挡水和电介质的渗透，增强防护性能，适合于强腐蚀环境中使用。对多种涂层具有很好的适应性。

■面涂层为双组分环氧树脂类涂料，附着强度高，具有良好的耐磨性，可防多种化学品（如酸液、碱液、溶剂和盐溶液）的泼溅腐蚀，面涂层有多种颜色的选择。

典型方案（A）：

产品名称	涂装方式	固体分/%	干膜厚度/μm	最小～最大覆涂间隔(25℃)	适用时间(25℃)
环氧树脂涂料	无气喷涂，滚、刷涂	48	40	8h～无限制	8h
厚浆型环氧树脂涂料	无气喷涂，滚、刷涂	80	150	5h～无限制	1h
环氧树脂涂料	无气喷涂，滚、刷涂	52	50	16h～无限制	3h
		涂层总厚度	240		

典型方案（B）：

产品名称	涂装方式	固体分/%	干膜厚度/μm	最小～最大覆涂间隔(25℃)	适用时间(25℃)
环氧封闭涂料	无气喷涂，滚、刷涂	35	30	24h～3d	8h
环氧云铁防锈涂料	无气喷涂，滚、刷涂	45	70	16h～无限制	4h
各色环氧涂料	无气喷涂，滚、刷涂	50～67	70	24h～7d	8h
		涂层总厚度	170		

说　　明： ■旧镀锌或热浸锌底材，清除表面锌的氧化物、锌盐等疏松附着物。

■新镀锌或热浸锌底材，清除表面防锈油等污染物。

镀锌薄铁/钢板防护方案

环境及应用： ■镀锌薄铁/钢板、工件表面，应用于城市大气、工业大气及海洋大气腐蚀环境的涂料涂装防护。

特　　点： ■适用于镀锌薄铁/钢板、工件表面的涂装防护。

■涂层具有强的耐蚀性，良好的耐磨耗性，可防止多种化学品如酸液、碱液和盐溶液对镀锌、热浸锌材料的泼溅腐蚀。

■适用于多种严酷的腐蚀环境下的镀锌薄铁/钢板的防护。

产品简介： ■底涂料为双组分聚乙烯醇缩丁醛磷酸蚀刻底涂料（又称磷化底漆、洗涤底漆），覆涂未经非金属材料防护的表面。该品种还适用于如铝、铜、铜锌合金、镁、镍及铁金属表面，作过渡底涂层。

■中层涂料为双组分厚浆型环氧树脂类涂料，含有云母氧化铁颜料，阻挡水和电介质的渗透，增强防护性能，适合于强腐蚀环境中使用。对多种涂层具有很好的适应性。

■面涂层为双组分环氧树脂类涂料，附着强度高，具有良好的耐磨性，可防多种化学品（如酸液、碱液、溶剂和盐溶液）的泼溅腐蚀，面涂层有多种颜色的选择。

典型方案（A）：

产品名称	涂装方式	固体分/%	干膜厚度/μm	最小~最大覆涂间隔(25℃)	适用时间(25℃)
蚀刻底涂料	无气喷涂，滚、刷涂	12	6	1h~7d	8h
厚浆型环氧树脂涂料	无气喷涂，滚、刷涂	80	50	5h~无限制	1h
环氧树脂涂料	无气喷涂，滚、刷涂	52	80	16h~无限制	3h
			涂层总厚度	136	

典型方案（B）：

产品名称	涂装方式	固体分/%	干膜厚度/μm	最小~最大覆涂间隔(25℃)	适用时间(25℃)
环氧封闭涂料	无气喷涂，滚、刷涂	35	30	24h~3d	8h
环氧云铁防锈涂料	无气喷涂，滚、刷涂	45	80	16h~无限制	4h
聚氨酯可覆涂涂料	无气喷涂，滚、刷涂	50	80	16h~无限制	6h
			涂层总厚度	190	

说　　明： ■旧镀锌或热浸锌底材，清除表面锌的氧化物、锌盐等疏松附着物。

■新镀锌或热浸锌底材，清除表面防锈油等污染物。

■蚀刻底涂料施工要求环境相对湿度≤80%，并不在同一时间在背面涂装，防止溶剂挥发吸热凝露而引起刚成膜的蚀刻底涂料表面泛白，降低附着力。

附录B 锌-铝-镉合金牺牲阳极（GB/T 4950—2002）

锌-铝-镉合金牺牲阳极

1 范围

本标准规定了锌-铝-镉合金牺牲阳极（以下简称牺牲阳极）的分类、要求、试验方法、检验规则以及标志、包装、运输与贮存。

本标准适用于温度低于50℃和电阻率小于15Ω·m的海水、淡海水、土壤等电解质中的金属构件阴极保护用的牺牲阳极的设计、制造、检验、贮存等，包括船舶、港工设施、海洋工程、埋地金属管道、储罐、海水冷却水系统等钢结构阴极保护用的牺牲阳极。

2 规范性引用文件

下列文件中的条款通过本标准的引用而成为本标准的条款。凡是注日期的引用文件，其随后所有的修改单（不包括勘误的内容）或修订版均不适用于本标准，然而，鼓励根据本标准达成协议的各方研究是否可使用这些文件的最新版本。凡是不注日期的引用文件，其最新版本适用于本标准。

GB/T 470—1997 锌锭（eqv ISO 752：1981）

GB/T 700—1988 碳素结构钢

GB/T 1196—1993 重熔用铝锭

GB/T 1499—1998 钢筋混凝土用热轧带肋钢筋

GB/T 4951—1985 锌-铝-镉合金牺牲阳极化学分析方法

GB/T 17848—1999 牺牲阳极电化学性能试验方法

GB/T 3764—1996 金属镀层和化学覆盖层厚度系列及质量要求

YS/T 72—1994 镉锭

3 定义

下列定义适用于本标准。

3.1

实际电容量 practical current capacity

实际测量消耗单位质量的牺牲阳极所产生的电量，单位：Ah/kg。

3.2

理论电容量 theoretical current capacity

根据法拉第定律计算消耗单位质量的牺牲阳极所产生的电量，单位：Ah/kg。

4 分类与命名

4.1 分类

船体阴极保护用牺牲阳极分为三类，包括单铁脚焊接式牺牲阳极、双铁脚焊接式牺牲阳极、螺栓连接式牺牲阳极。

4.2 型号表示

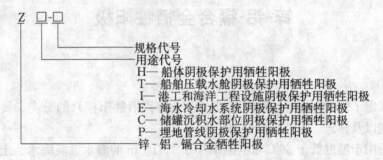

规格代号
用途代号
H—— 船体阴极保护用牺牲阳极
T—— 船舶压载水舱阴极保护用牺牲阳极
I—— 港工和海洋工程设施阴极保护用牺牲阳极
E—— 海水冷却水系统阴极保护用牺牲阳极
C—— 储罐沉积水部位阴极保护用牺牲阳极
P—— 埋地管线阴极保护用牺牲阳极
锌 - 铝 - 镉合金牺牲阳极

4.3 规格、参数和结构型式

4.3.1 船体阴极保护用牺牲阳极的型号和参数见表1、表2和表3，结构型式见图1、图2和图3。

船体用焊接式牺牲阳极（单铁脚）　　　　　　　　　　　　　　　表1

型号	规格/mm		铁脚尺寸/mm				净重/kg	毛重/kg
	$A \times B \times C$	D	E	F	G			
ZH-1	800×140×60	900	45	5～6	8～10	45.4	47.0
ZH-2	800×140×50	900	45	5～6	6～8	37.4	39.0
ZH-3	800×140×40	900	45	5～6	5～6	29.5	31.0
ZH-4	600×120×50	700	40	5～6	6～8	24.0	25.0
ZH-5	400×120×50	470	35	4～5	6～8	15.3	16.0
ZH-6	500×100×40	580	40	4～5	5～6	12.7	13.6
ZH-7	400×100×40	460	30	4～5	5～6	10.6	11.0
ZH-8	300×100×40	360	30	3～4	5～6	7.2	7.5
ZH-9	250×100×40	310	30	3～4	5～6	6.2	6.5
ZH-10	180×70×40	230	25	3～4	5～6	3.3	3.5

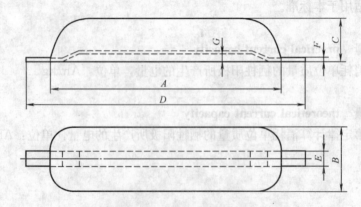

图1　船体用焊接式牺牲阳极结构图（单铁脚）

船体用焊接式牺牲阳极（双铁脚）

表 2

型号	规格/mm	铁脚尺寸/mm				净重/kg	毛重/kg
	$A×B×C$	D	E	F	G		
ZH-11	300×150×50	360	30	4～5	5～6	13.7	14.5
ZH-12	300×150×40	360	30	4～5	5～6	10.7	11.5

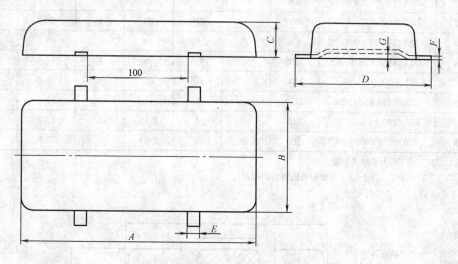

图 2　船体用焊接式牺牲阳极结构图（双铁脚）

船体用螺栓连接式牺牲阳极

表 3

型号	规格/mm	铁脚尺寸/mm				净重/kg	毛重/kg
	$A×B×C$	D	E	F	G		
ZH-13	300×150×50	250	50	3～4	8～10	11.6	12.0
ZH-14	300×150×40	250	50	3～4	8～10	8.6	9.0

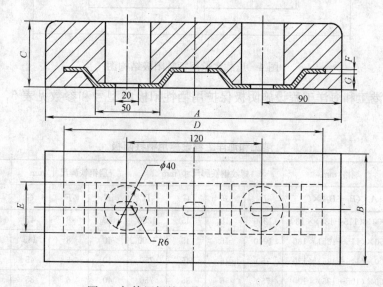

图 3　船体用螺栓连接式牺牲阳极结构图

4.3.2 船舶压载水舱阴极保护用牺牲阳极型号和参数见表4，结构型式见图4。

压载水舱常用牺牲阳极 表4

型号	规格/mm	铁脚尺寸/mm					净重/kg	毛重/kg
	$A \times (B_1 + B_2) \times C$	D	E	F	G	H		
ZT-1	500×(115+135)×130	800	50	6	40	60	53.5	56.0
ZT-2	1500×(65+75)×70	1800	—	$\phi16$	20	40	48.3	50.0
ZT-3	500×(110+130)×120	800	50	6	40	60	48.0	50.0
ZT-4	1000×(58.5+78.5)×68	1300	—	$\phi16$	20	40	31.8	33.0
ZT-5	800×(56+74)×65	1100	—	$\phi16$	20	40	24.0	25.0
ZT-6	1150×(48+54)×51	1450	—	$\phi12$	15	35	18.6	20.0
ZT-7	250×(80+100)×85	310	30	4	6~8	0	12.8	13.0
ZT-8	200×(70+90)×70	260	30	3	6~8	0	7.3	7.5

注：1. ZT-7、ZT-8为平贴式阳极。
　　2. ZT-2、ZT-4、ZT-5、ZT-6型阳极铁脚为圆钢。

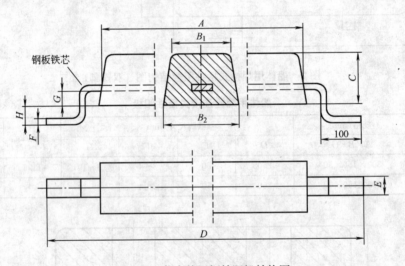

图4 压载水舱用牺牲阳极结构图

4.3.3 港工和海洋工程设施阴极保护用牺牲阳极的型号和参数见表5，结构型式见图5和图6。

港工和海洋工程设施用牺牲阳极 表5

型号	规格/mm	螺纹钢铁脚尺寸/mm			扁钢铁脚尺寸/mm				净重/kg	发生电流/mA
	$A \times (B_1 + B_2) \times C$	D	F	G	D	E	F	G		
ZI-1	1000×(115+135)×130	1250	18	45	1250	40	8	45	111.6	2167
ZI-2	750×(115+135)×130	1000	16	45	1000	40	8	445	83.0	1444
ZI-3	500×(115+135)×130	750	16	45	750	40	6	45	55.0	1139
ZI-4	500×(105+135)×100	750	16	35	750	40	6	35	38.6	

注：最后一栏原为"毛重"，由编者改为"发生电流"。

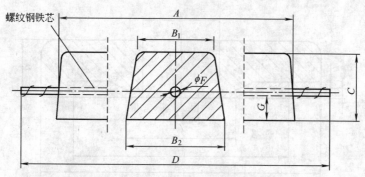

图5 港工和海洋工程设施用牺牲阳极结构图（螺纹钢铁脚）

4.3.4 海水冷却水系统阴极保护用牺牲阳极的型号和参数见表6和表7，结构型式见图6和图7。

海水冷却水系统用长条形牺牲阳极

表6

型号	规格/mm		铁脚尺寸/mm				净重/kg	毛重/kg
	$A\times(B_1+B_2)\times C$	D	E	F	G			
ZE-1	500×(115+135)×130	620	50	6	8~10	54.5	56.0
ZE-2	1000×(80+100)×80	1200	30	6	6~8	49.0	50.0
ZE-3	500×(105+135)×100	620	40	6	8~10	39.2	40.0
ZE-4	500×(80+100)×80	620	30	6	6~8	24.4	25.0
ZE-5	400×(110+120)×50	500	35	4	5~6	15.4	16.0
ZE-6	300×(140+160)×40	360	60	4	5~6	12.0	12.5
ZE-7	200×(90+110)×40	250	30	3	5~6	5.3	5.5

海水冷却水系统用圆盘状牺牲阳极

表7

型号	规格/mm		铁脚尺寸/mm					净重/kg	毛重/kg
	$A\times B$	C	D	E	F	H	G		
ZE-8	300×60	40	80	50	12	6~8	6	29.8	30.0
ZE-9	360×40	50	100	70	14	5~6	6	28.3	28.5
ZE-10	300×40	40	80	50	12	5~6	6	19.8	20.0
ZE-11	200×50	35	75	45	10	5~6	4	10.3	10.5
ZE-12	180×50	35	75	45	10	5~6	4	8.3	8.5
ZE-13	120×100	30	75	45	10	8~10	4	7.3	7.5

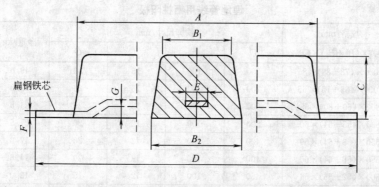

图6 港工和海洋工程设施、海水冷却水系统用牺牲阳极结构图（扁钢铁脚）

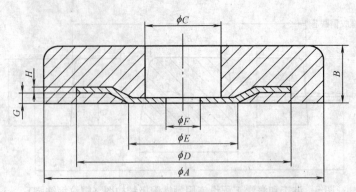

图 7 海水冷却水系统常用圆盘状牺牲阳极

4.3.5 储罐沉积水部位阴极保护用牺牲阳极的型号和参数见表 8，结构型式见图 8。

储罐内防蚀用牺牲阳极   表 8

型号	规格/mm	铁脚尺寸/mm			净重/kg	毛重/kg
	$A×(B_1+B_2)×C$	D	F	G		
ZC-1	750×(115+135)×130	900	16	8~10	82.0	85.0
ZC-2	500×(115+135)×130	650	16	8~10	55.0	56.0
ZC-3	500×(105+135)×100	650	16	8~10	39.0	40.0
ZC-4	300×(105+135)×100	400	12	8~10	24.6	25.0

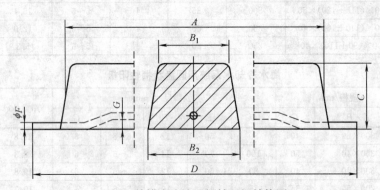

图 8 储罐内防蚀用牺牲阳极结构图

4.3.6 埋地管线阴极保护用牺牲阳极的型号和参数见表 9，结构型式见图 9。

埋地管线用牺牲阳极   表 9

型号	规格/mm	铁脚尺寸/mm				净重/kg	毛重/kg
	$A×(B_1+B_2)×C$	D	E	F	G		
ZP-1	1000×(78+88)×85	700	100	16	30	49.0	50.0
ZP-2	1000×(65+75)×65	700	100	16	25	32.0	33.0
ZP-3	800×(60+80)×65	600	100	12	25	24.5	25.0
ZP-4	800×(55+64)×60	500	100	12	20	21.5	22.0
ZP-5	650×(58+64)×60	400	100	12	20	17.6	18.0
ZP-6	550×(58+64)×60	400	100	12	20	14.6	15.0
ZP-7	600×(52+56)×54	460	100	12	15	12.0	12.5
ZP-8	600×(40+48)×45	360	100	12	15	8.7	9.0

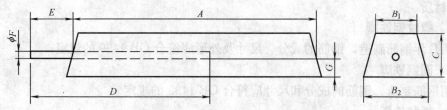

图 9 埋地管线用牺牲阳极结构图

4.4 标记示例

材料为锌-铝-镉、用于船体保护、规格代号为1的牺牲阳极，其标记为：

牺牲阳极 ZH-1   GB/T 4950—2002

5 要求

5.1 原材料

5.1.1 锌纯度应不低于 GB/T 470—1997 中 Zn99.99 的规定。

5.1.2 铝纯度应不低于 GB/T 1196—1993 中 Al99.80 的规定。

5.1.3 镉纯度应不低于 YS/T 72—1994 中 Cd99.99 的规定。

5.2 化学成分

牺牲阳极的化学成分应符合表10的规定。

化学成分 %   表10

化学元素	Al	Cd	杂质元素				Zn
			Fe	Cu	Pb	Si	
含量	0.3～0.6	0.05～0.12	≤0.005	≤0.005	≤0.006	≤0.125	含量

5.3 电化学性能

牺牲阳极的电化学性能应符合表11的规定。

电化学性能   表11

电化学性能	开路电位 V	工作电位 V	实际电容量/ (Ah/kg)	消耗率/ kg·(A·a)$^{-1}$	电流效率/%	溶解性能
海水中 (1mA/cm^2)	−1.09～−1.05	−1.05～−1.00	≥780	≤11.23	≥95	表面溶解 均匀,腐蚀产 物容易脱落
土壤中 (0.03mA/cm^2)	≤−1.05	≤−1.03	≥530	≤17.25	≥65	

注: 1. 参比电极——饱和甘汞电极。
　　2. 介质——海水介质采用人造海水或天然海水；土壤介质采用潮湿土壤，且阳极周围添加填充料。

5.4 表面质量

5.4.1 牺牲阳极的工作面可为铸造面。

5.4.2 牺牲阳极工作面应无氧化渣、毛刺、飞边、裂纹等缺陷。

5.4.3 牺牲阳极工作面允许有铸造缩孔，但其深度不得超过牺牲阳极厚度的10%，最大深度不得超过10mm。

5.4.4 牺牲阳极工作面应保持干净，不得沾有油漆和油污等。

5.5 铁脚

5.5.1　材质

5.5.1.1　螺纹钢铁脚

采用月牙钢筋制造。钢筋的成分、尺寸及外形应符合 GB 1499 的规定。

5.5.1.2　圆钢铁脚

采用钢筋制造。钢筋的成分和尺寸应符合 GB 1499 的规定。

5.5.1.3　板状铁脚

采用碳素结构钢制造。钢的成分和尺寸应符合 GB/T 700 的规定。

5.5.2　表面处理

铁脚表面应清洁无锈，经镀锌或喷砂处理，镀锌层质量应符合 GB/T 3764 的规定。

5.6　牺牲阳极体与铁脚之间的接触电阻

牺牲阳极体与铁脚间的接触电阻应不大于 0.001Ω。

5.7　重量和尺寸

5.7.1　重量偏差

每个牺牲阳极的重量偏差为 $\pm3\%$，但总重量不应出现负偏差。

5.7.2　尺寸偏差

每个牺牲阳极的长度偏差为 $\pm2\%$，宽度偏差为 $\pm3\%$，厚度偏差为 $\pm5\%$，直线度不大于 2%。

6　试验方法

6.1　化学成分分析

化学成分分析按 GB/T 4951 规定进行。结果应符合 5.2 的规定。

6.2　电化学性能试验

电化学性能试验按 GB/T 17848 规定进行。结果应符合 5.3 的规定。

6.3　表面质量检验

牺牲阳极工作面质量采用目测法进行检验。结果应符合 5.4 的规定。

6.4　接触电阻测试

牺牲阳极体与铁脚间的接触电阻的测量方法见附录 A。结果应符合 5.6 的规定。

6.5　重量和尺寸检验

重量用磅秤检验，尺寸用钢板尺检验。结果应符合 5.7 的规定。

7　检验规则

7.1　检验分类

牺牲阳极的检验分为型式检验和出厂检验。

7.2　型式检验

7.2.1　检验时机

牺牲阳极产品，有下列情况之一时，应做型式检验：

a）新产品设计定型时；

b）产品转厂生产制造时；

c）产品大批量出口时；

d) 使用方提出明确要求时。

7.2.2 检验项目

型式检验的检验项目见表12。

检验项目　　　　　　　　　　　　　　　　　　　　　表 12

序号	检验项目	要求	试验方法	型式检验	出厂检验
1	原材料	5.1	—	√	√
2	化学成分	5.2	6.1	√	√
3	电化学性能	5.3	6.2	√	√
4	表面质量	5.4	6.3	√	√
5	接触电阻	5.6	6.4	√	√
6	重量和尺寸	5.7	6.5	√	√

参 考 文 献

［1］ 秦国治，田志明. 防腐蚀技术应用实例. 北京：化学工业出版社，2002.

［2］ 胡士信. 阴极保护工程手册. 北京：化学工业出版社，1999.

［3］ 北京市职工技术协会，北京市技术交流中心. 涂装技师手册. 北京：机械工业出版社，2005.

［4］ 张学敏，郑化，魏铭. 涂料与涂装技术. 北京：化学工业出版社，2006.

［5］ 张学敏. 涂装工艺学. 北京：化学工业出版社，2002.

［6］ 科标工作室. 国内外涂料使用手册. 南京：江苏科学技术出版社，2005.

［7］ 顾纪清. 实用钢结构施工手册. 上海：上海科学技术出版社，2005.

［8］ 毛鹤琴. 建设项目质量控制. 北京：地震出版社，1993.

［9］ 都贻明，何万钟. 建设监理概论. 北京：地震出版社，1993.

［10］ 虞兆年. 防腐蚀涂料和涂装. 北京：化学工业出版社，2002.

［11］ 刘应虎等. 钢材涂装防护技术. 上海市腐蚀科学技术学会，1981.

［12］ 左景伊. 腐蚀数据手册. 北京：化学工业出版社，1984.

［13］ 化工部化工机械研究院. 化工生产装置的腐蚀与防护. 北京：化学工业出版社，1995.

［14］ 中国腐蚀与防护学会. 金属腐蚀手册. 上海：上海科学技术出版社，1987.

［15］ 肖纪美. 材料的腐蚀及其控制方法. 北京：化学工业出版社，1994.

［16］ 米琪，李庆林. 管道防腐蚀手册. 北京：中国建筑工业出版社，1994.

［17］ 吴贤官. 建设工程涂装质量管理. 北京：化学工业出版社，2004.

建筑钢结构涂装工艺师岗位规范

在我国，钢结构建设工程已有近百年的历史，近20多年来引进、吸收和消化了许多新技术、新工艺、新材料、新设备，钢结构建设工程成为一项方兴未艾的产业。根据一些钢结构施工企业的要求，希望能培养一批既掌握专业理论知识，又能动手操作、独当一面的涂装工艺师人才。为此，按照建筑钢结构涂装工艺师的工作性质，制订如下岗位规范：

1. 岗位必备的文化知识和专业知识：

（1）具备相当于大专以上专业技术知识；

（2）从事钢结构焊接工作三年以上；

（3）熟悉金属结构涂装材料的品种、性质、特点、配比和应用范围；

（4）具有电算应用基础知识和企业现代化管理知识；

（5）掌握重防腐的涂料施工技术及应用；

（6）懂得、了解中国、国际及美国除锈标准；

（7）熟悉和了解国家相关的法律法规；

（8）了解和应用国内外钢结构涂装材料的新技术、新工艺、新特点；

（9）熟悉钢结构涂装工艺的安全与卫生技术要求；

（10）必须定期接受专业技术人员的继续教育，不断更新知识。

2. 岗位应能达到的工作能力：

（1）懂得、掌握、制定本专业施工工艺流程和生产管理，具备调整应变的能力；

（2）懂得、掌握钢结构材料的表面处理标准，制定防腐、防火和防护要求；

（3）懂得和制定钢结构涂装设计、工料计算和施工技术；

（4）熟悉并制定建筑钢结构涂装施工的工艺程序和技术规范；

（5）能够制定 ISO 9000、ISO 1400 和 ISO 1800 涂装施工目标管理；

（6）熟悉建筑钢结构涂装工程的质量和验收要求。

3. 岗位职责：

（1）负责整个涂装施工的技术工艺，贯彻产品涂装技术要求，符合验收标准；

（2）针对工程特点编制涂装设计、制定和调整工艺程序；

（3）懂得钢结构涂装人员应遵守的职业守则；

（4）组织和开展涂装工艺评定；

（5）制定新材料、新技术的应用工艺；

（6）收集和整理有关涂装施工验收资料，并按要求及时归档。

上海市金属结构行业协会培训部
2006 年 7 月

后　记

随着钢结构行业的发展，科技的进步，制作安装工艺不断创新。不少企业引进、吸引、消化并创造了许多钢结构制作安装的新技术、新工艺、新材料和新设备，提高了工程质量，加快了施工进度，取得了良好的经济效益和社会效益。为了总结钢结构的制作、安装、焊接、涂装工艺，提高钢结构行业四个关键岗位的人员素质，协会组织专家分别编写了《建筑钢结构焊接工艺师》、《建筑钢结构制作工艺师》、《建筑钢结构安装工艺师》、《建筑钢结构涂装工艺师》，既总结了传统的工艺技术，又吸收了 20 世纪 90 年代以来，特别是近几年来大型工程施工中创造的许多先进的工艺技术，以满足不同企业的工艺需要。我们力求体现钢结构行业的特点，并尽量做到系统性、实用性和先进性的统一，供钢结构企业相关技术人员学习参考，同时为企业、学校培训钢结构人才提供系统的教材。参加本套丛书编写、评审的专家有：

沈　恭：上海市金属结构行业协会会长，教授级高级工程师

黄文忠：上海市金属结构行业协会秘书长，教授级高级工程师

朱光照：上海市华钢监理公司，高级工程师

顾纪清：海军 4805 厂，高级工程师

罗仰祖：上海市机械施工有限公司一分公司，高级工程师

张震一：江南造船集团有限公司，教授级高级工程师

杨华兴：上海宝冶建设有限公司钢结构分公司，高级工程师

许立新：上海宝冶建设有限公司工业安装分公司，高级工程师

毕　辉：上海通用金属结构工程有限公司，高级工程师

吴贤官：上海市腐蚀科技学会防腐蚀工程委员会，高级工程师

黄琴芳：海军 4805 厂，高级技师

黄亿雯：苏州市建筑构配件工程有限公司，高级工程师

肖嘉卜：江南造船集团有限公司，教授级高级工程师

吴建兴：上海市门普来新材料实业有限公司，高级工程师

吴景巧：上海市通用金属结构工程总公司，副总工程师

燕　伟：上海十三冶建设有限公司，工程师

吴海义：上海市汇丽防火工程有限公司，技术总监

顾谷钟：上海市无线电管理局，高级工程师

严建国：上海市金属结构行业协会副秘书长，副教授

此外，为本套丛书的编写提供有关资料的有施建荣、刘春波（上海宝冶建设有限公司钢结构分公司）、甘华松（上海通用金属结构工程有限公司）等有关同志，在此一并致以谢意！

根据行业发展的需要，下一步我们将出版《建筑钢结构材料手册》、《钢结构工程造价手册》、《钢结构工程监理必读》等工具书，同时还将聘请有关专家编写建筑钢结构高级工艺师培训教材和建筑幕墙施工工艺师培训教材。

上海市金属结构行业协会
2006 年 8 月